Schwarzbach

Chemisches Rechnen und Stöchiometrie

Ralf Schwarzbach

Chemisches Rechnen und Stöchiometrie

Ralf Schwarzbach, Mainz

2., völlig neu bearbeitete und erweiterte Auflage

Mit 40 Abbildungen, 20 Tabellen
und 143 Rechenbeispielen mit Lösungen

WVG Wissenschaftliche Verlagsgesellschaft Stuttgart

Autor
Dr. Ralf Schwarzbach, Mainz
chemisches_rechnen@web.de

Bibliografische Information der Deutschen Nationalbibliothek
Die Deutsche Nationalbibliothek verzeichnet diese Publikation in der Deutschen Nationalbibliografie; detaillierte bibliografische Daten sind im Internet unter https://portal.dnb.de abrufbar.

2., völlig neu bearbeitete und erweiterte Auflage 2019
ISBN 978-3-8047-3515-6 (Print)
ISBN 978-3-8047-3882-9 (E-Book, PDF)

Birkenwaldstraße 44, 70191 Stuttgart
www.wissenschaftliche-verlagsgesellschaft.de
Printed in Germany

Satz: primustype Hurler GmbH, Notzingen
Indexer: Ines Reinhardt
Druck und Bindung: Kösel, Krugzell
Umschlagabbildung: fusebulb/shutterstock.com
Umschlaggestaltung: deblik, Berlin

Vorwort und Benutzerhinweise

Verehrte Leserin, verehrter Leser,
für die Einführung in das chemische Rechnen liegt nunmehr die zweite Auflage von „Chemisches Rechnen und Stöchiometrie“ vor. Als größte Neuerung in dieser Auflage möchte ich den mathematischen Teil (▸ Kap. 1) hervorheben. In der ersten Auflage war nur kurz aufgezählt, welche mathematischen Kenntnisse Sie für das Verständnis dieses Buches benötigen. In der Ihnen nun vorliegenden Auflage finden Sie die einzelnen Stoffgebiete der Mathematik in ▸ Kap. 1 erklärt, ergänzt durch Übungsaufgaben. Des Weiteren wurden einige Angaben und Beispiele erweitert und aktualisiert sowie weitere Abbildungen eingefügt.

Dieses Buch kann im Rahmen eines Chemiekurses (Gymnasium, Berufsausbildung, Studium) unterrichtsbegleitend verwendet werden. Chemische Sachverhalte sind im Text kurz erwähnt oder ausgeführt; jedoch ist es immer wichtig, ein Chemielehrbuch zur Hand zu haben. Dieses vor Ihnen liegende Lehrbuch ersetzt kein chemisches Lehrbuch; es unterstützt aber den Chemiekurs.

Viele Beispiele in diesem Buch sind Arzneibüchern entlehnt, weil es neben einer chemischen auch auf eine pharmazeutische Ausbildung (Beruf, Studium) zugeschnitten ist. Die Art der gewählten Beispiele ist jedoch für das Verständnis unerheblich, denn wir beschäftigen uns letztendlich mit „normaler“ Chemie. Deshalb ist dieses Buch auch für Benutzer, die keine pharmazeutische Ausbildung durchlaufen, geeignet.

Zum Aufbau des Lehrbuchs

Nach den Kapiteln zur Mathematik (▸ Kap. 1) und zu den Einheiten (▸ Kap. 2) beschäftigen wir uns zunächst mit den wichtigsten Konzentrationsmaßen in Chemie und Pharmazie (▸ Kap. 3) sowie mit Umrechnungen dieser Größen ineinander (▸ Kap. 4). Es folgt das Aufstellen von Reaktionsgleichungen (▸ Kap. 5), im Besonderen von Gleichungen für Redoxreaktionen. Das umfangreiche Kapitel zum stöchiometrischen Rechnen (▸ Kap. 6) schließt sich an. Wir besprechen weiterhin chemische Gleichgewichte und deren Anwendungen (▸ Kap. 7). Einige Betrachtungen zur Fehlerrechnung (▸ Kap. 8) beschließen das Buch. Im Anhang (▸ Kap. 9) wird neben der zitierten auch weiterführende Literatur angeführt; des Weiteren finden Sie Musterprotokolle für ein chemisches und chemisch-pharmazeutisches Praktikum (quantitative anorganische Analyse) sowie die Lösungen der Übungsaufgaben.

Was kann dieses Lehrbuch leisten?

Das Buch wird Sie als Laien mit chemischen Grundkenntnissen in das chemische Rechnen einführen, d. h., Sie erlernen den Umgang mit den verschiedenen Konzentrationsmaßen, das Aufstellen von chemischen Reaktionsgleichungen sowie das Rechnen im Labor (chemische Synthesen und Analysen) und mit chemischen Gleichgewichten.

Was kann dieses Lehrbuch nicht leisten?

Das Buch ist nicht geeignet, um tiefer in die Bereiche des chemischen Rechnens und der physikalischen Chemie vorzudringen. Für diesen Zweck gibt es spezielle weiterführende Lehrbücher (▸ Literaturverzeichnis). Auch ist der Bereich der chemischen Gleichgewichte viel umfangreicher, als er hier dargestellt ist. Studenten naturwissenschaftlicher Disziplinen können dieses Lehrbuch also nur als Einstieg verwenden. Kollegen mögen mir bitte nachsehen, dass ich im Rahmen eines einführenden Lehrbuchs, das auch für eine naturwissenschaftliche Berufsausbildung erarbeitet worden ist, auf viele Bereiche nur oberflächlich eingehen kann.

Noch ein Wort zu den **Übungsaufgaben:** Im ▸ Kap. 9.3 (Anhang) sind die **Lösungen** zu den Übungsaufgaben angegeben. Sie sollten zunächst versuchen, selbst auf das dort angegebene Ergebnis zu kommen. Wenn Sie mit einer Übungsaufgabe überhaupt nicht zurechtkommen, dann finden Sie im ▸ Kap. 9.4 die Lösungswege für einen Großteil der Rechenaufgaben.

Ferner möchte ich darauf verweisen, dass in diesem Buch aus Gründen der Übersichtlichkeit nur die männliche Form verwendet wird; es sind jedoch immer Frauen **und** Männer gemeint.

Gemeinsam mit anderen Autorenkollegen arbeite ich schon seit über 10 Jahren mit der Wissenschaftlichen Verlagsgesellschaft Stuttgart bzw. dem Deutschen Apotheker Verlag in verschiedenen Buchprojekten zusammen. Ich habe dabei die freundliche, professionelle und sehr kompetente Arbeitsweise der Verlagsgruppe kennen und schätzen gelernt. Bei diesem Buch unterstützten mich nach Kräften Herr Dr. Tim Kersebohm sowie Frau Kathrin Kisser und Frau Silvia Rädlein. Beim mathematischen Teil wurde ich von Frau Petra Buchheim (pensionierte Fachlehrerin für Mathematik aus Grimma in Sachsen) sowie von meinem Vater Dipl.-Ing. Kurt Schwarzbach (Jena) tatkräftig unterstützt und kritisch begleitet. Dafür gebührt ihnen Dank.

Ich hoffe, auch diese zweite Auflage findet Ihre Akzeptanz beim Einstieg in das chemische Rechnen. Für Ihre Ausbildung bzw. für Ihr Studium wünsche ich Ihnen alles Gute und viel Erfolg. An Ihren Meinungen, Hinweisen und an Ihrer sachdienlichen Kritik bin ich interessiert – gerne per E-Mail unter chemisches_rechnen@web.de.

Mainz, im Herbst 2018 Ralf Schwarzbach

Inhaltsverzeichnis

Abkürzungsverzeichnis

Die Abkürzungen zu den physikalischen Größen und Einheiten finden Sie in ▸ Kap. 2.

DAB	Deutsches Arzneibuch
DAC	Deutscher Arzneimittel-Codex
EDTA	Ethylendiamin-tetraacetat (auch *engl.*: ethylenediamine tetraacetic acid)
EDTE	Ethylendiamin-tetraessigsäure
GG	Gleichgewicht
ggT	Größter gemeinsamer Teiler
JP	Japanisches Arzneibuch
kgV	Kleinstes gemeinsames Vielfaches
MWG	Massenwirkungsgesetz
NF	National Formulary (Anlage zum USP)
NIST	National Institute of Standards and Technology (US-amerikanische Standardisierungsbehörde)
NRF	Neues Rezeptur-Formularium (Anlage zum DAB)
Ph. Eur.	Pharmacopoea Europaea, Europäisches Arzneibuch
Ph. Helv.	Pharmacopoea Helvetica, Schweizerisches Arzneibuch
PSE	Periodisches System (oder Periodensystem) der Elemente
PTB	Physikalisch-Technische Bundesanstalt
USP	The United States Pharmacopeia, Arzneibuch der USA
Y^{4-}	Das ist in diesem Buch kein Yttrium-Anion (existiert auch nicht), sondern das vollständig deprotonierte Anion der EDTE, also das EDTA-Teilchen (▸ Kap. 6.4.3)

1 Mathematische Grundlagen

An dieser Stelle wollen wir uns zunächst kurz mit den mathematischen Grundlagen, die Sie für das Arbeiten mit diesem Buch benötigen, beschäftigen. Dazu sind Realschulkenntnisse ausreichend (die aber auch wirklich beherrscht werden sollten!). Wir beginnen mit den Grundrechenarten und dem Lösen einfacher algebraischer und quadratischer Gleichungen sowie dem Lösen von Gleichungssystemen, sprechen über das Potenzieren und Logarithmieren sowie über Proportionen und Dreisatz (u. a. mit dem Spezialfall Prozentrechnung) und schließen dieses Kapitel mit Berechnungen zu Mittelwerten (arithmetisches Mittel) ab.

Wenn Sie diese Bereiche der Schulmathematik sicher beherrschen, dann blättern Sie bitte gleich weiter zu den nächsten Kapiteln.

1.1 Grundrechenarten

1.1.1 Zahlenbereiche

Bis zur 10. Klasse haben Sie in der Schule verschiedene Zahlenbereiche kennengelernt: natürliche Zahlen, gebrochene Zahlen, ganze Zahlen, rationale und irrationale Zahlen, reelle Zahlen. Der letztgenannte Zahlenbereich ist der, der alle vorstehenden umfasst. Begonnen haben Sie mit den natürlichen Zahlen, ein Bereich, der die Zahlen von 0; 1; 2; 3; 4; 5 usw. bezeichnet. Die natürlichen Zahlen und deren negative Entsprechungen ergeben den Bereich der ganzen Zahlen.

Die Zahlen, die sich als Bruch der Form $\frac{n}{m}$ darstellen lassen, bilden den Zahlenbereich der gebrochenen Zahlen. Dabei sind n und m natürliche Zahlen ($m \neq 0$). Die natürlichen Zahlen selbst sind auch spezielle gebrochene Zahlen (z. B: $\frac{15}{5} = 3$ oder $4{,}0 = 4$). Die natürlichen und gebrochenen Zahlen und deren negative Entsprechungen sind die rationalen Zahlen.

Darüber hinaus gibt es noch Zahlen, die nur näherungsweise dargestellt werden können, beispielsweise die Zahl π (durch einen unendlich langen Dezimalbruch) oder $\sqrt{2}$. Diese Zahlen heißen irrationale Zahlen. Der Bereich der reellen Zahlen fasst die rationalen und irrationalen Zahlen zusammen.

o Abb. 1.1 zeigt einige Beispiele aus den Zahlenbereichen anhand einer Zahlengeraden. Alle Beispiele darin sind reelle Zahlen.

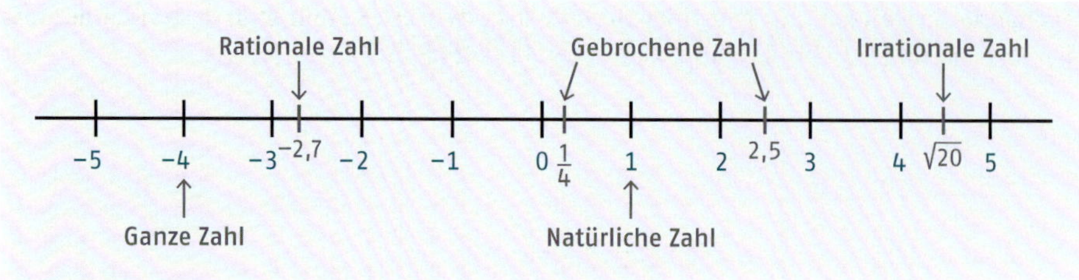

Abb. 1.1 Zahlengerade mit Beispielen zu den Zahlenbereichen

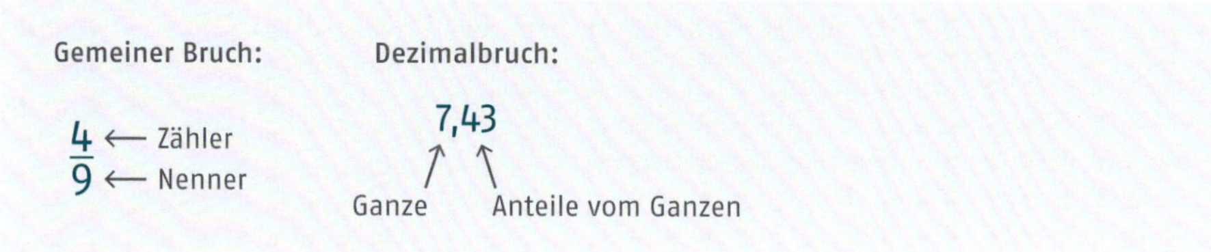

Abb. 1.2 Beispiele für gebrochene Zahlen

Bei den gebrochenen Zahlen unterscheiden wir zwischen gemeinen (= gewöhnlichen) Brüchen und Dezimalbrüchen (= Dezimalzahlen), vgl. Abb. 1.2.

1.1.2 Addition und Subtraktion

Zunächst einige Begriffe: Die Glieder einer Addition bezeichnen wir als **Summanden**, deren Ergebnis als **Summe**. Bei einer Subtraktion werden von einem **Minuenden** ein oder mehrere **Subtrahenden** abgezogen. Man erhält dann eine **Differenz.**

Summanden dürfen vertauscht werden (→ **Kommutativgesetz**), ohne dass sich das Ergebnis (die Summe) verändert. Bei der Subtraktion ist das nicht möglich, denn die Differenz wäre dann im Allgemeinen eine andere.

Beispiel 1.1

$3 + 4 = 7$ $4 + 3 = 7$ $7 = 7$

Aber:

$9 - 2 = 7$ $2 - 9 = -7$ $7 \neq -7$

Wenn Klammern vorkommen, dann gilt grundsätzlich, dass der Klammerinhalt zuerst berechnet wird. Dabei darf beim Addieren die Klammer beliebig gesetzt werden (**Assoziativgesetz**):

$$a + b + c = (a + b) + c = a + (b + c) = (a + c) + b$$

Hier sehen Sie, dass ein „+“ vor der Klammer deren Inhalt nicht verändert. Ein Minus („−“) jedoch kehrt alle Vorzeichen in der Klammer um.

Bei der Addition und Subtraktion physikalischer Größen (▸ Kap. 2.2) müssen diese zunächst durch Umrechnen auf die gleiche Einheit gebracht werden. Erst dann darf addiert bzw. subtrahiert werden.

Dezimalbrüche werden heute meist mit dem Taschenrechner addiert und subtrahiert. Beim schriftlichen Rechnen werden sie so aufgeschrieben, dass Komma unter Komma steht.

Für das Addieren und Subtrahieren von gemeinen Brüchen müssen diese vorher auf einen gemeinsamen Nenner (den Hauptnenner) gebracht werden. Dies geschieht durch das sogenannte **Erweitern**. Ein gemeiner Bruch wird erweitert, indem man dessen Zähler und Nenner mit derselben Zahl multipliziert. Der Wert des Bruches ändert sich dabei nicht.

Beispiel 1.2

Der Bruch $\frac{2}{7}$ sei mit 3 zu erweitern:

$\frac{2}{7} = \frac{2 \cdot 3}{7 \cdot 3} = \frac{6}{21}$ Es gilt: $\frac{2}{7} = \frac{6}{21}$

Der umgekehrte Vorgang wird als **Kürzen** bezeichnet, d.h., das Teilen von Zähler und Nenner durch dieselbe natürliche Zahl. Für End- oder Zwischenergebnisse wird vereinbarungsgemäß soweit wie möglich gekürzt; es gibt dann außer 1 keine natürliche Zahl mehr, die Teiler von Zähler und Nenner sind.

Beispiel 1.3

Der Bruch $\frac{17}{51}$ sei soweit wie möglich zu kürzen.
Der größte gemeinsame Teiler (ggT) von Zähler und Nenner ist hier 17.

$\frac{17}{51} = \frac{17:17}{51:17} = \frac{1}{3}$ Es gilt auch hier: $\frac{17}{51} = \frac{1}{3}$

Das Kürzen hat einen ganz praktischen Vorteil: Brüche, die so weit wie möglich gekürzt wurden, sind Brüche mit kleinen Zahlen. Man vermeidet damit das Weiterrechnen mit unnötig großen Zahlen.

Zum Addieren und Subtrahieren von gemeinen Brüchen werden diese erweitert, bis sie einen gemeinsamen Nenner (den Hauptnenner) haben, und dann die Zähler addiert bzw. subtrahiert (vgl. Beispiel 1.4).

Beispiel 1.4

Man berechne:

$$\frac{3}{5}+\frac{7}{11}-\frac{3}{20}-\frac{1}{6} = \frac{396+420-99-110}{660} = \frac{607}{660}$$

Kürzen kann man hier nicht mehr, weil 607 und 660 keinen gemeinsamen Teiler haben (außer 1).

1.1.3 Multiplikation und Division

Auch hier zunächst einige Begriffe: Die Glieder einer Multiplikation sind die **Faktoren**. Diese können wie Summanden vertauscht werden. Das Ergebnis ist ein **Produkt**; es gilt somit auch das Assoziativ- und Kommutativgesetz. Nicht vertauscht werden dürfen jedoch der Dividend und der Divisor, die Glieder einer Division. Der **Dividend** ist die Zahl, *die* geteilt wird; der **Divisor** die Zahl, *durch* die geteilt wird. Wir erhalten einen **Quotienten** als Ergebnis der Division (**o** Abb. 1.3).

Gemeine Brüche werden multipliziert, wobei sich ein neuer gemeiner Bruch ergibt, in dessen Zähler das Produkt aller Zähler der Faktoren und im Nenner das Produkt aller Nenner der Faktoren erscheinen. Dieser neue Bruch wird üblicherweise soweit wie möglich gekürzt.

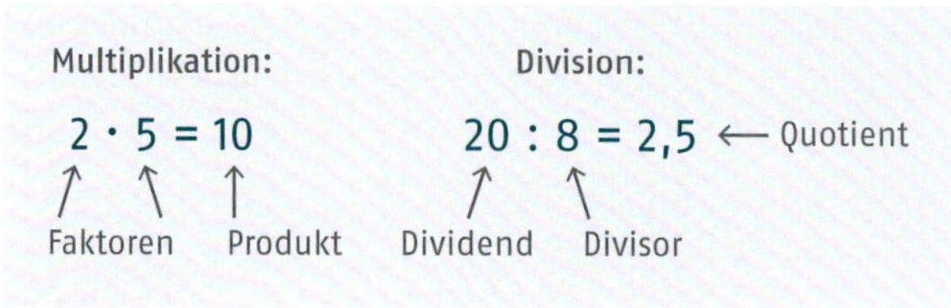

Abb. 1.3 Multiplikation und Division

Beispiel 1.5

Man berechne:

$\frac{1}{8} \cdot \frac{2}{5} \cdot \frac{3}{4} = \frac{6}{160} = \frac{3}{80}$

Es kann auch schon vor dem Multiplizieren der Zähler und Nenner gekürzt werden, wenn dies möglich ist. Man erspart sich damit große Zahlen.

$\frac{1}{8} \cdot \frac{2^*}{5} \cdot \frac{3}{4^*} = \frac{1}{8} \cdot \frac{1}{5} \cdot \frac{3}{2} = \frac{3}{80}$ (* der Teiler ist 2)

Eine Division gemeiner Brüche wird immer in eine Multiplikation umgewandelt, indem der Dividend mit dem Kehrwert (= dem Reziproken) des Divisors multipliziert wird. Somit gilt für eine Division auch das soeben Besprochene für eine Multiplikation.

Beispiel 1.6

Man berechne:

$\frac{4}{9} : \frac{3}{18} = \frac{4}{9} \cdot \frac{18}{3} = \frac{72}{27} = \frac{8}{3}$

Dezimalbrüche werden heute in der Regel mit einem Taschenrechner multipliziert und dividiert. Deshalb soll hier nicht auf das schriftliche Multiplizieren und Dividieren eingegangen werden.

1.2 Einfache und quadratische Gleichungen

1.2.1 Lösen von einfachen algebraischen Gleichungen

Einfache algebraische Gleichungen, die eine unbekannte Größe x enthalten, sind Gegenstand dieses Abschnitts. Eine solche Gleichung zu lösen heißt, die Variable x durch sogenannte äquivalente Umformungen zu isolieren und damit zu berechnen. Dazu werden Rechenoperationen angewendet, die die Ausgangsgleichung in eine einfachere äquivalente Gleichung überführen, und zwar so lange, bis das x auf einer Seite und ein nicht weiter zu vereinfachender Term (= eine Zahl, ein Parameter oder eine physikalische Größe) auf der anderen Seite steht.

■ **MERKE** Man erhält zu einer bestehenden Gleichung eine **äquivalente Gleichung**, wenn auf **beiden** Seiten **ein und dieselbe Rechenoperation** ausgeführt wird. Dabei wird immer mit der entgegengesetzten Rechenoperation gearbeitet.

Beispiel 1.7
Beispiele für Lösungen einfacher algebraischer Gleichungen:

$x = 5a$ (a ist ein Parameter)
$x = -7$
$x = 45$ kg

Zur Probe muss das Ergebnis in die Ausgangsgleichung eingesetzt werden. Dabei muss sich auf beiden Seiten der Gleichung die gleiche Zahl/Größe ergeben.

■ **MERKE** Umformungen zu einfachen Gleichungen (wie in Beispiel 1.7) laufen prinzipiell folgendermaßen ab:

1. Ordnen
2. Zusammenfassen
3. Dividieren
4. Probe

1

Wir sehen uns zwei Beispiele an.

Beispiel 1.8
Die Gleichung $x + 7 = 11 + 3x$ sei zu lösen.

1. Schritt: Wir bringen die Terme, die die unbekannte Größe x enthalten, auf eine Seite: Auf beiden Seiten wird x subtrahiert.
$x + 7 = 11 + 3x \quad | - x$
$x + 7 - x = 11 + 3x - x$ (Die neue Gleichung liefert weiterhin eine wahre Aussage.)
Zusammengefasst:
$7 = 11 + 2x$

2. Schritt: Wir bringen die Terme, die x nicht enthalten, auf die andere Seite der Gleichung: Auf beiden Seiten wird 11 subtrahiert.
$7 = 11 + 2x \quad | - 11$
$7 - 11 = 11 + 2x - 11$
Zusammengefasst:
$-4 = 2x$

3. Schritt: Wir formen die neu entstandene Gleichung so um, dass x nur noch den Faktor 1 hat: Beide Seiten werden durch 2 geteilt.
$-4 = 2x \quad | : 2$
$$\frac{-4}{2} = \frac{2x}{2}$$
Dividiert: $x = -2$ (Die Seiten können vertauscht werden.)

4. Schritt: *Probe:* Einsetzen der Lösung in die Ausgangsgleichung: Es muss sich eine wahre Aussage ergeben.
$-2 + 7 = 11 + 3 \cdot (-2)$
$5 = 5$ → **Wahre Aussage!**

Beispiel 1.9

Die Gleichung $\frac{x+1}{x-1} = 5$ sei zu lösen.
Die Lösungsmenge darf nicht 1 enthalten (Division durch Null nicht möglich!).

1. Schritt: Wir lösen den Bruch auf: Multiplikation beider Seiten der Gleichung mit dem Nenner.

$\frac{x+1}{x-1} = 5 \qquad | \cdot (x-1)$

$\frac{(x+1) \cdot (x-1)}{x-1} = 5 \cdot (x-1)$

Vereinfacht durch Kürzen: $x + 1 = 5 \cdot (x - 1)$

2. Schritt: Auf der rechten Seite wird die Klammer aufgelöst:

$x + 1 = 5 \cdot x - 5 \cdot 1$

Zusammengefasst: $x + 1 = 5x - 5$

3. Schritt: Wie 1. Schritt in Beispiel 1.8: Auf beiden Seiten wird x subtrahiert.

$x + 1 = 5x - 5 \qquad | - x$

$x + 1 - x = 5x - 5 - x$

Zusammengefasst: $1 = 4x - 5$

4. Schritt: Wie 2. Schritt in Beispiel 1.8: Auf beiden Seiten wird 5 addiert.

$1 = 4x - 5 \qquad | + 5$

$1 + 5 = 4x - 5 + 5$

Zusammengefasst: $6 = 4x$

5. Schritt: Wie 3. Schritt in Beispiel 1.8: Beide Seiten werden durch 4 geteilt.

$6 = 4x \qquad | : 4$

$\frac{6}{4} = \frac{4x}{4}$

Dividiert: $x = \frac{3}{2}$ (Die Seiten können vertauscht werden.)

6. Schritt: *Probe:* Einsetzen der Lösung(en) in die Ausgangsgleichung:

$\frac{\frac{3}{2} + 1}{\frac{3}{2} - 1} = 5$

$\frac{\frac{5}{2}}{\frac{1}{2}} = 5$

$\frac{5}{2} \cdot \frac{2}{1} = 5$ (▸Kap. 1.1.3)

$5 = 5$ → **Wahre Aussage!**

Beim chemischen Rechnen werden Sie häufig Gleichungen zu lösen haben, die diesen Beispielen entsprechen.

1.2.2 Lösen von quadratischen Gleichungen

Mitunter treffen Sie beim chemischen Rechnen auf quadratische Gleichungen. Aus der Schule sollten Ihnen dazu zwei Möglichkeiten bekannt sein, diese zu lösen: mithilfe der p-q-Formel oder mithilfe der quadratischen Ergänzung.

Allgemeine Form: $a \cdot x^2 + b \cdot x + c = 0$

↑ Quadratisches Glied ↓ | ↑ Lineares Glied ↙ | ↑ Absolutes Glied ↙

Normalform: $x^2 + p \cdot x + q = 0$

o Abb. 1.4 Allgemeine und Normalform einer quadratischen Gleichung

Zunächst wollen wir uns vergegenwärtigen, was eine quadratische Gleichung überhaupt ist. Man unterscheidet die sogenannte **allgemeine Form** und die **Normalform** einer quadratischen Gleichung (o Abb. 1.4). Zu diesen beiden Formen lassen sich alle quadratischen Gleichungen umformen.

Die Normalform leitet sich aus der allgemeinen Form ab, indem diese durch den Faktor a geteilt wird.
Es gilt: $p = \frac{b}{a}$ und $q = \frac{c}{a}$

Lösen mithilfe der p-q-Formel

Wenn eine quadratische Gleichung mit der p-q-Formel gelöst werden soll, dann muss diese zuvor durch entsprechende äquivalente Umformungen auf die Normalform (o Abb. 1.4) gebracht werden. Anschließend kann die Gleichung mit folgender Formel gelöst werden:

p-q-Formel: $x_{1/2} = -\frac{p}{2} \pm \sqrt{\left(\frac{p}{2}\right)^2 - q}$

Den Ausdruck $\left(\frac{p}{2}\right)^2$ minus q, der unter der Wurzel steht, bezeichnen wir als **Diskriminante D**.

Wenn die Diskriminante größer als Null ist, dann hat die Gleichung zwei Lösungen. Ist D gleich Null, dann liegt eine Lösung vor, und zwar minus $\frac{p}{2}$. Wenn D kleiner als Null ist, dann hat die Gleichung keine Lösung (Ausdruck unter der Wurzel negativ!).

Beispiel 1.10

Die Gleichung $x^2 - 4x - 32 = 0$ sei zu lösen. Hierbei ist $p = -4$ und $q = -32$.

1. Schritt: Einsetzen in die p-q-Formel und Auflösen:

$$x_{1/2} = \frac{4}{2} \pm \sqrt{\left(\frac{-4}{2}\right)^2 + 32}$$

$$x_{1/2} = 2 \pm \sqrt{4 + 32}$$

$$x_{1/2} = 2 \pm \sqrt{36}$$

$$x_{1/2} = 2 \pm 6$$

$$x_1 = -4;\ x_2 = 8$$

2. Schritt: Probe: Einsetzen der Lösungen in die Ausgangsgleichung (vgl. ▸Kap. 1.2.1):

Für x_1: $(-4) \cdot (-4) - 4 \cdot (-4) - 32 = 0$

$16 + 16 - 32 = 0$ → **Wahre Aussage!**

Für x_2: $8 \cdot 8 - 4 \cdot 8 - 32 = 0$

$64 - 32 - 32 = 0$ → **Wahre Aussage!**

Lösen durch Ermittlung der quadratischen Ergänzung

Hierbei wird die Normalform einer quadratischen Gleichung in eine binomische Formel der Form $(a + b)^2 = e$ bzw. $(a - b)^2 = e$ überführt und nach x aufgelöst.

Zum Mitdenken

Suchen Sie sich aus einem Mathematiklehrbuch oder einem Tafelwerk für Realschulen die drei binomischen Formeln heraus und machen Sie sich mit ihnen vertraut. (Vergleiche z. B. auch den Wikipedia-Artikel „Binomische Formeln").

Für das folgende Beispiel 1.11 nehmen wir noch einmal die Gleichung aus Beispiel 1.10. Sie werden sehen, dass sich dieselben Lösungen ergeben.

Beispiel 1.11

Die Gleichung $x^2 - 4x - 32 = 0$ sei zu lösen.

1. Schritt: Quadratische Ergänzung zu $x^2 - 4x$

$x^2 - 4x = x^2 - 2 \cdot 2x$

Das b in dieser binomischen Formel ist 2; die quadratische Ergänzung muss also 4 sein ($= 2^2$):

$x^2 - 2 \cdot 2x + 4$

Angabe als binomische Formel:

$x^2 - 2 \cdot 2x + 4 = (x - 2)^2$

2. Schritt: Einsetzen der gewonnenen binomischen Formel in die Gleichung:

$x^2 - 4x - 32 = 0$

$(x - 2)^2 - 4 - 32 = 0$

$(x - 2)^2 - 36 = 0$

Wir haben mit dem Term $(x - 2)^2$ die Zahl +4 zusätzlich mit auf die linke Seite genommen. Weil aber die Gleichheit auf beiden Seiten der Gleichung gewahrt bleiben muss, wird diese Zahl gleich wieder subtrahiert.

3. Schritt: Lösung der neu gewonnenen Gleichung:

$(x - 2)^2 - 36 = 0 \quad | + 36$

$(x - 2)^2 = 36 \quad |$ Radizieren

$\sqrt{(x - 2)^2} = \sqrt{36}$

$x - 2 = \pm 6 \quad | + 2$

$x = \pm 6 + 2$

$x_1 = -4; x_2 = 8$

4. Schritt: Auch hier muss eine Probe durch Einsetzen der Ergebnisse in die Ausgangsgleichung durchgeführt werden. Dies ist im vorstehenden Beispiel 1.10 bereits geschehen.

Beispiel 1.12

Die Gleichung $x^2 + 2x + 7 = 0$ sei zu lösen.

1. Schritt: Quadratische Ergänzung zu $x^2 + 2x$

$x^2 + 2x = x^2 + 1 \cdot 2x$

Das b in dieser binomischen Formel ist 1; die quadratische Ergänzung muss also 1 sein ($= 1^2$).

$x^2 + 2 \cdot x + 1$

Angabe als binomische Formel:

$x^2 + 2 \cdot x + 1 = (x + 1)^2$

2. Schritt: Einsetzen der gewonnenen binomischen Formel in die Gleichung:

$x^2 + 2x + 7 = 0$

$(x + 1)^2 - 1 + 7 = 0$

$(x + 1)^2 + 6 = 0$

Wir haben mit dem Term $(x + 1)^2$ die Zahl +1 zusätzlich mit auf die linke Seite genommen. Weil aber die Gleichheit auf beiden Seiten der Gleichung gewahrt bleiben muss, wird diese Zahl gleich wieder subtrahiert.

3. Schritt: Lösung der neu gewonnenen Gleichung:

$(x + 1)^2 + 6 = 0 \quad | -6$

$(x + 1)^2 = -6 \quad |$ Radizieren

$\sqrt{(x + 1)^2} = \sqrt{-6}$

Hier ergibt sich ein Widerspruch, weil wir im Bereich der reellen Zahlen eine negative Zahl nicht radizieren können. Deshalb hat diese Gleichung **keine Lösung.**

Sie können also schon in der verallgemeinerten Form dieser Gleichungen [$(a + b)^2 = e$ bzw. $(a - b)^2 = e$] erkennen, ob die Gleichung zwei, eine oder keine Lösung hat: für $e > 0$ hat sie zwei, für $e = 0$ eine (und zwar $-b$) und für $e < 0$ keine Lösung.

1.3 Lösen von Gleichungssystemen

Für einige stöchiometrische Berechnungen kann manchmal ein Gleichungssystem die Grundlage sein. Deshalb hier ein Unterkapitel zu diesem Thema.

Ein Gleichungssystem besteht aus jeweils mindestens zwei Gleichungen und Variablen. Dabei muss die Anzahl der Gleichungen mit der der Variablen übereinstimmen. Wenn weniger Gleichungen als Variablen vorliegen, dann können nicht alle Variablen bestimmt werden. Im umgekehrten Fall nennen wir das Gleichungssystem überbestimmt.

Zur Lösung eines Gleichungssystems gibt es drei Verfahren:

- das Additionsverfahren,
- das Einsetzungsverfahren und
- das Gleichsetzungsverfahren.

Bei allen drei Verfahren werden durch äquivalente Umformungen (▸ Kap. 1.2.1) schrittweise die Variablen eliminiert und letztendlich mit einer Variablen gelöst. Der umgekehrte Vorgang liefert nun Schritt für Schritt die anderen Variablen. Danach muss unbedingt eine Probe durchgeführt werden, weil sich durch die äquivalenten Umformungen ggf. Definitionsbereiche erweitern oder verkleinern können (z. B. wenn ein Quotient erscheint, bei dem nicht durch Null dividiert werden darf). Probe heißt auch hier: Einsetzen aller Variablen in die **Ausgangsgleichungen** (nicht in irgendwelche Zwischengleichungen!). Es müssen sich wahre Aussagen ergeben.

Alle drei oben genannten Verfahren sind gleichwertig; in der Praxis stellt sich häufig eines als vorteilhaft heraus. Wir sehen uns zunächst ein einfaches Beispiel zur Erläuterung an. Dabei werden exemplarisch alle drei Verfahren dargestellt.

Beispiel 1.13

Das folgende einfache Gleichungssystem sei zu lösen:

$2x + 5y - 6 = 18$

$4y - 7x = 2$

Additionsverfahren

(= Addition oder Subtraktion der Gleichungen voneinander)

1. Schritt: Vereinfachung der ersten Gleichung:

$2x + 5y - 6 = 18 \quad | + 6$

$2x + 5y = 24$

2. Schritt: Addition/Subtraktion:

$5y + 2x = 24$

$4y - 7x = 2$

In der ersten Gleichung wurden der Übersichtlichkeit halber die Summanden vertauscht.

Nun müssen die erste Gleichung mit 4 und die zweite Gleichung mit 5 multipliziert werden, um vor dem y gleiche Vorfaktoren zu haben:

$5y + 2x = 24 \quad | \cdot 4$

$4y - 7x = 2 \quad | \cdot 5$

$20y + 8x = 96$

$20y - 35x = 10$

Jetzt wird die zweite von der ersten Gleichung subtrahiert:

$$\begin{array}{r} 20y + 8x = 96 \\ \underline{-\ (20y - 35x = 10)} \\ 0 + 43x = 86 \end{array}$$

3. Schritt: Auflösung nach x:

$0 + 43x = 86 \quad | : 43$

$x = 2$

4. Schritt: Einsetzen von $x = 2$ in beide (!) Ausgangsgleichungen:

$2 \cdot 2 + 5y - 6 = 18$

$4 + 5y - 6 = 18$

$5y - 2 = 18 \quad | + 2$

$5y = 20 \quad | : 5$

$y = 4$

und

$4y - 7 \cdot 2 = 2$

$4y - 14 = 2 \quad | + 14$

$4y = 16 \quad | : 4$

$y = 4$

Fazit: Die Zahlenwerte $x = 2$ und $y = 4$ erfüllen beide Ausgangsgleichungen. Sie sind somit die Lösungsmenge des Gleichungssystems.

Einsetzungsverfahren

Hierbei wird in einer Gleichung nach einer Variablen aufgelöst und diese dann in die andere eingesetzt. Wir stellen beispielhaft die zweite Gleichung nach y um und setzen in die erste ein.

1. Schritt: Umformung einer Gleichung nach y:

$4y - 7x = 2 \quad | + 7x$

$4y = 2 + 7x \quad | : 4$

$y = \frac{1}{2} + \frac{7}{4}x$

2. Schritt: Einsetzen in die andere Gleichung:

$2x + 5\left(\frac{1}{2} + \frac{7}{4}x\right) - 6 = 18$

$2x + \frac{5}{2} + \frac{35}{4}x - 6 = 18$

$\frac{43}{4}x - \frac{7}{2} = 18 \quad | + \frac{7}{2}$

$\frac{43}{4}x = \frac{43}{2} \quad | \cdot \frac{4}{43}$

$x = \frac{43}{2} \cdot \frac{4}{43} = 2$

3. Schritt: Einsetzen von $x = 2$ in beide (!) Ausgangsgleichungen: (siehe Additionsverfahren)

Fazit: (siehe Additionsverfahren)

Ebenso kann auch x durch y ersetzt und nach y aufgelöst werden.

Gleichsetzungsverfahren

1. Schritt: Beide Gleichungen werden nach y aufgelöst:

$2x + 5y - 6 = 18 \quad | + 6$

$2x + 5y = 24 \quad | - 2x$

$5y = 24 - 2x \quad | : 5$

$y = \frac{24}{5} - \frac{2}{5}x$

und

$4y - 7x = 2 \quad | + 7x$

$4y = 2 + 7x \quad | : 4$

$y = \frac{1}{2} + \frac{7}{4}x$

2. Schritt: Gleichsetzen:

$y = y$

$\frac{24}{5} - \frac{2}{5}x = \frac{1}{2} + \frac{7}{4}x \quad | - \frac{1}{2}$

$\frac{43}{10} - \frac{2}{5}x = \frac{7}{4}x \quad | + \frac{2}{5}x$

$\frac{43}{10} = \frac{35 + 8}{20} \cdot x$

$\frac{43}{10} = \frac{43}{20}x \quad | \cdot \frac{20}{43}$

$x = \frac{43}{10} \cdot \frac{20}{43} = 2$

3. Schritt: Einsetzen von $x = 2$ in beide (!) Ausgangsgleichungen (siehe Additionsverfahren)

Fazit: (siehe Additionsverfahren)

Ebenso kann auch nach x aufgelöst und dann gleichgesetzt werden. – Sie können es gerne ausprobieren.

Bei größeren Gleichungssystemen (mehr als zwei Variablen) geht man nach oben stehendem Muster schrittweise vor, mit dem Ziel, alle Variablen bis auf eine zu eliminieren. Dabei dürfen alle drei Verfahren (auch kombiniert) angewendet werden.

Im ▸ Kap. 6.9 finden Sie eine Anwendung zu Gleichungssystemen beim stöchiometrischen Rechnen.

Weiterführend werden die entsprechenden Realschullehrbücher der Mathematik oder andere geeignete Fachliteratur (z. B. Warmuth, vgl. Literaturverzeichnis) empfohlen.

1.4 Potenzen und Logarithmen

An dieser Stelle wird nur oberflächlich auf das Thema eingegangen, und zwar auf den Teil, der für den Inhalt dieses Buches relevant ist. Für weiterführende Informationen v. a. zu den Potenz-, Exponential- und Logarithmus*funktionen* schlagen Sie bitte ebenfalls in den entsprechenden Schullehrbüchern nach.

1.4.1 Potenzen und Exponentialterme

o Abb. 1.5 zeigt Ihnen die Schreibung eines Potenz- und eines Exponentialterms (siehe weiter unten) mit den entsprechenden Begriffen und die Unterscheidung beider.

Dabei bezeichnen wir Terme der Form x^n mit n aus dem Bereich der natürlichen Zahlen als Potenz mit natürlichem Exponenten; n ist hierbei der Grad der Potenz.

Beispiel 1.14

$x^3 = x \cdot x \cdot x$

Weiterhin gibt es Potenzen mit gebrochenen und negativen Exponenten.

Eine Potenz, die als Exponent einen gemeinen Bruch hat, lässt sich auch als Wurzel schreiben (**o** Abb. 1.6).

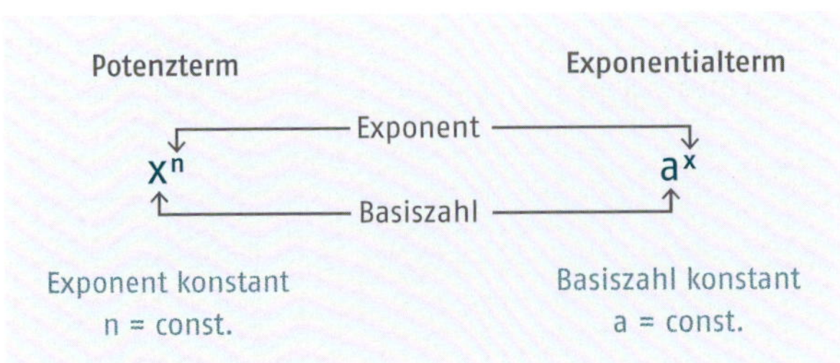

o Abb. 1.5 Darstellung und Unterscheidung von Potenz- und Exponentialtermen

$$\text{Wurzelexponent} \longrightarrow \sqrt[2]{x} \longleftarrow \text{Radikant}$$

Abb. 1.6 Darstellung einer Wurzel

Beispiel 1.15

$$\sqrt[5]{x^2} = x^{\frac{2}{5}}$$

$\sqrt[5]{x^2}$ bedeutet, dass die Zahl x^2 in fünf gleiche Faktoren zerlegt wird, die nach Multiplikation diese Zahl x^2 ergeben.
Ein Zahlenbeispiel zeigt das für $x = 32$:

$$32^{\frac{2}{5}} = \sqrt[5]{32^2} = 4, \text{ denn } 4 \cdot 4 \cdot 4 \cdot 4 \cdot 4 = 4^5 = 32^2 = 1024$$

In dem Beispiel 1.15 sehen Sie schon, dass die Umkehrfunktion zu einer Potenzfunktion eine andere Potenzfunktion ist. Dies sollte man wissen, um Gleichungen äquivalent umformen zu können (▸Kap. 1.2.1). Im ▸Kap. 1.2.2 haben wir das in den Beispielen 1.11 und 1.12 schon angewendet.

Beispiel 1.16
(Auszug aus Beispiel 1.11 in ▸Kap. 1.2.2)

$$(x-2)^2 - 36 = 0 \qquad | + 36$$
$$(x-2)^2 = 36 \qquad | \text{ Radizieren}$$
$$\sqrt{(x-2)^2} = \sqrt{36}$$
$$x - 2 = \pm 6 \qquad | + 2$$

Die Umkehrung zum Quadrat ist die Wurzel (im vorliegenden Beispiel der Übergang von der 2. zur 3. Zeile).

Als „Wurzel“ im allgemeinen mathematischen Sinn wird die Wurzel mit dem Wurzelexponenten 2 bezeichnet.

Beispiel 1.17

$$\sqrt{36} = \sqrt[2]{36} = 6$$

Des Weiteren gelten die folgenden Definitionen, die Sie auch in vielen Tafelwerken und Formelsammlungen (z. B. Müller u. Schwarzbach 2017: Formelfuchs; ▸Literaturverzeichnis) finden.

- $0^k = 0$ für alle $k \neq 0$; 0^0 nicht erklärt
- $a^1 = a$; $a^0 = 1$ $(a \neq 0)$
- $a^{-k} = \frac{1}{a^k}$

Beispiel 1.18

$10^{-6} = \frac{1}{10^6}$ $\frac{mol}{l} = mol \cdot l^{-1}$ $\frac{kg}{m^3} = kg \cdot m^{-3}$

Wie weiter oben schon beschrieben, bezeichnen wir Ausdrücke, bei denen die veränderliche Variable x die Basiszahl ist, als Potenzen. Wenn x aber im Exponenten steht, dann sprechen wir von einem Exponentialterm bzw. bei einer Funktionsdarstellung von einer Exponentialfunktion.

Sie können sich sicherlich vorstellen, dass ein Anwachsen des Exponenten die Funktion viel schneller steigen lässt als nur ein Anwachsen der Basiszahl. Exponentialfunktionen können also herangezogen werden, um schnell wachsende Prozesse zu beschreiben (z. B. Bakterienwachstum auf einem Nährboden, Kettenreaktionen in der Chemie).

Abb. 1.7 stellt zum Vergleich die beiden Funktionen $y = x^2$ und $y = 2^x$ einander gegenüber. Die Exponentialfunktion hat einen viel stärkeren Anstieg.

1.4.2 Logarithmen

Im vorstehenden Abschnitt haben Sie gelesen, dass die Umkehrfunktion zu einer Potenzfunktion eine andere Potenzfunktion ist. Auch die Exponentialfunktion hat eine Umkehrfunktion. Diese heißt Logarithmusfunktion:

$\log_a x$ (gelesen: Logarithmus von x zur Basis a; vgl. Abb. 1.8)
$\log_a x = y$ heißt: $a^y = x$ (a hoch wie viel ist x?)
y ist demnach die Zahl, die im Exponenten stehen müsste, wenn a die Basis und x das Ergebnis wäre.

In der Praxis werden fast ausschließlich der **Zehner**- und der **natürliche Logarithmus** angewendet:

- $y = \log_{10} x = \lg x$ (= Zehnerlogarithmus, dekadischer Logarithmus, Logarithmus nach Briggs)
- $y = \log_e x = \ln x$ (= natürlicher Logarithmus, Logarithmus zur Basis e; $e \approx 2{,}718$; e: Eulersche[1] Zahl)

Im Rahmen dieses Buches benötigen wir nur den Zehnerlogarithmus bzw. die Exponentialterme zur Basis 10. Nach den Logarithmengesetzen lassen sich alle Logarithmen z. B. durch den Zehnerlogarithmus ausdrücken. Beachten Sie bitte auch die Einschränkung des Definitionsbereichs beim Logarithmus (vgl. Formelsammlungen wie z. B. Müller u. Schwarzbach 2017: Formelfuchs, dort S. 14). Der Logarithmus einer negativen Zahl und der von Null sind nicht erklärt.

Den praktischen Zusammenhang von Potenz und Logarithmus, dabei im Besonderen die Potenz zur Basis 10 und dekadischer Logarithmus zeigen Ihnen die Übungsaufgaben 1.10 und 1.11 am Ende dieses Kapitels. Zur Berechnung von chemischen Gleichgewichten in ▸ Kap. 7 benötigen wir beide.

Weiteres zu Exponential- und Logarithmusfunktionen finden Sie in den entsprechenden Schullehrbüchern.

1 Leonhard Euler: Schweizer Mathematiker (1707–1783)

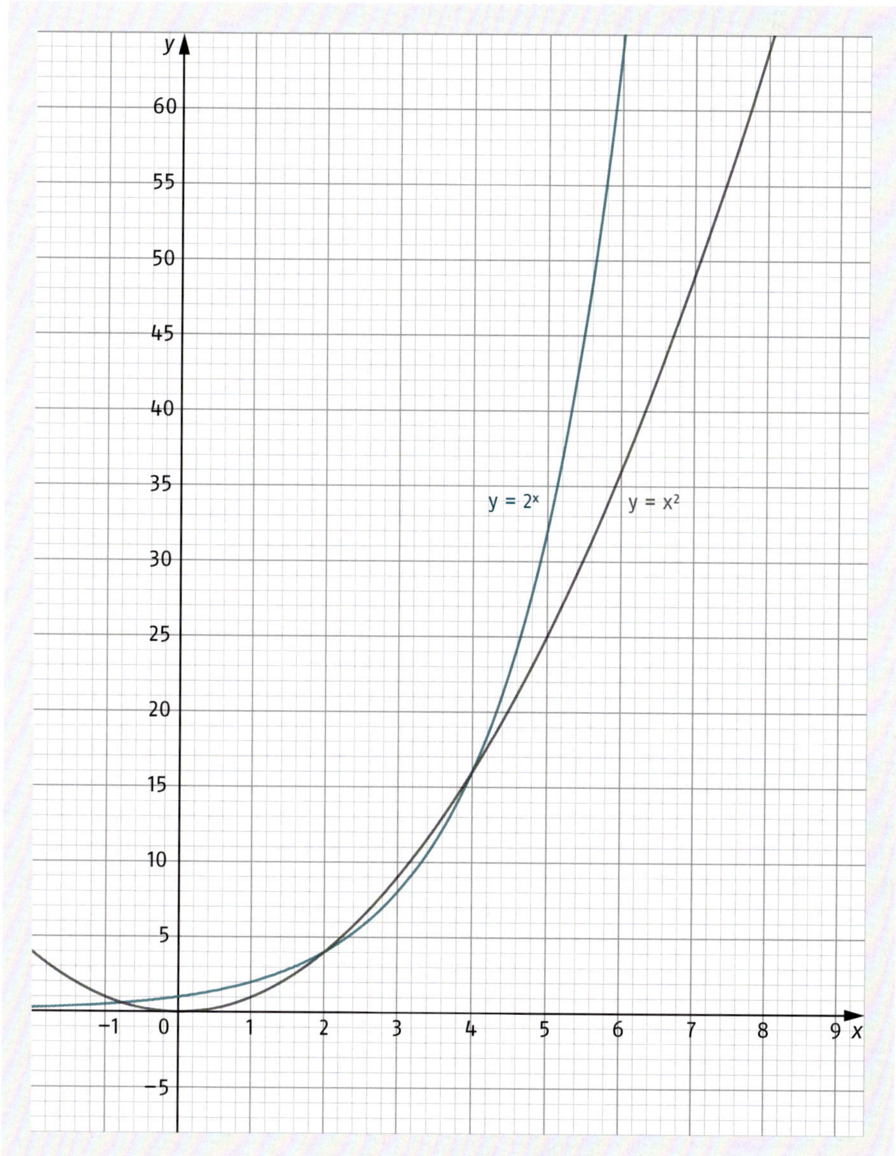

Abb. 1.7 Vergleich einer Potenz- mit einer Exponentialfunktion

$\log_a x \leftarrow$ Numerus (pl. Numeri)

$\uparrow$

Basis

Abb. 1.8 Darstellung eines Logarithmenterms

1.5 Proportionen und Schlussrechnung (Dreisatz)

Die Schlussrechnung (mit den Verhältnisangaben als Spezialfall, vgl. ▸Kap. 3.2) spielt beim chemischen Rechnen eine große Rolle. Sie können in diesem Buch viele Aufgaben mithilfe eines oder mehrerer Dreisätze lösen. Auch aus dem täglichen Leben kennen Sie viele Anwendungen von proportionalen Zuordnungen. Sie wissen, wie viel 10 Brötchen kosten, wenn Sie den Preis von einem kennen (direkte Proportionalität) und Sie können sich vorstellen, dass ein Schwimmbecken mit 5 Pumpen schneller befüllt ist als mit nur einer (indirekte oder umgekehrte Proportionalität).

In diesem Abschnitt sollen die Grundlagen dazu noch einmal kurz wiederholt werden.

1.5.1 Proportionalität/Proportionalitätsfaktor

Direkte Proportionalität

Bei einer direkten proportionalen Zuordnung wird dem Doppelten (dem Dreifachen, dem Vierfachen usw.) einer Größe a das Doppelte (das Dreifache, das Vierfache usw.) einer anderen Größe b zugeordnet. Man sagt:

a ist proportional zu b: $a \sim b$

Der **Quotient** eines zusammengehörigen Größenpaares [a; b] ist **konstant**. Diese Konstante heißt **Proportionalitätsfaktor**.

$\frac{a}{b} = \text{const.}$ (const. → Proportionalitätsfaktor)

Die Punkte einer direkten proportionalen Zuordnung liegen auf einer Geraden, die durch den Koordinatenursprung verläuft.

Beispiel 1.19

Ein Brötchen kostet 23 Cent. Zwei Brötchen kosten somit 46 Cent, drei Brötchen 69 Cent usw. Diese Werte können wir in eine Wertetabelle schreiben und grafisch darstellen[2] (○Abb. 1.9).

Anzahl Brötchen	Preis in Euro
1	0,23
2	0,46
3	0,69
5	1,15
10	2,30

Indirekte oder umgekehrte Proportionalität

Bei einer indirekten oder umgekehrten proportionalen Zuordnung wird dem Doppelten (dem Dreifachen, dem Vierfachen usw.) einer Größe a die Hälfte (der dritte Teil, der vierte Teil usw.) einer anderen Größe b zugeordnet. Man sagt:

a ist umgekehrt proportional zu b: $a \sim \frac{1}{b}$

Das **Produkt** eines zusammengehörigen Größenpaares [a; b] ist **konstant**.

2 Die eigentliche Darstellung in ○ Abb. 1.9 umfasst aber nur die einzelnen Punkte; auf der gestrichelten Linie liegen alle weiteren Punkte dieser Zuordnung.

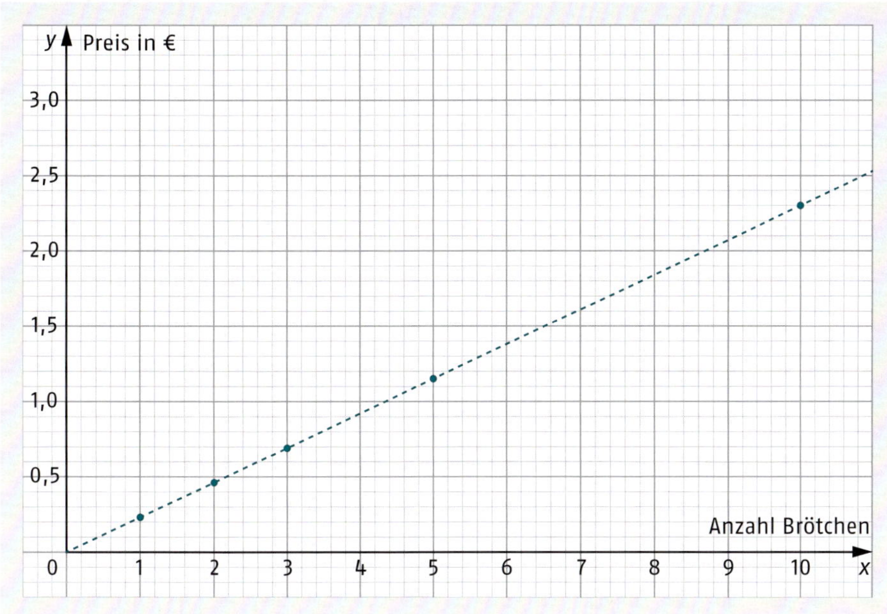

Abb. 1.9 Darstellung einer direkten proportionalen Zuordnung

$a \cdot b = \text{const.}$

Die Punkte einer umgekehrt proportionalen Zuordnung liegen auf einer sogenannten Hyperbel (Abb. 1.10).

Beispiel 1.20

Eine leistungsfähige Pumpe benötigt zum Leerpumpen eines Schwimmbeckens 80 min. Zwei solche Pumpen würden 40 min, vier Pumpen 20 min usw. benötigen. Je mehr Pumpen verwendet werden, desto schneller ist das Becken entleert.

Auch dieser Sachverhalt wird in eine Wertetabelle geschrieben und grafisch dargestellt[3] (Abb. 1.10).

Anzahl Pumpen	Zeit bis zur Entleerung in min
1	80
2	40
4	20
5	16
8	10
10	8

---

3 Die eigentliche Darstellung in Abb. 1.10 umfasst aber nur die einzelnen Punkte; auf der gestrichelt dargestellten Hyperbel liegen alle weiteren Punkte dieser Zuordnung.

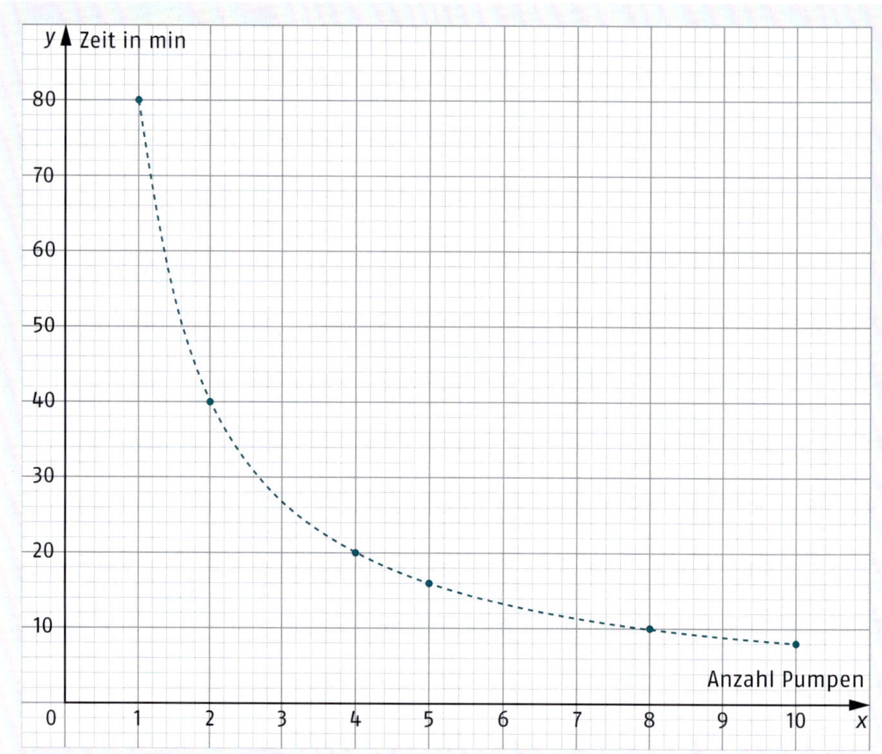

Abb. 1.10 Darstellung einer indirekten proportionalen Zuordnung

1.5.2 Verhältnisgleichung (Proportion) und Anwendungen („Dreisatz")

Eine Verhältnisgleichung oder Proportion ist eine Gleichung, die sich aus zwei Verhältnissen zusammensetzt.

$$\frac{a}{b} = \frac{c}{d}$$

Eine Verhältnisgleichung ist dann wahr, wenn auf beiden Seiten das gleiche Verhältnis steht.

Beispiel 1.21

$\frac{2}{3} = \frac{4}{6}$ (2 zu 3 verhält sich wie 4 zu 6)

Eine Verhältnisgleichung kann wie jede andere Gleichung auch umgeformt werden (▸ Kap. 1.2). Die Multiplikation mit dem Hauptnenner (hier $b \cdot d$) ergibt:

$a \cdot d = b \cdot c$ (Multiplikation „über Kreuz" bzw. „Kreuzprodukt")

Siehe hierzu auch das Rechnen mit gemeinen Brüchen in ▸ Kap. 1.1.3.

Während Ihrer Schulzeit haben Sie sich selbst sicherlich ein Verfahren zurechtgelegt, um Aufgaben mit proportionalen Zuordnungen (direkt und indirekt) zu lösen. In vielen

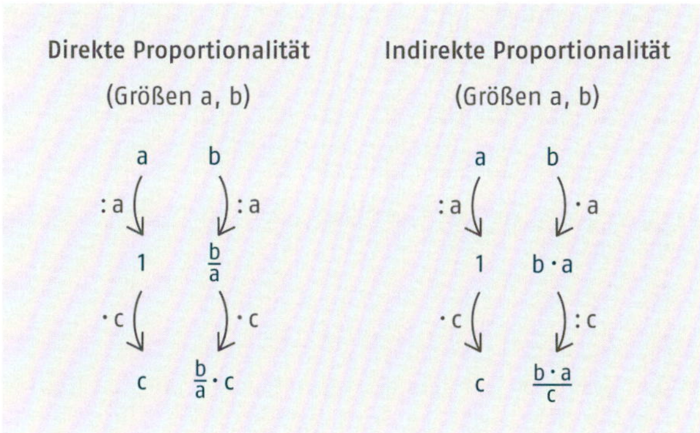

○ Abb. 1.11 Berechnung von Aufgaben mit Proportionen (allgemein)

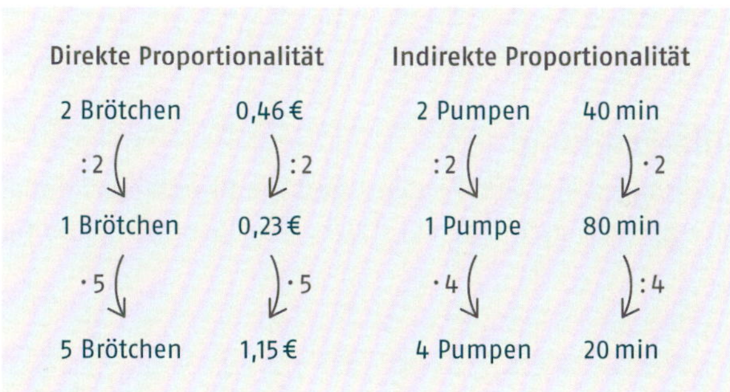

○ Abb. 1.12 Berechnung von Aufgaben mit Proportionen (Beispiele 1.19 und 1.20)

Schullehrbüchern wird eine dreizeilige Rechenvorschrift („Dreisatz") beschrieben (○ Abb. 1.11). An den beiden Beispielen 1.19 und 1.20 aus ▸ Kap. 1.5.1 sei dies noch einmal verdeutlicht (○ Abb. 1.12).

Viele einfache Anwendungen zur Proportionalität lassen sich ohne großen Rechenaufwand durch Überlegen lösen. So können Sie die beiden Beispiele, die in ○ Abb. 1.12 dargestellt sind, sicherlich ohne Rechenweg lösen; für Ungeübte sind die Verfahren jedoch noch einmal angegeben.

Im Rahmen dieses Buches berechnen wir in den allermeisten Fällen direkte proportionale Zuordnungen. Dabei wird einfach die Verhältnisgleichung aufgeschrieben und „über Kreuz" nach der unbekannten Größe aufgelöst.

Beispiel 1.22

(Auszug aus Beispiel 6.9 in ▸ Kap. 6.3.3)

Zu lösen ist: $$\frac{V(H_2)}{V_m} = \frac{m(Zn)}{M(Zn)}$$

Die Gleichung soll nach $V(H_2)$ umgestellt werden.
Hierzu kann man sich als Faustregel merken, dass die Größe, die der gesuchten Größe diagonal gegenübersteht [hier M(Zn)], in den Nenner geschrieben wird:

$$V(H_2) = \frac{m(Zn) \cdot V_m}{M(Zn)}$$

Bei Anwendungen von Prozent- und Promillerechnung (▸Kap. 1.5.3) wird häufig auch ein „Zweisatz", also ein verkürzter Dreisatz, aufgeschrieben.

Beispiel 1.23

In Beispiel 6.7 des ▸Kap. 6.3.2 wird gefragt, in wie viel Gramm 85 %igem (m/m) Eisenpulver 63,52 g reines Eisen enthalten ist.
Dies kann wie folgt aufgeschrieben werden:

$$\begin{aligned} 63{,}52\,\text{g} &\mathrel{\hat{=}} 85\,\%\ (\text{m/m}) \\ x &\mathrel{\hat{=}} 100\,\%\ (\text{m/m}) \end{aligned}$$

Auch hier gilt die Faustregel, dass das, was dem x diagonal gegenübersteht, in den Nenner kommt:

$$x = \frac{63{,}52\,\text{g} \cdot 100\,\%\ (\text{m/m})}{85\,\%\ (\text{m/m})} = 73{,}55\,\text{g}$$

1.5.3 Prozent- und Promillerechnung

Anwendungen von Verhältnisgleichungen sind die Prozent- und die Promillerechnung. Dabei wird bei der **Prozentrechnung** eine Gesamtheit auf 100, bei der **Promillerechnung** auf 1000 bezogen.

Für die Prozentrechnung gilt:

$$\frac{G}{100} = \frac{P}{p} \qquad \text{G: Grundwert, P: Prozentwert, p: Prozentsatz}$$

Ein Prozent (1 %) ist somit der einhundertste Teil der Gesamtheit, also des Grundwerts. Sie können dies auch als „Zweisatz" wie im vorstehenden Beispiel angegeben aufschreiben:

$$\begin{aligned} \text{Gesamtmenge} &\mathrel{\hat{=}} 100\,\% \\ \text{(Grundwert)} & \\ \text{Anteil der Gesamtmenge} &\mathrel{\hat{=}} \text{Anteil vom Hundert} \\ \text{(Prozentwert)} &\quad\ \text{(Prozentsatz)} \end{aligned}$$

Ebenso wird die Promillerechnung ausgeführt. – Für die Promillerechnung gilt:

$$\frac{G}{1000} = \frac{\text{Promillewert}}{\text{Promillesatz}} \qquad \text{G: Grundwert}$$

oder:

$$\begin{aligned} \text{Gesamtmenge} &\mathrel{\hat{=}} 1000\,‰ \\ \text{(Grundwert)} & \\ \text{Anteil der Gesamtmenge} &\mathrel{\hat{=}} \text{Anteil vom Tausend} \\ \text{(Promillewert)} &\quad\ \text{(Promillesatz)} \end{aligned}$$

Ein Promille (1 ‰) ist der eintausendste Teil der Gesamtheit. Es gilt somit auch:

$$1\,‰ = 0{,}1\,\%$$

Beim Lösen der Aufgaben müssen Sie sich vor dem Rechnen überlegen, welche Größe (Grundwert, Prozentwert oder Prozentsatz) zu bestimmen ist und welche Größen gegeben sind.

Vor allem die Prozentrechnung nimmt in unserem täglichen Leben einen großen Raum ein; denken Sie beispielsweise an die Mehrwertsteuer oder an Wahlergebnisse.

Nachfolgend sehen wir uns im Rahmen der Prozentrechnung jeweils Beispiele zur Ermittlung der drei Größen G, P und p sowie ein Beispiel zur Promillerechnung an.

Suche nach dem Prozentwert (P)

Beispiel 1.24

Wie viel Milliliter Ethanol enthält 1 Liter Bier, wenn wir einen Alkoholgehalt von 5 % (V/V) zugrunde legen? (Volumenprozente vgl. ▸ Kap. 3.2)

Gegeben: G = 1 Liter = 1000 ml
p = 5 % (V/V)

Gesucht: P

Lösung: Verwendet wird die Formel zur Prozentrechnung, die gegebenen Größen werden eingesetzt und nach dem Prozentwert umgestellt.

$$\frac{G}{100} = \frac{P}{p}$$

$$\frac{1\,000\ \text{ml}}{100} = \frac{P}{5\ \%\ (V/V)}$$

$$P = \frac{1\,000\ \text{ml} \cdot 5\ \%\ (V/V)}{100} = 50\ \text{ml}$$

Alternativ kann ein „Zweisatz" aufgestellt werden, z. B.:

5 ml Ethanol ≙ 100 ml Bier (das sind die Prozente)
P ≙ 1000 ml Bier

Der Wert 100 ml steht dem gesuchten Wert P (= x) gegenüber; er kommt also in den Nenner. Somit ergibt sich auch der obenstehende Ansatz.

$$x = \frac{1\,000\ \text{ml} \cdot 5\ \text{ml}}{100\ \text{ml}} = 50\ \text{ml}$$

Fazit: In einem Liter Bier mit einem Alkoholgehalt von 5 % (V/V) sind 50 ml Ethanol enthalten.

Weitere Beispiele finden Sie in ▸ Kap. 3.2.

Suche nach dem Prozentsatz (p)

Beispiel 1.25

25 g Kaliumchlorid werden in 850 g Wasser gelöst. – Welchen Massenprozentgehalt hat die entstehende Lösung?

Gegeben: G = 875 g (Gesamtmasse der Lösung: 850 g + 25 g)
P = 25 g

Gesucht: p

Lösung: Die gegebenen Größen werden in die Formel zur Prozentrechnung eingesetzt und nach dem Prozentsatz umgestellt.

$$\frac{G}{100} = \frac{P}{p}$$

$$\frac{875\,g}{100} = \frac{25\,g}{p}$$

$$p = \frac{25\,g \cdot 100}{875\,g} = 2{,}86\,\%\,(m/m)$$

Alternativ kann auch hier ein „Zweisatz" aufgestellt werden, z. B.:
875 g Lösung ≙ 100 % (m/m)
25 g KCl ≙ p
Es ergibt sich:

$$p = \frac{25\,g \cdot 100\,\%\,(m/m)}{875\,g} = 2{,}86\,\%\,(m/m)$$

Fazit: Wenn 25 g Kaliumchlorid in 850 g Wasser gelöst werden, dann entsteht eine 2,86 %ige (m/m) Kaliumchlorid-Lösung. (Massenprozente vgl. ▸Kap. 3.2).

Auch hierzu finden Sie weitere Beispiele in den nachfolgenden Kapiteln.

Suche nach dem Grundwert (G)

Beispiel 1.26

Für eine chemische Reaktion werden 60 g Schwefelsäure benötigt. Die handelsübliche konzentrierte Schwefelsäure ist 96 %ig (m/m). – Wie viel Gramm dieser handelsüblichen Säure müssen zugesetzt werden?

(Zum Verständnis: Wir suchen die Menge an 96 %iger Schwefelsäure, in der 60 g reine Schwefelsäure enthalten sind. 100 g 96 %ige Schwefelsäure enthalten 96 g Schwefelsäure und 4 g Wasser.)

Gegeben: $p = 96\,\%$ (m/m)

$P = 60\,g$

Gesucht: G

Lösung: Die gegebenen Größen werden in die Formel zur Prozentrechnung eingesetzt und nach dem Grundwert umgestellt.

$$\frac{G}{100} = \frac{P}{p}$$

$$\frac{G}{100} = \frac{60\,g}{96}$$

$$G = \frac{60\,g \cdot 100}{96} = 62{,}5\,g$$

Alternativ z. B.:

$96\,g\ H_2SO_4 \triangleq 100\,g$ Lösung (das sind die Prozente)

$60\,g\ H_2SO_4 \triangleq G$

Wir finden:

$$G = \frac{60\,g \cdot 100\,g}{96\,g} = 62{,}5\,g$$

Fazit: Es müssen 62,5 g der handelsüblichen konzentrierten Schwefelsäure eingesetzt werden, denn in 62,5 g 96 %iger (m/m) Schwefelsäure sind 60 g reine Schwefelsäure enthalten.

Auch in dem Beispiel 1.23 (▸ Kap. 1.5.2) sowie in weiteren Anwendungen der nachfolgenden Kapitel wird nach dem Grundwert gesucht.

1

Promillerechnung

Eine Anwendung zur Promillerechnung aus dem Alltag ist die Bestimmung des Blutalkoholgehalts.

Beispiel 1.27

Wie viel Gramm Ethanol hat ein Mann im Blut, wenn bei ihm ein Blutalkoholgehalt von 1,8 ‰ gefunden wird (für 6,8 kg Blut)?

Gegeben: G = 6,8 kg
Promillesatz = 1,8 ‰ (m/m)

Gesucht: Promillewert

Lösung: Verwendet wird die oben stehende Formel zur Promillerechnung.

$$\frac{G}{1\,000} = \frac{\text{Promillewert}}{\text{Promillesatz}}$$

$$\frac{6{,}8\,\text{kg}}{1\,000} = \frac{\text{Promillewert}}{1{,}8\,‰}$$

$$\text{Promillewert} = \frac{6{,}8\,\text{kg} \cdot 1{,}8}{1\,000} = 0{,}01224\,\text{kg} = 12{,}24\,\text{g}$$

Alternativ ist auch ein „Zweisatz" möglich:

1,8 g Ethanol ≙ 1000 g Blut (das sind 1,8 ‰)
x ≙ 6800 g Blut (x steht für den Promillewert)

Nach dem Umstellen ergibt sich:

$$x = \frac{1{,}8\,\text{g} \cdot 6\,800\,\text{g}}{1\,000\,\text{g}} = 12{,}24\,\text{g}$$

Fazit: Wenn für 6,8 kg Blut ein Blutalkoholgehalt von 1,8 ‰ festgestellt wird, dann sind 12,24 g Ethanol im Blut enthalten.

Selbstverständlich sind auch hier Anwendungen möglich, bei denen nach dem Grundwert oder nach dem Promillesatz gesucht wird.

Das Promille als Verhältnisangabe taucht bei den relativen Konzentrationen (▸ Kap. 3.2) wieder auf.

1.6 Mittelwertbestimmung

In ▸ Kap. 6 und ▸ Kap. 8 werden Sie erfahren, dass für viele maßanalytische Bestimmungen immer mehrere Messwerte für eine Bestimmung ermittelt werden müssen. Dies dient zur Minimierung zufälliger Fehler.

Von diesen Messwerten wird das **arithmetische Mittel** bestimmt. Hierfür werden alle Messwerte addiert und anschließend durch die Anzahl der Messwerte geteilt.

$$\overline{X} = \frac{1}{n} \cdot \sum_{i=1}^{n} X_i = \frac{X_1 + X_2 + \cdots + X_n}{n}$$

Ein Beispiel verdeutlicht diesen Zusammenhang.

Beispiel 1.28

In Atomkraftwerken dient Borsäure als Moderator. Deren Gehaltsbestimmung wird maßanalytisch unter Zuhilfenahme von Titrierautomaten mit Natronlauge und Phenolphthalein als Indikator ausgeführt (analog der Gehaltsbestimmung von Borsäure nach der Ph. Eur., vgl. ▸Kap. 6.8.1).
Bei einer Bestimmung wurden folgende Messwerte gefunden:

16,71 ml; 16,70 ml; 16,70 ml; 16,72 ml; 16,71 ml.

Wie groß ist der Mittelwert?
Wir rechnen:

$$\bar{x} = \frac{16{,}71\,\text{ml} + 16{,}70\,\text{ml} + 16{,}70\,\text{ml} + 16{,}72\,\text{ml} + 16{,}71\,\text{ml}}{5}$$

$$\bar{x} = \frac{83{,}54\,\text{ml}}{5} = 16{,}708\,\text{ml} \approx 16{,}71\,\text{ml}$$

Fazit: Das arithmetische Mittel aus diesen 5 Messwerten beträgt 16,71 ml.

1

Das haben Sie gelernt: Mathematische Grundlagen

In ▸Kap. 1 wurden die mathematischen Grundlagen aus der Schule, die für dieses Buch notwendig sind, zur Wiederholung im Überblick dargestellt:

- Grundrechenarten,
- einfache und quadratische Gleichungen,
- Lösen von einfachen Gleichungssystemen,
- Potenzen und Logarithmen,
- Proportionen und Schlussrechnung („Dreisatz") mit den Spezialfällen Prozent- und Promillerechnung,
- Mittelwertbestimmung (arithmetisches Mittel).

Übungsaufgaben zu Kapitel 1: Mathematische Grundlagen

Aufgabe 1.1

Erweitern Sie die gemeinen Brüche mit der jeweils angegebenen Zahl:

$\frac{1}{5}$ mit 4; $\frac{23}{15}$ mit 3; $\frac{13}{12}$ mit 7; $\frac{3}{5}$ mit 16; $\frac{7}{3}$ mit 9

Aufgabe 1.2

Kürzen Sie soweit wie möglich:

$\frac{48}{36}$; $\frac{182}{130}$; $\frac{660}{605}$; $\frac{3\,072}{8\,192}$; $\frac{9\,000}{9\,600}$

Aufgabe 1.3

Multiplizieren Sie:

$\frac{1}{2} \cdot \frac{2}{5} \cdot \frac{7}{12}$; $\left(-\frac{6}{7}\right) \cdot \frac{12}{17} \cdot \frac{21}{4}$; $\frac{3}{8} \cdot \left(-\frac{9}{5}\right) \cdot (-16)$

Aufgabe 1.4

Dividieren Sie:

$\frac{1}{3} : \frac{1}{3}$; $\frac{21}{7} : \frac{3}{14}$; $\left(\frac{3}{4} - \frac{4}{5}\right) : \left(\frac{1}{3} + \frac{5}{6}\right)$

Aufgabe 1.5

Stellen Sie die Gleichungen nach der jeweils angegebenen Größe um:

a) Absolute Dichte (▶Kap. 4.1): $\rho = \frac{m}{V}$
Jeweils nach m und V umstellen.

b) Volumen eines Kreiszylinders: $V = \frac{\pi}{4} \cdot d^2 \cdot h$
Nach d umstellen.

c) Aus ▶Kap. 6.8.2:

$$\frac{m(Al^{3+})}{M(Al^{3+})} = c(Na_2H_2Y,\text{gesamt}) \cdot V(Na_2H_2Y,\text{gesamt}) - c(ZnSO_4) \cdot V(ZnSO_4)$$

Jeweils nach $m(Al^{3+})$ und $V(ZnSO_4)$ umstellen.

Aufgabe 1.6

Lösen Sie die folgenden einfachen Gleichungen und führen Sie eine Probe durch:

a) $7x - 9 = 2x + 6$

b) $4{,}7x + 8{,}3 = 4{,}4x + 9{,}05$

c) $\frac{4}{5}x + \frac{7}{30} = \frac{1}{10}x$ (Ergebnis: gemeiner Bruch, soweit wie möglich gekürzt)

d) $2{,}5x - x^2 + 4 = x - x^2 - 20{,}5$

e) $4\sqrt{x} - 5 = 3$

Aufgabe 1.7

Lösen Sie die folgenden quadratischen Gleichungen:

a) $2x^2 + 32x + 80 = 2$
b) $-x^2 + 14x = -120$
c) $3x^2 + 19x + 27 = -15 + x$
d) $x^2 - 18x + 64 = -2x$
e) Rechenproblem aus ▸Kap. 7.2, Beispiel 7.1: $4 = \dfrac{x^2}{(0{,}5 - x) \cdot (2 - x)}$
f) Rechenproblem aus ▸Kap. 7.4, Beispiel 7.2:

$$0 = x^2 + 3{,}467 \cdot 10^{-3}\,\text{mol} \cdot \text{l}^{-1} \cdot x - 3{,}467 \cdot 10^{-3}\,\text{mol} \cdot \text{l}^{-1} \cdot 0{,}1\,\text{mol} \cdot \text{l}^{-1}$$

Welche Einheit hat x?

Aufgabe 1.8

In ▸Kap. 6.9.2 ist das folgende Gleichungssystem zu lösen:

(1) $m = x + y$

(2) $c(AgNO_3) \cdot V(AgNO_3) = \dfrac{x}{M(AgCl)} + \dfrac{y}{M(AgBr)}$

Dabei sind x und y die Variablen und alle anderen Größen gegeben (d. h. gemessen, vorgegeben oder aus Tabellen in ▸Kap. 9 entnommen).

Aufgabe 1.9

Berechnen Sie mit Ihrem Taschenrechner die folgenden Potenzen:

3^7; 1^{14}; 0^0; $4{,}56^7$; 0^4; 4^{15}; 46^0; 12^{-4}; $10^{4,5}$; $7{,}43^{2,6}$; $12{,}5^{-4,3}$; $\sqrt[4]{23}$; $\sqrt[6]{7^4}$

Aufgabe 1.10

Berechnen Sie mit Ihrem Taschenrechner die folgenden dekadischen Logarithmen:

lg 3200; lg 320; lg 32; lg 3,2; lg 0,32; lg 0,032; lg 0,0032; lg 0,00032

Was fällt Ihnen auf?

Aufgabe 1.11

Vervollständigen Sie die folgende Tabelle. – Was fällt Ihnen hier auf?

Vergegenwärtigen Sie sich an diesem Beispiel den Zusammenhang zwischen Zehnerpotenz und dekadischem Logarithmus.

Zahl	1000	100	10	1	0,1	0,01	0,001
Zahl als Zehnerpotenz							
Dekadischer Logarithmus dieser Zahl							

Aufgabe 1.12

Für 45 000 000 Wahlberechtigte ergab sich bei einer Bundestagswahl die folgende Stimmenverteilung:

Partei A	11 500 500
Partei B	9 489 900
Partei C	7 225 000
Partei D	12 259 600
Ungültig/Nichtwähler	4 525 000

a) Berechnen Sie die Prozentanteile aller Parteien sowie der Nichtwähler/Wähler mit ungültiger Stimme.

b) Berechnen Sie die Prozentanteile aller Parteien unter Herausnahme der fehlenden/ungültigen Stimmen und zeichnen Sie dazu ein Kreisdiagramm („Torte") für die Wahlsendung am Abend.

Aufgabe 1.13

In einer Buchhandlung wird ein Wandkalender kurz vor dem Jahreswechsel um 50 % reduziert. Er kostet nun 7,00 €. Dieser Kalender war vor Weihnachten bereits um 30 % reduziert worden.
Wie hoch war der ursprüngliche Preis?

Aufgabe 1.14

Welchen Massenprozentgehalt hat eine Natronlauge, bei der 35 g festes Natriumhydroxid in 350 g Wasser gelöst werden?

Aufgabe 1.15

Ein Buchautor erhält von seinem Verlag 8 % des Nettopreises je verkauftes Buch als Honorar. Das Buch kostet 19,90 € incl. 7 % Mehrwertsteuer.
Wie hoch ist der Nettoverkaufspreis und welchen Geldbetrag erhält der Autor für jedes verkaufte Buch?

Aufgabe 1.16

Einem Autofahrer werden bei einer Alkoholkontrolle 3 ml Blut abgenommen. Darin findet man 1,5 mm^3 Alkohol.
Wie viel Promille (volumenbezogen) enthält diese Blutprobe?

2 Größen, Einheiten, Molbegriff

2.1 Die sieben Basiseinheiten des Internationalen Einheitensystems (SI)

- Das **Meter** (m) als Einheit der Länge ℓ.
- Das **Kilogramm** (kg) als Einheit der Masse m.
- Die **Sekunde** (s) als Einheit der Zeit t.
- Das **Ampere** (A) als Einheit der elektrischen Stromstärke I.
- Das **Kelvin** (K) als Einheit der thermodynamischen Temperatur T.
- Das **Mol** (mol) als Einheit der Stoff- bzw. Objektmenge n.
- Die **Candela** (cd) als Einheit der Lichtstärke I_V.

Die genauen Definitionen und die aktuellen Forschungsergebnisse zu den Basiseinheiten entnehmen Sie bitte der Leitseite der Physikalisch-Technischen Bundesanstalt in Braunschweig (www.ptb.de). In absehbarer Zeit wird wohl das Kilogramm durch ein geeignetes physikalisches Phänomen (wie die anderen Einheiten auch) neu definiert werden, weil das Ur-Kilogramm sich zunehmend als ungeeignet erweist (genaueres siehe hierzu: www.ptb.de).

Das Mol ist definiert als die Stoffmenge (allgemeiner: Objektmenge ▸ Kap. 2.3) eines Systems, das aus ebenso vielen Einzelteilchen besteht, wie Atome in 0,012 Kilogramm des Kohlenstoffnuklids ^{12}C enthalten sind. Bei Benutzung des Mols müssen die Einzelteilchen spezifiziert sein und können Atome, Moleküle, Ionen, Elektronen sowie andere Teilchen oder Gruppen solcher Teilchen genau angegebener Zusammensetzung sein (www.ptb.de). Das Kilogramm trägt also wesentlich zur Definition des Mols bei.

2.2 Wichtige Basis- und abgeleitete Einheiten für die Chemie

In ◻ Tab. 2.1 sind die wichtigsten physikalischen Größen und deren Einheiten aufgelistet. Die relativen Größen (relative Konzentrationen) finden sich in ▸ Kap. 3.

In der Chemie werden die auf ein Mol bezogenen Größen (= molare Größen) in der Regel mit einem Großbuchstaben gekennzeichnet. So ist beispielsweise M das Formelzeichen für die molare Masse (Gramm pro 1 Mol), m das Zeichen für eine andere,

Tab. 2.1 Wichtige physikalische Größen und deren Einheiten

Größe	Formelzeichen	Einheit, Symbol	Beziehung zu den SI-Basiseinheiten oder zu anderen Einheiten
Länge	l	**Meter, m**	**SI-Basiseinheit**
Fläche	A	Quadratmeter, m^2	$1\,m^2 = 1\,m \cdot 1\,m$
Rauminhalt (Volumen)	V	Kubikmeter, m^3 *Liter, l*	$1\,m^3 = 1\,m \cdot 1\,m \cdot 1\,m$ $1\,l = 1\,dm^3 = 10^{-3}\,m^3$
Zeit	t	**Sekunde, s**	**SI-Basiseinheit**
		Minute, min	$1\,min = 60\,s$
		Stunde, h	$1\,h = 60\,min = 3600\,s$
		Tag, d	$1\,d = 24\,h = 1440\,min = 86400\,s$
Temperatur			
Absolute Temperatur	T	**Kelvin[a], K**	**SI-Basiseinheit**
Celsiustemperatur	ϑ	*Grad Celsius[b], °C*	$\frac{\vartheta}{°C} = \frac{T}{K} - 273{,}15$ $0\,°C = 273{,}15\,K$
Temperaturdifferenz	ΔT, Δϑ	**Kelvin, K**	**SI-Basiseinheit**
Masse	m	**Kilogramm, kg**	**SI-Basiseinheit**
Dichte	ρ	Kilogramm pro Kubikmeter, $kg \cdot m^{-3}$	$1\,kg \cdot m^{-3} = 10^{-3}\,g \cdot ml^{-1}$ $1\,g \cdot ml^{-1} = 1\,g \cdot cm^{-3}$
Kraft	F	Newton[c], N	$1\,N = 1\,kg \cdot 1\,m \cdot 1\,s^{-2}$
Druck	P	Pascal[d], Pa	$1\,Pa = 1\,N \cdot m^{-2}$ $1\,Pa = 1\,kg \cdot 1\,m^{-1} \cdot 1\,s^{-2}$
Energie, Wärme, Arbeit	E, q, W	Joule[e], J	$1\,J = 1\,N \cdot m =$ $1\,kg \cdot 1\,m^2 \cdot 1\,s^{-2}$
Stoff- oder Objektmenge	n	**Mol, mol**	**SI-Basiseinheit**
Molare Masse	M	Kilogramm pro Mol, $kg \cdot mol^{-1}$	$1\,kg \cdot mol^{-1} = 10^3\,g \cdot mol^{-1}$
Molares Volumen	V_m	Kubikmeter pro Mol, $m^3 \cdot mol^{-1}$	$1\,m^3 \cdot mol^{-1} = 10^3\,l \cdot mol^{-1}$
Massenkonzentration	β	Kilogramm pro Kubikmeter, $kg \cdot m^{-3}$	$1\,kg \cdot m^{-3} = 1\,g \cdot l^{-1}$ $1\,kg \cdot m^{-3} = 10^{-3}\,g \cdot cm^{-3}$
Stoff- oder Objektmengenkonzentration (Molarität)	c	Mol pro Kubikmeter, $mol \cdot m^{-3}$	$1\,mol \cdot m^{-3} = 10^{-3}\,mol \cdot l^{-1}$

Tab. 2.1 Wichtige physikalische Größen und deren Einheiten (Fortsetzung)

Größe	Formelzeichen	Einheit, Symbol	Beziehung zu den SI-Basiseinheiten oder zu anderen Einheiten
Molalität	b	Mol pro Kilogramm, $mol \cdot kg^{-1}$	
Elektrische Stromstärke	I	**Ampere[f], A**	**SI-Basiseinheit**
Elektrische Spannung	U	Volt[g], V	$1\,V = 1\,m^2 \cdot 1\,kg \cdot 1\,s^{-3} \cdot 1\,A^{-1}$
Elektrische Ladung	Q	Coulomb[h], C	$1\,C = 1\,A \cdot 1\,s$

Fett: SI-Basiseinheiten; *kursiv:* SI-fremde, aber weiterhin gültige Einheiten.
[a] Nach William Thomson, Lord Kelvin, 1824–1907, britischer Physiker; [b] nach Anders Celsius, 1701–1744, schwedischer Mathematiker und Naturwissenschaftler; [c] nach Isaac Newton, 1643–1727, englischer Naturforscher und Philosoph; [d] nach Blaise Pascal, 1623–1662, französischer Mathematiker, Naturforscher und Philosoph; [e] nach James Prescott Joule, 1818–1889, britischer Brauereibesitzer und Physiker; [f] nach André-Marie Ampère, 1775–1836, französischer Mathematiker und Physiker; [g] nach Alessandro Volta, 1745–1827, italienischer Physiker; [h] nach Charles Augustin de Coulomb, 1736–1806, französischer Physiker

Tab. 2.2 Vorsätze für die SI-Einheiten

Potenz	Name	Zeichen	Potenz	Name	Zeichen
10^{24}	Yotta	Y	10^{-1}	Dezi	d
10^{21}	Zetta	Z	10^{-2}	Zenti	c
10^{18}	Exa	E	10^{-3}	Milli	m
10^{15}	Peta	P	10^{-6}	Mikro	µ
10^{12}	Tera	T	10^{-9}	Nano	n
10^{9}	Giga	G	10^{-12}	Piko	p
10^{6}	Mega	M	10^{-15}	Femto	f
10^{3}	Kilo	k	10^{-18}	Atto	a
10^{2}	Hekto	h	10^{-21}	Zepto	z
10^{1}	Deka	da	10^{-24}	Yocto	y

beliebige Masse. Eine Ausnahme bildet das Volumen (V für ein beliebiges Volumen, V_m für das molare Volumen), weil der Kleinbuchstabe v als Formelzeichen für die Geschwindigkeit reserviert ist.

Die SI-Einheiten können mit Vorsätzen versehen werden, um sie mit Zehnerpotenzen zu verknüpfen (Tab. 2.2).

Für viele Bezeichnungen werden in den Naturwissenschaften auch griechische Buchstaben verwendet. Tab. 2.3 listet sie auf.

Tab. 2.3 Griechisches Alphabet

Buchstabe		Name, Aussprache	Buchstabe		Name, Aussprache	Buchstabe		Name, Aussprache
Α	α	Alpha	Ι	ι	Iota	Ρ	ρ	Rho
Β	β	Beta	Κ	κ	Kappa	Σ	σ, ς	Sigma
Γ	γ	Gamma	Λ	λ	Lambda	Τ	τ	Tau
Δ	δ	Delta	Μ	μ	My	Υ	υ	Ypsilon
Ε	ε	Epsilon	Ν	ν	Ny	Φ	φ	Phi
Ζ	ζ	Zeta	Ξ	ξ	Xi	Χ	χ	Chi
Η	η	Eta	Ο	ο	Omikron	Ψ	ψ	Psi
Θ	ϑ, θ	Theta	Π	π	Pi	Ω	ω	Omega

Absolute und relative Größen

- Eine **absolute (physikalische) Größe** besteht aus dem Produkt einer Maßzahl und einer Einheit.

Beispiel 2.1

Die Länge hat die Einheit 1 · m (Tab. 2.1). Wenn diese Einheit in eine bestimmte Strecke 20-mal hineinpasst, dann wird diese durch die Größe 20 · 1 m beschrieben. Umgangssprachlich heißt es einfach, die Strecke ist 20 m lang.

- **Relative Größen** werden z. B. in ▸ Kap. 3 vorgestellt (relative Konzentrationen). Diese bestehen aus einem Verhältnis von zwei Größen mit der gleichen Einheit, sodass sich Letztere herauskürzt und die Einheit 1 stehen bleibt. In der Praxis sagt man hierzu, dass eine relative Größe keine Einheit besitzt. Diese Aussage ist jedoch nicht exakt. Besser ist es, einer relativen Größe die Einheit 1 zuzuordnen.

In Tab. 2.4 sind die wichtigsten **Naturkonstanten** zusammengestellt.

Tab. 2.4 Einige wichtige Naturkonstanten. Quellen: Leitseiten der PTB (www.ptb.de) sowie der US-amerikanischen Standardisierungsbehörde (NIST, physics.nist.gov)

Avogadro-Konstante	$N_A = 6{,}02214076 \cdot 10^{23}\,\text{mol}^{-1}$
Atomare Masseneinheit	$u = 1{,}660538921 \cdot 10^{-27}\,\text{kg}^a$
Lichtgeschwindigkeit im Vakuum	$c = 2{,}99792458 \cdot 10^{8}\,\text{m} \cdot \text{s}^{-1}$
Molares Volumen des idealen Gases	$V_m = 22{,}413962 \cdot 10^{-3}\,\text{m}^3 \cdot \text{mol}^{-1}$ (Normbedingungen: 273,15 K; 101,325 Pa)
Ruhmasse des Elektrons	$m_0(e) = 9{,}10938291 \cdot 10^{-31}\,\text{kg}$

Tab. 2.4 Einige wichtige Naturkonstanten. Quellen: Leitseiten der PTB (www.ptb.de) sowie der US-amerikanischen Standardisierungsbehörde (NIST, physics.nist.gov) (Fortsetzung)

Ruhmasse des Protons	$m_0(p) = 1{,}672621777 \cdot 10^{-27}\,kg$
Ruhmasse des Neutrons	$m_0(n) = 1{,}674927351 \cdot 10^{-27}\,kg$
Universelle Gaskonstante	$R = 8{,}3144621\,J \cdot mol^{-1} \cdot K^{-1}$

[a] Die atomare Masseneinheit u ist der zwölfte Teil der Masse eines Kohlenstoffatoms:

$$\frac{m(^{12}_{6}C)}{12} = \frac{1{,}9932 \cdot 10^{-23}\,g}{12} \approx 1{,}661 \cdot 10^{-24}\,g = u$$

Der Wert für u wird aber, wie in dieser Tabelle, in Kilogramm angegeben, weil das Kilogramm (und nicht das Gramm) die SI-Basiseinheit der Masse ist.

2.3 Das Mol als Einheit der Stoffmenge

Die Basiseinheit Mol ist eine Einheit für die Chemie. Dem Anfänger ist häufig nicht klar, wozu es diese Einheit überhaupt gibt. In diesem Abschnitt soll das Mol und seine Bedeutung besprochen werden. Sie werden im Folgenden auf einige unhandliche Zahlenwerte treffen. Das soll Sie jedoch nicht stören; Sie werden sehen, dass der Sachverhalt an sich nicht schwer zu verstehen ist.

Ein Modell soll uns den Weg weisen: Ein Atom der Substanz A wöge 1 g, ein Atom der Substanz B 5 g. Daraus stellen wir die Substanz AB her und formulieren dazu die Reaktionsgleichung (Abb. 2.1):

$$A + B \rightarrow AB$$

Das Molekül AB aus (Abb. 2.1) muss 6 g wiegen, weil keine Masse „verschwinden“ kann (vgl. Erhaltung der Masse, ▸Kap. 6.1).

Nun kann die Frage gestellt werden, wie viel Gramm der Substanz B Sie benötigen um 100 g A vollständig zum Molekül AB umzusetzen. 100 g A enthalten 100 Atome A, weil jedes Atom A 1 g wiegt. Für einen vollständigen Stoffumsatz (▸Kap. 6.3.2) benötigen Sie für jedes Atom A ein Atom B (das sagt die Reaktionsgleichung), denn Sie stellen die Verbindung AB her; also 100 Atome B, die zusammen 500 g wiegen. Sie erhalten 600 g AB.

Fazit: Sie haben „gleich viel“ von jedem Ausgangsstoff (Edukt) abgemessen, wenn Sie 100 g A und 500 g B abwiegen, denn Sie haben nun gleich viele Teilchen (Atome) von jeder Sorte (und zwar je 100 Stück). Sie müssen hier verstehen, dass gleiche Massen zweier Atomsorten eben **nicht** gleich viele Teilchen beider Sorten bedeuten, weil die Atome (bzw. Isotope) der Elemente unterschiedliche Massen haben.

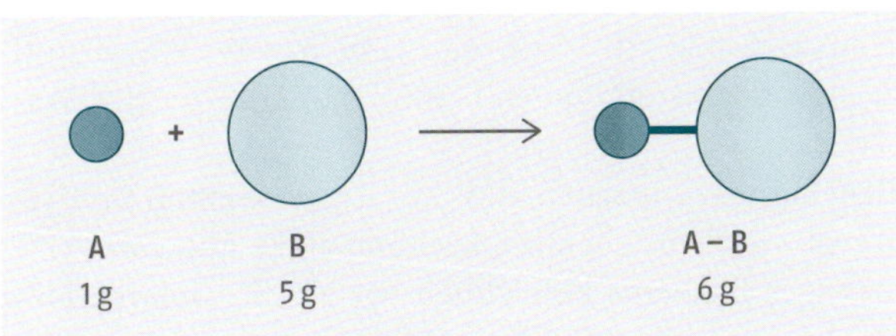

Abb. 2.1 A und B reagieren zu AB

2

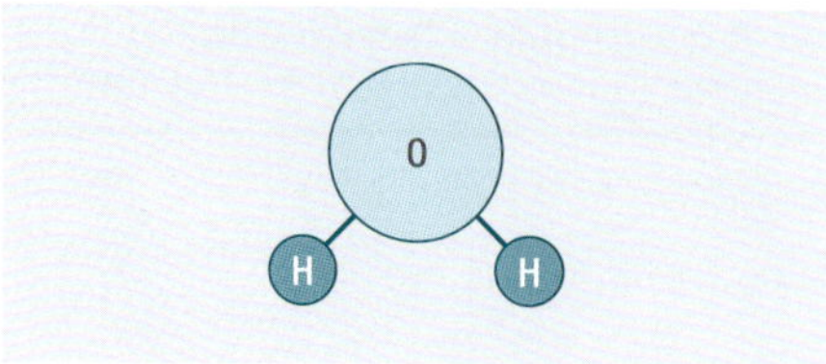

Abb. 2.2 1 Teilchen Wasser mit einer Masse von $2{,}991286 \cdot 10^{-26}$ kg

Wir benötigen also eine physikalische Größe, die uns erlaubt, Teilchen abzuzählen, damit wir diese Teilchen entsprechend einer Reaktionsgleichung abmessen können.

Den Bezug vom genannten Beispiel zur Chemie soll uns die modellhafte Reaktionsgleichung zur Herstellung von Wasser geben:

$$2\,H + O \rightarrow H_2O$$

(Natürlich ist bekannt, dass beide Stoffe als Moleküle vorkommen; wir betrachten zum besseren Verständnis jedoch diese Gleichung. Übrigens sind chemische Reaktionsgleichungen immer schematisch und modellhaft, ▸ Kap. 5.1).

Die Gleichung sagt: Zwei Teilchen Wasserstoff und ein Teilchen Sauerstoff reagieren zu einem Teilchen Wasser. Ein Wasserstoffatom wiegt $1{,}672621777 \cdot 10^{-27}$ kg (Masse des Protons), ein Sauerstoffatom $2{,}656762 \cdot 10^{-26}$ kg. Nach der Reaktionsgleichung hat ein Wassermolekül (Abb. 2.2) nun eine Masse von $2{,}991286 \cdot 10^{-26}$ kg [2 m(H) + m(O)].

Es ist einzusehen, dass man mit diesen Massen in der Praxis nicht umgehen kann. Wir müssen demnach so viele Atome einer Sorte ansammeln, bis ein praktisches Arbeiten (z. B. Abwiegen) möglich ist. Es läuft also prinzipiell auf das Abzählen von Atomen hinaus.

Eine solche (sehr große) Zahl wird willkürlich festgelegt. Aus historischen Gründen möchte man dem leichtesten Element, und zwar dem Wasserstoff die Zahl 1 zuordnen. Aus hier nicht näher erläuterten Gründen bezieht man sich dabei nicht auf den Wasserstoff selbst, sondern auf den zwölften Teil der Masse des Kohlenstoffisotops $^{12}_{6}C$ und definiert ihn als die sogenannte atomare Masseneinheit u (vgl. Tab. 2.4):

$$u = 1{,}660538921 \cdot 10^{-27}\,kg$$

Wenn diese atomare Masseneinheit $6{,}02214076 \cdot 10^{23}$-mal abgezählt wird, dann erhält man genau 1 g:

$$1{,}660538921 \cdot 10^{-27}\,kg \cdot 6{,}022140857 \cdot 10^{23} = 0{,}001\,kg = 1\,g$$

Man bezeichnet $6{,}02214076 \cdot 10^{23}$ Teilchen einer Art willkürlich als **1 Mol** dieser Teilchen. Diese Zahl wird durch die Avogadro-Konstante (Tab. 2.4) wiedergegeben:

$$N_A = 6{,}02214076 \cdot 10^{23}\,mol^{-1}$$

1 mol Wasserstoffatome sind also nichts anderes als $6{,}02214076 \cdot 10^{23}$ Wasserstoffatome. Wenn wir aus zwei Wasserstoffatomen und einem Sauerstoffatom ein Wassermolekül herstellen, dann stellen wir auch aus $1{,}204428 \cdot 10^{24}$ (= $2 \cdot 6{,}02214076 \cdot 10^{23}$) Wasserstoffatomen (2 mol) und $6{,}02214076 \cdot 10^{23}$ Sauerstoffatomen (1 mol) $6{,}02214076 \cdot 10^{23}$ Wassermoleküle (1 mol) her (Tab. 2.5).

Wenn wir nun sinnvoll runden, können wir sagen, dass aus 2 g Wasserstoff und 16 g Sauerstoff 18 g Wasser entstehen (vgl. die obenstehende Gleichung und Abb. 2.3).

Die Masse von 1 mol Atomen eines Elements bezeichnen wir als die **molare Masse** dieses Elements, also Gramm je 1 Mol. Die Einheit für diese Größe ist demnach $1\,g \cdot mol^{-1}$

Tab. 2.5 Vergleich Wasserstoff, Sauerstoff und Wasser: 1 Teilchen ↔ 1 mol Teilchen

	Wasserstoff: Masse m in g	**Sauerstoff: Masse m in g**	**Wasser: Masse m in g**
1 Teilchen (Atom/Molekül)	$1{,}672621777 \cdot 10^{-24}$	$2{,}656762 \cdot 10^{-23}$	$2{,}991286 \cdot 10^{-23}$
1 mol Teilchen (Atom/Molekül)	1,007276	15,9994	18,01395

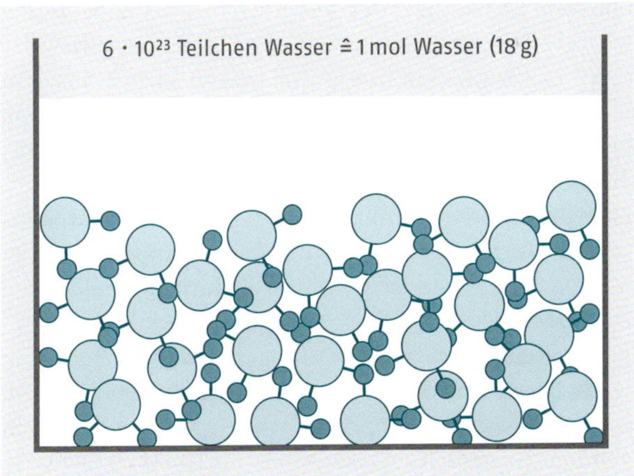

Abb. 2.3 1 mol Wasser mit einer Masse von 18 g

bzw. 1 g/mol (Tab. 2.1). Auch von Verbindungen werden molare Massen angegeben. Diese setzen sich dann aus der Summe der molaren Massen aller Atome des Moleküls bzw. der Formeleinheit zusammen. Wir haben gesehen, dass 1 mol Wasser eine Masse von 18 g haben; es hat also die molare Masse $18\,g \cdot mol^{-1}$.

Die **relative Atommasse A_r** des Elements X ist der Quotient aus der Masse eines Atoms X und der atomaren Masseneinheit.

$$A_r = \frac{m(\text{Atom X})}{u}$$

Sie hat die Einheit 1 (vgl. Abschnitt „relative Größen" dieses Kapitels).

Gleiches gilt auch für Verbindungen: Die relative Masse der Verbindung ist der Quotient aus der Masse des Moleküls/der Formeleinheit und der atomaren Masseneinheit. Man bezeichnet diese Größe als **relative Molekülmasse M_r**.

$$M_r(X) = \frac{m(\text{Molekül/Formeleinheit X})}{u}$$

Zum Mitdenken

Begründen Sie kurz mithilfe der Definitionsgleichungen, weshalb die relative Atom- bzw. Molekülmasse die Einheit 1 hat.

2

Die relative Atom- bzw. Molekülmasse und die molare Masse haben den gleichen Zahlenwert, aber unterschiedliche Einheiten. Man mache sich den Unterschied klar (ggf. mithilfe von Lehrbüchern der Chemie). Sie finden diese Werte in der Regel auf zwei Stellen nach dem Komma genau tabelliert (so auch in diesem Buch).

Zum Mitdenken

Geben Sie die relative Molekülmasse von Wasser an (Maßzahl und Einheit). Vergleichen Sie diese mit der molaren Masse des Wassers.

In der Praxis existieren von den meisten Elementen zwei oder noch mehr Isotope. Deren molare Masse ist dann der Mittelwert aller beteiligten Isotope. So besteht beispielsweise natürlich vorkommendes Chlor zu 75,77 % aus dem Isotop $^{35}_{17}Cl$ und zu 24,23 % aus dem Isotop $^{37}_{17}Cl$. Bei der sehr großen Zahl von Atomen in 1 mol ist diese statistische Verteilung auch sichergestellt. Somit muss bei allen praktischen Rechnungen der entsprechende Mittelwert von $35{,}45\,g \cdot mol^{-1}$ für Chlor verwendet werden.

Abschließend sei noch hinzugefügt, dass die Stoffmenge richtiger eigentlich **Objektmenge** heißt, weil diese Basisgröße für alle zählbaren Objekte in der Chemie angewendet wird; also nicht nur für Atome und Moleküle, sondern auch für Elektronen und andere Elementarteilchen, Formelumsätze usw. Die weniger exakte Bezeichnung „Stoffmenge“ wird in der Praxis jedoch häufiger verwendet. Das wollen wir auch in diesem Buch tun, dabei aber nicht die weiterreichende Bedeutung dieses Begriffs aus dem Auge verlieren. Bei der Verwendung der Einheit Mol muss somit immer deutlich sein, worauf diese sich bezieht (Atome, Moleküle, Formelumsätze usw.).

Das haben Sie gelernt: Größen, Einheiten, Molbegriff

In ▸Kap. 2 wurden vorgestellt:

- die wichtigsten Basis- und abgeleiteten physikalischen Einheiten für die Chemie und Pharmazie,
- einige wichtige Naturkonstanten,
- der Unterschied zwischen absoluten und relativen Größen,
- die Definition und der Begriffsinhalt des Mols als Einheit für die Chemie,
- die relative Atom- bzw. Molekülmasse sowie
- der erweiterte Begriff der Objektmenge.

3 Konzentrationen in Chemie und Pharmazie

Das Rechnen mit Konzentrationen bereitet immer wieder Schwierigkeiten, weil es nicht nur eine Konzentration für alle Zwecke gibt. In diesem Kapitel werden alle gängigen Konzentrationen für die Chemie und Pharmazie vorgestellt. Die Umrechnungen der Konzentrationen ineinander finden sich in ▸ Kap. 4, weil dort die bei einigen Rechnungen notwendige Dichte besprochen wird.

3.1 Absolute Konzentrationen

Massenkonzentration β

Die Massenkonzentration gibt die Masse eines gelösten Stoffes pro Volumeneinheit (Gesamt-)Lösung an. Die Volumeneinheit ist in der Praxis meist 1 Liter, die SI-Einheit wäre 1 m^3 (vgl. ▫ Tab. 2.1). In der Praxis wird in der Regel die Einheit $1\,g \cdot l^{-1}$ verwendet.

$\beta = \frac{m}{V}$ Einheit: $1\,g \cdot l^{-1}$

■ **MERKE** 1 Liter Lösung umfasst immer Lösungsmittel *und* gelöste(n) Stoff(e)!

Stoff- oder Objektmengenkonzentration (molare Konzentration, Molarität) c

Die Stoffmengenkonzentration gibt die Stoffmenge eines gelösten Stoffes pro Volumeneinheit (Gesamt-)Lösung an. Auch hier ist in der Regel der Liter die Volumeneinheit.

$c = \frac{n}{V}$ Einheit: $1\,mol \cdot l^{-1}$

■ **MERKE** Auch hier umfasst 1 Liter Lösung immer Lösungsmittel *und* gelöste(n) Stoff(e)!

Die Stoffmengenkonzentration wird unter Fachleuten häufig auch noch als Molarität bezeichnet. Diese Bezeichnung ist veraltet und sollte vermieden werden. Sie hat jedoch den Vorteil der Kürze, sodass sie weiterhin verwendet wird. Das Beispiel 3.1 zeigt es.

Beispiel 3.1

Man nennt eine Salzsäure der Stoffmengenkonzentration $1\,mol \cdot l^{-1}$ auch 1-molare Salzsäure (abgekürzt 1 M Salzsäure).

Äquivalentstoffmengenkonzentration (Normalität) c_{eq}

Die Äquivalentstoffmengenkonzentration wird heute kaum noch verwendet. In ▸Kap. 6 (Stöchiometrie) werden wir mit ihr nicht rechnen. Wir kommen ohne sie aus.

In der älteren Literatur kommt die Normalität jedoch vor, sodass hier die Umrechnung in die Stoffmengenkonzentration angegeben wird. Auch das USP verwendet noch diese Größe. Auf die molare Konzentration wird wie folgt umgerechnet:

$$c = \frac{c_{eq}}{w}$$

c: molare Konzentration; c_{eq}: normale Konzentration
(c und c_{eq} haben beide die Einheit $1\,mol \cdot l^{-1}$)
w: wirksame Wertigkeit der gelösten Substanz

Die wirksame Wertigkeit ist bei Säure-Base-Reaktionen die Anzahl der ausgetauschten Wasserstoff-Ionen, bei Redoxreaktionen die Anzahl der ausgetauschten Elektronen.

Eine Lösung mit der Äquivalentstoffmengenkonzentration $1\,mol \cdot l^{-1}$ nennt man auch eine 1-normale (1 N) Lösung (vgl. Beispiel 3.1 zur Molarität).

In den Übungsaufgaben zu ▸Kap. 3 sind einige Äquivalentstoffmengenkonzentrationen zu berechnen und deren Zustandekommen zu begründen.

Molalität b

Die Molalität gibt das Verhältnis der Stoffmenge an gelöstem Stoff zu 1 kg Lösungsmittel an.

$$b = \frac{n}{m(LM)}$$

Einheit: $1\,mol \cdot kg^{-1}$

▪ **MERKE** Im Unterschied zur Massen- und Stoffmengenkonzentration steht hier die Masse des Lösungsmittels *allein* im Nenner.

Beispiel 3.2

1 mol eines Stoffes A wiegt 20 g. Wenn A in einer Lösung mit der Molalität $1\,mol \cdot kg^{-1}$ vorliegt, dann enthalten 1020 g dieser Lösung 1 mol A und 1 kg Lösungsmittel, oder bezogen auf 1 kg: 1 kg Gesamtlösung enthalten etwa 19,6 g A (≙ 0,98 mol) und 980,4 g Lösungsmittel.

Die Molalität wird in der Praxis sehr selten verwendet. Sie ist aber im Vergleich zu den anderen Konzentrationen temperaturunabhängig.

3.2 Relative Konzentrationen

Nahezu alle Aufgaben, die relative Konzentrationen enthalten, können durch einfache Verhältnisgleichungen („Dreisatz“) gelöst werden. Das sollte man bei jeder der nun folgenden Größen an den angegebenen und an eigenen Beispielen nachvollziehen.

Allgemeine Verhältnisangaben

Prozent (Anteil von Hundert)	Verhältnis $1:10^2$
Promille (Anteil von Tausend)	Verhältnis $1:10^3$
ppm (parts per million, Anteil von 1 Million)	Verhältnis $1:10^6$
ppb (parts per billion, Anteil von 1 Milliarde)	Verhältnis $1:10^9$
ppt (parts per trillion, Anteil von 1 Billion)	Verhältnis $1:10^{12}$

Massenprozent, % (m/m), m-%

Massenprozente geben an, wie viel Gramm des Stoffes X in 100 g Lösung/Gemisch enthalten sind.

Beispiel 3.3

Welchen Massenprozentgehalt haben 300 g einer Natriumchlorid-Lösung, die 51 g Natriumchlorid enthalten?

Berechnung: 51 g NaCl ≙ 300 g (Gesamt-)Lösung
x ≙ 100 g (Gesamt-)Lösung
x = 17 g NaCl

Die Lösung enthält somit 17 g Natriumchlorid in 100 g (Gesamt-)Lösung oder, anders ausgedrückt, der Massenprozentgehalt der Natriumchlorid-Lösung beträgt 17 % (m/m).

Wenn man die Masse der Lösung/des Gemischs nicht auf 100 sondern auf 1 bezieht, dann spricht man vom Massenanteil oder Massenbruch (Formelzeichen w). Die Anteile werden dann durch einen zwischen 0 und 1 liegenden Dezimalbruch angegeben (für das Beispiel von 17 % (m/m): $w = 0{,}17$).

Volumenprozent, % (V/V), vol-%

Volumenprozente geben an, wie viel Kubikzentimeter/Milliliter des Stoffes X in 100 cm^3 bzw. 100 ml Lösung/Gemisch enthalten sind.

Beispiel 3.4

Wie viel Milliliter Ethanol enthalten 750 ml eines Weins mit einem Alkoholgehalt von 11 % (V/V)?

Berechnung: 11 ml Ethanol ≙ 100 ml (Gesamt-)Lösung
x ≙ 750 ml (Gesamt-)Lösung
x = 82,5 ml Ethanol

In 750 ml 11%igen (V/V) Weins sind 82,5 ml reiner Ethanol enthalten.

Wenn man das Volumen der Lösung/des Gemischs nicht auf 100 sondern auf 1 bezieht, dann spricht man vom Volumenanteil (Formelzeichen φ). Die Anteile werden dann durch einen zwischen 0 und 1 liegenden Dezimalbruch angegeben (für das Beispiel von 11 % (V/V): $\varphi = 0{,}11$).

Stoffmengenprozent, mol-%

Die Gesamtstoffmenge einer Lösung/eines Gemischs wird auf 100 bezogen. Stoffmengen- oder Molprozente geben an, wie viel Mol des Stoffes X in 100 mol Gesamtstoffmenge enthalten sind.

Wenn man die Gesamtstoffmenge der Lösung/des Gemischs nicht 100 sondern 1 setzt, dann spricht man vom Stoffmengenanteil oder Molenbruch (Formelzeichen κ). Die Anteile werden dann durch einen zwischen 0 und 1 liegenden Dezimalbruch angegeben.

Massen-Volumen-Prozent („gemischte Prozente"), % (m/V)

Die „gemischten Prozente" sollten eigentlich nicht mehr verwendet und durch die Massenkonzentration β (▸Kap. 3.1) ausgedrückt werden. Sie sollen jedoch hier aufgeführt werden, weil sie immer noch relativ häufig Anwendung finden. Somit sind sie auch keine Verhältnisgröße in strengem Sinne, denn sie geben an, wie viel Gramm des Stoffes X in 100 cm^3 bzw. 100 ml Lösung enthalten sind. Daraus ergibt sich die Einheit „Gramm je 100 Kubikzentimeter" bzw. „Gramm je 100 Milliliter". Moderne Arzneibücher und andere Veröffentlichungen meiden zunehmend diese Einheit.

Beispiel 3.5

Isotonische Kochsalz-Lösung ist 0,9 %ig (m/V). Wie viel Gramm Natriumchlorid enthalten 500 ml isotonische Kochsalz-Lösung?

[0,9 % (m/V) NaCl heißt: 0,9 g NaCl in 100 ml/100 cm^3 Lösung]

Berechnung: 0,9 g NaCl ≙ 100 ml Lösung
x ≙ 500 ml Lösung
x = 4,5 g NaCl

500 ml isotonische Kochsalz-Lösung enthalten 4,5 g Natriumchlorid.

Sie erkennen sicherlich, dass die Massen-Volumen-Prozente auf 100 ml und die Massenkonzentration β auf 1 Liter bezogen ist. Damit ergibt eine einfache Umrechnung.

$$1\,\%\,(m/V) = 10\,g \cdot l^{-1}$$

oder

$$1\,g \cdot l^{-1} = 0{,}1\,\%\,(m/V)$$

Die Massen-Volumen-Prozente sind hier aus formalen Gründen eingeordnet („Prozente").

Beispiel 3.6

0,9 %ige (m/V) (isotonische) Kochsalz-Lösung hat eine Massenkonzentration von 9 g · l^{-1}.
(Vgl. hierzu die aktuellen Ausgaben der Arzneibücher, z. B. die Monografie für isotonische Natriumchlorid-Lösung [Isotonic Sodium Chloride Solution] des JP.)

Mitunter wird in der Literatur nicht exakt zwischen % (m/V) und % (m/m) unterschieden. So findet man für isotonische Kochsalz-Lösung sowohl die Angabe 0,9 % (m/V) als auch die Angabe 0,9 % (m/m), sogar manchmal nur 0,9 % (das wären dann auch Massenprozente). Der Fehler, den man hier begeht, ist gering, denn verdünnte wässrige Lösungen haben annähernd die Dichte 1 g · ml^{-1}. Dem Lernenden sollte aber bewusst sein, dass es sich hier um zwei unterschiedliche Konzentrationsangaben handelt!

Teile pro Million Teile, ppm (parts per million, partes per millionem)

Verhältnis: $1 : 1\,000\,000 = 1 : 10^6$

Die Ph. Eur. verwendet ppm als Verhältnis m/m.

ppm bedeutet in der Praxis:

$$1\,ppm = 0{,}000\,1\,\%$$
$$1\,ppm = 1\,mg \cdot kg^{-1}\ (= 1\,mg \cdot 10^{-6}\,mg^{-1})$$
$$1\,ppm = 1\,ml \cdot m^{-3}\ (= 1\,ml \cdot 10^{-6}\,ml^{-1})$$

und auch in Beziehungen, die eigentlich keine Verhältnisgrößen sind

$$1\,ppm = 0{,}001\,g \cdot l^{-1} = 1\,mg \cdot l^{-1}$$

Teile pro Milliarde Teile, ppb (parts per billion)

Verhältnis: $1 : 1\,000\,000\,000 = 1 : 10^9$

ppb bedeutet in der Praxis:

$1\,\text{ppb} = 0{,}000\,0001\,\%$
$1\,\text{ppb} = 1\,\mu\text{g} \cdot \text{kg}^{-1}$
$1\,\text{ppb} = 1\,\mu\text{l} \cdot \text{m}^{-3}$

Teile pro Billion Teile, ppt (parts per trillion)

Verhältnis: $1 : 1\,000\,000\,000\,000 = 1 : 10^{12}$

ppt bedeutet in der Praxis:

$1\,\text{ppt} = 0{,}000\,000\,0001\,\%$
$1\,\text{ppt} = 1\,\text{ng} \cdot \text{kg}^{-1}$
$1\,\text{ppt} = 1\,\text{nl} \cdot \text{m}^{-3}$

3.3 Weitere spezielle Konzentrationsangaben in der Pharmazie

Angabe des Gehalts an ätherischen Ölen in Pflanzendrogen

Der Gehalt an ätherischen Ölen in Pflanzendrogen wird in Millilitern Öl je Kilogramm Droge angegeben (JP verwendet Milliliter Öl je 50 g Droge).

Beispiel 3.7

Die Angabe „Die Droge X hat einen Gehalt an ätherischen Ölen von $15\,\text{ml} \cdot \text{kg}^{-1}$“ bedeutet: In der Droge X sind 15 ml ätherische Öle je Kilogramm Droge enthalten (JP: 0,75 ml/50 g)

In älteren Arzneibüchern und Veröffentlichungen findet man noch Prozentangaben wie z. B. % (V/m) (Volumen-Massen-Prozent: Milliliter Öl je 100 g Droge). Diese Angaben sollten vermieden bzw. in die obenstehende Einheit umgerechnet werden.

$1\,\%\,(\text{V/m}) = 10\,\text{ml} \cdot \text{kg}^{-1}$

In ◘ Tab. 3.1 finden Sie Beispiele aus einigen Arzneibüchern. Die angegebenen Werte sind Mindestwerte und beziehen sich auf die getrocknete Droge (bzw. getrocknete Teile der Droge).

Gehalt in Blut, Harn und Liquor

Der Gehalt in Blut, Harn und Liquor wird heute allgemein durch eine spezielle Massen- oder Stoffmengenkonzentration angegeben (▸ Kap. 3.1):

$1\,\text{mg} \cdot \text{dl}^{-1}$ (Milligramm pro Deziliter)
oder $1\,\text{mmol} \cdot \text{dl}^{-1}$ (Millimol pro Deziliter)

In älteren Arzneibüchern und Veröffentlichungen findet man noch das veraltete Milligramm-Prozent (mg-%):

1 mg-% = 1 mg Substanz in 100 ml Lösung/Körperflüssigkeit

Umrechnung:

$1\,\text{mg-\%} = 1\,\text{mg} \cdot \text{dl}^{-1}$

Schwermetallgehalte in Körperflüssigkeiten (z. B. Blei im Blut) werden heute bevorzugt in Mikrogramm pro Liter ($\mu\text{g} \cdot \text{l}^{-1}$) angegeben (veraltet auch in ppb, vgl. ▸ Kap. 3.2).

Tab. 3.1 Beispiele für Gehaltsangaben an ätherischen Ölen in Drogen

Droge	Ph. Eur. 9	DAC	Ph. Helv. 11	JP 17	USP 40
Baldrianwurzel[a]	$4\,ml \cdot kg^{-1}$			0,3 ml/50 g	0,5 %
Bitterer Fenchel	$40\,ml \cdot kg^{-1}$			0,7 ml/50 g	
Bitterorangenschale[b]	$20\,ml \cdot kg^{-1}$			0,2 ml/50 g	
Galgant (Wurzelstock)		$5\,ml \cdot kg^{-1}$			
Kalmuswurzelstock (Ganzdroge)		$20\,ml \cdot kg^{-1}$	$20\,ml \cdot kg^{-1}$		
Kamillenblüten	$4\,ml \cdot kg^{-1}$				0,4 %
Pfefferminzblätter (geschnitten)[c]	$9\,ml \cdot kg^{-1}$			0,4 ml/50 g	Keine Angabe
Schafgarbenkraut (Ph. Helv.: Blüte)	$2\,ml \cdot kg^{-1}$		0,20 % (m/m)		

[a] Ph. Eur., USP: Valeriana officinalis L.; JP: Valeriana fauriei BRIQ.
[b] Ph. Eur.: Citrus aurantium L. ssp. aurantium; JP: verschiedene Variationen von Citrus aurantium L.
[c] Ph. Eur., USP: Mentha piperita L.; JP: Mentha arvensis var. piperascens MALINV.; Droge im USP beschrieben, aber keine Gehaltsangabe.

3.4 Konzentrationen im chemischen Gleichgewicht

Gegenstand von ▸Kap. 7 dieses Buches sind die chemischen Gleichgewichte. Die dort auftretenden Konzentrationen werden alle in der Einheit $mol \cdot l^{-1}$ angegeben; es gelten die folgenden Konventionen:

- $c(X)$ Irgendeine beliebige (Stoffmengen-)Konzentration des Stoffes X.
- $c_0(X)$ Anfangskonzentration des Stoffes X, bevor sich das chemische Gleichgewicht einzustellen beginnt.
- $[X]$ (Stoffmengen-)Konzentration des Stoffes X im chemischen Gleichgewicht. Gleichgewichtskonzentrationen werden in eckigen Klammern angegeben.

Das haben Sie gelernt: Konzentrationen in Chemie und Pharmazie

- Die wichtigsten in ▸Kap. 3 vorgestellten Einheiten sind in ▫Tab. 3.2 noch einmal aufgeführt. Die in ▸Kap. 3.3 besprochenen Einheiten sind Spezialfälle davon.
- Mitunter tauchen noch einige der besprochenen veralteten Einheiten auf. Diese sollten zweckmäßigerweise in eine der in ▫Tab. 3.2 genannten Einheiten umgerechnet werden.

▫ **Tab. 3.2** Die wichtigsten Konzentrationsmaße

Konzentrationsmaß (Gehaltsgröße)	Formelzeichen	Einheiten[a]
Absolute Größen		
Massenkonzentration	β	$1\,kg \cdot m^{-3} = 1\,g \cdot l^{-1} = 10^{-3}\,g \cdot cm^{-3}$
Stoffmengenkonzentration (Molarität)	c	$1\,mol \cdot m^{-3} = 10^{-3}\,mol \cdot l^{-1}$
Molalität	b	$1\,mol \cdot kg^{-1}$
Relative Größen		
Massenprozent	c[% (m/m)]	Gramm je 100 g
Volumenprozent	c[% (V/V)]	Milliliter je 100 ml Kubikzentimeter je 100 cm^3
Teile pro Million Teile (ppm)	c(ppm)	Gramm je 10^6 g Milliliter je 10^6 ml auch: 1 ppm = $0{,}001\,g \cdot l^{-1}$

[a] Die Einheit der relativen Größen beträgt 1. In der Tabelle ist das entsprechende Einheitenverhältnis angegeben.

Übungsaufgaben zu Kapitel 3: Konzentrationen in Chemie und Pharmazie

Aufgabe 3.1

Welche Massenkonzentration haben 25 g eines Stoffes in 450 ml Lösung?

Aufgabe 3.2

Geben Sie an, in wie viel Litern Lösung 528 g eines Stoffes enthalten sind, wenn diese Lösung eine Massenkonzentration von $3\,g \cdot l^{-1}$ hat?

Aufgabe 3.3

Wie viel molar ist eine Lösung von 40 g Natriumchlorid in 300 ml Lösung?

Aufgabe 3.4

Für eine chemische Reaktion werden 3 mol Eisen gebraucht. Sie verfügen über ein Eisenpulver, das zu 80 % (m/m) Eisen enthält.
Wie viel Gramm dieses Pulvers müssen Sie einsetzen?

Aufgabe 3.5

Geben Sie die Äquivalentstoffmengenkonzentration von 1-molarer Schwefelsäure, von 3,5-molarer Kalilauge und von 0,02-molarer Kaliumpermanganat-Lösung an.
Begründen Sie Ihre Entscheidung.

Aufgabe 3.6

Sie geben 2,3 mol eines Stoffes in 720 g Wasser.
Welche Molalität hat die entstehende Lösung?

Aufgabe 3.7

215 g Natriumchlorid-Lösung und 120 g Wasser ergeben eine 8,5 %ige (m/m) Natriumchlorid-Lösung.
Welchen Massenprozentgehalt hatte die Ausgangslösung?

Aufgabe 3.8

Einem Autofahrer werden bei einer Alkoholkontrolle 2 ml Blut abgenommen. Darin findet man 3 mm^3 Alkohol.
Wie viel Promille (V/V) enthält diese Blutprobe?
Ist der Kraftfahrer noch berechtigt, ein Fahrzeug zu führen (Grenzwert 0,5 ‰)?

Aufgabe 3.9

Welche Massenkonzentration β hat eine 5 %ige (m/V) Glucose-Lösung und wie viel Liter davon können aus 160 g Glucose hergestellt werden?

Aufgabe 3.10

Es sind 2 kg 30 %ige (m/m) Isopropanol-Lösung aus 70 %iger (m/m) Isopropanol-Lösung und Wasser herzustellen.
Wie viel Gramm beider Ausgangsstoffe werden benötigt?

4 Dichte, Rechnen mit Konzentrationen

4.1 Dichte

Absolute Dichte

Die absolute Dichte ist der Quotient aus der Masse eines Stoffes (Feststoff, Stoffgemisch, Lösung, Gas) und seinem Volumen.

$\rho = \frac{m}{V}$ Einheiten: $1\,\mathrm{kg} \cdot \mathrm{m}^{-3}$
Üblicher sind: $1\,\mathrm{g} \cdot \mathrm{ml}^{-1} = 1\,\mathrm{g} \cdot \mathrm{cm}^{-3}$
Für Gase: $1\,\mathrm{g} \cdot \mathrm{l}^{-1}$

Die absolute Dichte ist temperaturabhängig und wird in Tabellenwerken gewöhnlich für eine Temperatur von 20 °C angegeben.

Bei Kenntnis der Dichte kann bei bekanntem Volumen eines Stoffes dessen Masse berechnet werden und umgekehrt. Dies ist beispielsweise wichtig, um auf Masse basierende Konzentrationsmaße in solche Konzentrationsmaße umzurechnen, die auf Volumen bezogen sind (vgl. ▸Kap. 4.2). Dichtemessgeräte sind Pyknometer, Aräometer oder auch Mohr-Westphalsche Waagen.

Zum Mitdenken

Die Ph. Eur. gibt beispielsweise für 90%iges (V/V) Ethanol eine Dichte von $829{,}18\,\mathrm{kg} \cdot \mathrm{m}^{-3}$ an.
Wie groß ist der zugehörige Dichtewert der Einheit $\mathrm{g} \cdot \mathrm{cm}^{-3}$?
Welche Zehnerpotenz liegt zugrunde?

Des Weiteren sei hier noch darauf hingewiesen, dass die absolute Dichte und die Massenkonzentration β die gleiche Dimension haben, und zwar Masse pro Volumen.

Zum Mitdenken

Vergegenwärtigen Sie sich den Unterschied zwischen beiden Größen anhand der Definitionen der Größen.

Dazu können Sie sich beispielsweise am Ende von ▸Kap. 4 die in Übungsaufgabe 4.1 angegebenen wässrigen Lösungen heranziehen. Dort sind jeweils beide Größen angegeben bzw. zu berechnen.

Relative Dichte

Unter der relativen Dichte versteht man das Verhältnis der Dichte einer Substanz bei 20 °C zur Dichte von Wasser bei 20 °C (mitunter auch zur Dichte von Wasser bei 4 °C).

$$d_{20}^{20} = \frac{\rho_{20}(\text{Substanz})}{\rho_{20}(\text{Wasser})} \qquad \rho_{20}(\text{Wasser}) = 0{,}998202\,\text{g} \cdot \text{cm}^{-3}$$

$$d_{20}^{20} = d_{4}^{20} \cdot 0{,}99823$$

Die relative Dichte hat als Verhältnisgröße die Einheit 1 (▸Kap. 2). Sie ist in einigen Arzneibüchern tabelliert.

4.2 Umrechnungen von Konzentrationsmaßen

Umrechnung Massenkonzentration β in Stoffmengenkonzentration c (und umgekehrt)

Beide Konzentrationen sind auf Volumen bezogen, und zwar auf 1 Liter (▸Kap. 3).

$$\beta = \frac{m}{V} \qquad c = \frac{n}{V}$$

Bei gleichbleibendem Volumen muss nur die Stoffmenge in die entsprechende Masse oder umgekehrt umgerechnet werden.

Beispiel 4.1

Welche Massenkonzentration hat eine 1-molare Salzsäure?
[$M(\text{HCl}) = 36{,}46\,\text{g} \cdot \text{mol}^{-1}$]

Gegeben: $c(\text{HCl}) = 1\,\text{mol} \cdot \text{l}^{-1}$
$M(\text{HCl}) = 36{,}46\,\text{g} \cdot \text{mol}^{-1}$

Gesucht: $\beta(\text{HCl})$

Lösung: Wenn in einem Liter Lösung 1 mol Salzsäure enthalten sind, dann sind in einem Liter Lösung auch 36,46 g Salzsäure enthalten, denn 1 mol Salzsäure wiegen 36,46 g. (Lösung mithilfe von Verhältnisgleichungen)

Fazit: $\beta(\text{HCl}) = 36{,}46\,\text{g} \cdot \text{l}^{-1}$

Beispiel 4.2

Wie viel molar ist eine Soda-Lösung mit der Konzentration $63{,}06\,g \cdot l^{-1}$?
$[M(Na_2CO_3) = 105{,}99\,g \cdot mol^{-1}]$

Gegeben: $\beta(Na_2CO_3) = 63{,}06\,g \cdot l^{-1}$
$M(Na_2CO_3) = 105{,}99\,g \cdot mol^{-1}$

Gesucht: $c(Na_2CO_3)$

Lösung: In einem Liter Lösung sind 63,06 g Soda enthalten. Davon bestimmen wir die Stoffmenge nach der 1. Grundgleichung (vgl. ▸Kap. 6).

$$n = \frac{m}{M} = \frac{63{,}06\,g}{105{,}99\,g \cdot mol^{-1}} = 0{,}595\,mol$$

Somit sind in einem Liter Lösung 0,595 mol Soda enthalten; die Stoffmengenkonzentration beträgt also $0{,}595\,mol \cdot l^{-1}$.

$$c = \frac{n}{V} = \frac{0{,}595\,mol}{1\,l} = 0{,}595\,mol \cdot l^{-1}$$

Umrechnung Massenkonzentration β in Massenprozente (und umgekehrt)

Hier muss eine auf Volumen bezogene Konzentration auf eine auf Masse bezogene Konzentration umgerechnet werden. Dazu benötigen wir die Dichte der Lösung, denn diese sagt uns, wie viel Gramm ein Liter der zu berechnenden Lösung wiegt (▸Kap. 4.1).

Beispiel 4.3

Welchen Massenprozentgehalt hat unsere Soda-Lösung mit $\beta(Na_2CO_3) = 63{,}06\,g \cdot l^{-1}$?
Die Dichte dieser Lösung beträgt $\rho_{20} = 1{,}060\,g \cdot ml^{-1}$.

Gegeben: $\beta(Na_2CO_3) = 63{,}06\,g \cdot l^{-1}$
$\rho_{20}(Na_2CO_3) = 1{,}060\,g \cdot ml^{-1}$

Gesucht: c[% (m/m)]

Lösung: Umrechnung eines Volumens der Lösung in die entsprechende Masse (es empfiehlt sich hier, von einem Liter auszugehen):

Dreisatz:

$$1{,}060\,g\ \text{Lösung} \triangleq 1\,ml\ \text{Lösung} \quad \text{(das ist die Dichte)}$$
$$x \triangleq 1000\,ml\ \text{Lösung}$$
$$x = 1060\,g$$

Wenn in einem Liter Lösung 63,06 g Soda enthalten sind, dann sind auch in 1060 g Lösung 63,06 g Soda enthalten. Für die Massenprozente müssen wir nun den Wert für 100 g Lösung suchen. Dazu bietet sich ein weiterer Dreisatz an:

$$63{,}06\,g\ \text{Soda} \triangleq 1060\,g\ \text{Lösung}$$
$$x \triangleq 100\,g\ \text{Lösung}$$
$$x = 5{,}95\,g$$

Fazit: 5,95 g Soda in 100 g Lösung, das ist ein Massenprozentgehalt von 5,95 % (m/m).

Beispiel 4.4

Welche Massenkonzentration hat eine 20,88 %ige (m/m) Ammoniak-Lösung mit der Dichte $\rho_{20} = 0{,}920\,g \cdot ml^{-1}$?

Gegeben: c[% (m/m)] = 20,88 % (m/m)

$\rho_{20}(NH_3) = 0{,}920\,g \cdot ml^{-1}$

Gesucht: β

Lösung: Eine bestimmte Masse der Lösung (zweckmäßigerweise 100 g) wird mithilfe der Dichte in das entsprechende Volumen umgerechnet:

$$V = \frac{m}{\rho} = \frac{100\,g}{0{,}920\,g \cdot ml^{-1}} = 108{,}70\,ml$$

Wenn 100 g Lösung 20,88 g Ammoniak enthalten, dann enthalten logischerweise auch 108,70 ml dieser Lösung 20,88 g Ammoniak.

Die gesuchten Konzentrationen können nun mithilfe eines Dreisatzes oder mit der Definitionsgleichung berechnet werden.

$$\beta = \frac{m}{V} = \frac{20{,}88\,g}{0{,}1087\,l} = 192{,}1\,g \cdot l^{-1}$$

oder

$$20{,}88\,g\ NH_3 \triangleq 108{,}7\,ml\ \text{Lösung}$$
$$x \triangleq 1000\,ml\ \text{Lösung}$$
$$x = 192{,}1\,g$$

192,1 g Ammoniak sind in einem Liter (1000 ml) Lösung enthalten.

Fazit: Die 20,88 %ige (m/m) Ammoniak-Lösung hat eine Massenkonzentration von $192{,}1\,g \cdot l^{-1}$.

Umrechnung Massenprozente in Volumenprozente (und umgekehrt)

Wie im vorstehenden Punkt muss auch hier eine auf Masse bezogene Konzentration in eine auf Volumen bezogene umgerechnet werden. Wir brauchen also auch hier wieder die Dichte, und zwar die der betreffenden Lösung und die des reinen Stoffes. Die Vorgehensweise zur Berechnung schauen wir uns an zwei Beispielen an.

Beispiel 4.5

Welchen Massenprozentgehalt hat eine 86,00 %ige (V/V) Ethanol-Lösung?
Wir benötigen dazu die folgenden Größen:

Gegeben: c[% (V/V)] = 86,00 % (V/V)
ρ_{20}[Ethanol 86,00 % (V/V)] = 0,84184 g · ml^{-1}
ρ_{20}[Ethanol 100,00 % (V/V)] = 0,78924 g · ml^{-1}

Gesucht: c[% (m/m)]

Lösung: 86,00 % (V/V) heißt 86,00 ml (reiner) Ethanol in 100 ml Lösung. Daraus müssen mithilfe der Dichten die entsprechenden Massen berechnet werden.

$\rho = \frac{m}{V}$ umstellen nach m: $m = \rho \cdot V$

m[Ethanol 100,00 % (V/V)] = 0,78924 g · ml^{-1} · 86,00 ml = 67,87 g und
m(Lösung) = 0,84184 g · ml^{-1} · 100 ml = 84,18 g

In der Lösung sind also 67,87 g (reiner) Ethanol in 84,18 g Lösung enthalten.
Das beziehen wir einfach auf 100 g Lösung (Dreisatz):

84,18 g Lösung ≙ 100 g Lösung
67,87 g Ethanol ≙ x
x = 80,62 g

Fazit: 80,62 g (reiner) Ethanol in 100 g Ethanol-Lösung, das ist ein Massenprozentgehalt von 80,62 % (m/m).

Beispiel 4.6

Welchen Volumenprozentgehalt hat eine 35,60 %ige (m/m) Schwefelsäure?
Wir benötigen dazu die folgenden Größen:

Gegeben: c[% (m/m)] = 35,60 % (m/m)
$\rho_{20}[H_2SO_4$ 35,60 % (m/m)] = 1,265 g · ml^{-1}
$\rho_{20}[H_2SO_4$ 100,00 % (m/m)] = 1,832 g · ml^{-1}

Gesucht: c[% (V/V)]

Lösung: 35,60 % (m/m) heißt 35,60 g (reine) Säure in 100 g Lösung. Daraus müssen mithilfe der Dichten die entsprechenden Volumina berechnet werden.

$\rho = \frac{m}{V}$ umstellen nach v: $V = \frac{m}{\rho}$

$$V[H_2SO_4\ 100\ \%\ (m/m)] = \frac{35{,}60\ g}{1{,}832\ g \cdot ml^{-1}} = 19{,}43\ ml \text{ und}$$

$$V(\text{Lösung}) = \frac{100\ g}{1{,}265\ g \cdot ml^{-1}} = 79{,}05\ ml$$

In der Lösung sind also 19,43 ml (reine) Säure in 79,05 ml Lösung enthalten.
Das beziehen wir einfach auf 100 ml Lösung (Dreisatz):

79,05 ml Lösung ≙ 100 ml Lösung
19,43 ml H_2SO_4 ≙ x
x = 24,58 ml

Fazit: 24,58 ml (reine) Schwefelsäure in 100 ml Lösung, das ist ein Volumenprozentgehalt von 24,58 % (V/V).

Diese Art der Umrechnung kommt allgemein selten vor. In der Pharmazie werden in der Praxis häufig alkoholische Lösungen (Ethanol, Propan-2-ol) vom Massen- in den Volumenprozentgehalt und umgekehrt umgerechnet. Zu diesem Zweck enthält die Ph. Eur. eine sogenannte Ethanoltabelle, die zu jedem Volumenprozentgehalt den entsprechenden Massenprozentgehalt und die Dichte aufführt. Auch das DAB hat eine Ethanoltabelle; im DAC (Anlage L) finden Sie eine Propan-2-ol-Tabelle.

Der Küster/Thiel (Küster et al. 2016, ▸ Literaturverzeichnis) enthält Tabellen mit Dichtewerten und den zugehörigen Massenprozenten und Stoffmengenkonzentrationen für Schwefelsäure, Salzsäure, Perchlorsäure, Salpetersäure, Kalilauge (Kaliumhydroxid-Lösung), Natronlauge (Natriumhydroxid-Lösung), Soda-Lösung (Natriumcarbonat-Lösung) und Ammoniak-Lösung.

4.3 Mischungsrechnen

4.3.1 Mischungskreuz und Mischungsgleichung

In der Praxis müssen häufig Lösungen, die aus einer konzentriert(er)en Standardlösung durch Verdünnen mit reinem Lösungsmittel (meistens Wasser) oder einer verdünnteren Lösung der gleichen Art anzusetzen sind, hergestellt werden.

Hierfür gibt es zwei Möglichkeiten: die Mischungsgleichung und das Mischungskreuz.

Mischungsgleichung

Für das Mischen zweier oder mehrerer Lösungen gilt allgemein:

$$m_1 \cdot c_1 + m_2 \cdot c_2 + m_3 \cdot c_3 + \cdots = (m_1 + m_2 + m_3 + \cdots) \cdot c_E$$

Index 1: Masse und Konzentration [% (m/m)] der Ausgangslösung 1
Index 2: Masse und Konzentration [% (m/m)] der Ausgangslösung 2, usw.
c_E: Konzentration [% (m/m)] der herzustellenden Lösung
$(m_1 + m_2 + m_3 + \cdots)$: Masse der herzustellenden Lösung

Das ergibt für den Massenprozentgehalt der Ziellösung:

$$c_E = \frac{m_1 \cdot c_1 + m_2 \cdot c_2 + m_3 \cdot c_3 + \cdots}{m_1 + m_2 + m_3 + \cdots}$$

In der Praxis werden immer nur zwei Lösungen zu einer Ziellösung gemischt, sodass sich die Mischungsgleichung entsprechend vereinfacht:

$$c_E = \frac{m_1 \cdot c_1 + m_2 \cdot c_2}{m_1 + m_2}$$

Dabei müssen neben den Ausgangskonzentrationen zwei der drei Massen gegeben sein (die dritte Masse ist die Gesamtmasse im Nenner), wenn c_E zu berechnen ist.

Beispiel 4.7

Welchen Massenprozentgehalt hat die entstehende Lösung, wenn 436,4 g einer 53 %igen (m/m) Lösung mit 163,6 g einer 42 %igen (m/m) Lösung des gleichen Stoffes gemischt werden?

Gegeben:

$c_1 = 53\,\%\ (m/m)$
$m_1 = 436{,}4\,g$
$c_2 = 42\,\%\ (m/m)$
$m_2 = 163{,}6\,g$

Gesucht: c_E

Lösung:

$$c_E = \frac{436{,}4\,g \cdot 53\,\%\ (m/m) + 163{,}6\,g \cdot 42\,\%\ (m/m)}{600\,g}$$

$$c_E = 50\,\%\ (m/m)$$

Fazit: Wenn die oben genannten Lösungen mit den entsprechenden Einwaagen gemischt werden, dann entsteht eine 50 %ige (m/m) Lösung.

Man kann aber auch eine der Ausgangskonzentrationen berechnen, wenn die andere und c_E bekannt ist. Dazu wird die Mischungsgleichung nach der zu berechnenden Ausgangskonzentration umgestellt.

Beispiel 4.8

c_1 sei zu berechnen.

Lösung: Die Mischungsgleichung wird nach c_1 umgestellt.

$$c_E = \frac{m_1 \cdot c_1 + m_2 \cdot c_2}{m_1 + m_2} \qquad | \cdot (m_1 + m_2)$$

$$c_E \cdot (m_1 + m_2) = m_1 \cdot c_1 + m_2 \cdot c_2 \qquad | -m_2 \cdot c_2$$

$$c_E \cdot (m_1 + m_2) - m_2 \cdot c_2 = m_1 \cdot c_1$$

Auflösen der Klammer:

$$c_E \cdot m_1 + m_2 \cdot (c_E - c_2) = m_1 \cdot c_1 \qquad | : m_1$$

$$\frac{c_E \cdot m_1}{m_1} + \frac{m_2 \cdot (c_E - c_2)}{m_1} = c_1$$

Fazit: Nach dem Kürzen ergibt sich für c_1:

$$c_1 = c_E + \frac{m_2}{m_1} \cdot (c_E - c_2)$$

Wir überprüfen den Ansatz anhand der Werte des vorstehenden Beispiels. Es sollten sich für c_1 53 % (m/m) ergeben:

$$c_1 = 50\,\%\ (m/m) + \frac{163{,}6\,g}{436{,}4\,g} \cdot [50\,\%\ (m/m) - 42\,\%\ (m/m)]$$

$$c_1 = 53\,\%\ (m/m)$$

Ebenso kann die Mischungsgleichung nach der Masse einer Ausgangslösung umgestellt werden. Dies findet in der Praxis beispielsweise Anwendung, wenn eine konzentriertere Lösung zu einer verdünnteren Lösung mit Wasser umgesetzt und dabei vollständig verbraucht wird. Dabei ist nicht einmal die Gesamtmasse der Ziellösung bekannt. Dazu auch ein Beispiel.

Beispiel 4.9

Aus 70 g handelsüblicher 96 %iger (m/m) Schwefelsäure sei durch Verdünnen mit Wasser eine 50 %ige (m/m) Säure herzustellen.
Wie viel Gramm Wasser ist notwendig und wie viel Gramm der 50 %igen (m/m) Säure können hergestellt werden?

Gegeben: $c_1 = 96\,\%$ (m/m)
$c_2 = 0$
$c_E = 50\,\%$ (m/m)
$m_1 = 70\,g$

Gesucht: m_2 und die Masse für c_E $(m_1 + m_2)$

Lösung: Die Mischungsgleichung wird nach m_2 umgestellt.

$$c_E = \frac{m_1 \cdot c_1 + m_2 \cdot c_2}{m_1 + m_2} \qquad | \cdot (m_1 + m_2)$$

$$c_E \cdot (m_1 + m_2) = m_1 \cdot c_1 + m_2 \cdot c_2 \qquad | - m_2 \cdot c_2$$

$$c_E \cdot (m_1 + m_2) - m_2 \cdot c_2 = m_1 \cdot c_1$$

$$m_1 \cdot c_E + m_2 \cdot c_E - m_2 \cdot c_2 = m_1 \cdot c_1 \qquad | - m_1 \cdot c_E$$

$$m_2 \cdot c_E - m_2 \cdot c_2 = m_1 \cdot c_1 - m_1 \cdot c_E$$

$$m_2 \cdot (c_E - c_2) = m_1 \cdot (c_1 - c_E) \qquad | : (c_E - c_2)$$

$$m_2 = m_1 \cdot \frac{c_1 - c_E}{c_E - c_2}$$

Nun können die gegebenen Größen eingesetzt werden:

$$m_2 = 70\,g \cdot \frac{96 - 50}{50 - 0} = 64{,}4\,g$$

(Da sich die Prozentangaben wegkürzen, dürfen diese hier weggelassen werden.)

Für die entstehende Lösung ergibt sich:
$m_1 + m_2 = 70\,g + 64{,}4\,g = 134{,}4\,g$

Fazit: Aus 70 g 96 %iger (m/m) Schwefelsäure entstehen mit 64,4 g Wasser insgesamt 134,4 g 50 %ige (m/m) Schwefelsäure.

Die Mischungsgleichung vereinfacht sich, wenn mit dem reinen Lösungsmittel (meist Wasser) verdünnt wird ($c_2 = 0$; $m_2 = m_{Wasser}$).

$$c_E = \frac{m_1 \cdot c_1}{m_1 + m_{Wasser}} \qquad \text{(Wasserzusatz)}$$

Ebenso gilt für Lösungen, die durch Abdampfen von Lösungsmittel aufkonzentriert werden:

$$c_E = \frac{m_1 \cdot c_1}{m_1 - m_{Wasser}} \qquad \text{(Wasserentzug)}$$

Zum Mitdenken

Leiten Sie sich die vereinfachten Mischungsgleichungen von der allgemeinen Mischungsgleichung ab.

Führen Sie das Beispiel 4.9 mit der vereinfachten Mischungsgleichung für Wasserzusatz aus.

Mischungskreuz

Wenn alle drei Konzentrationen einer Mischung aus zwei Lösungen gegeben sind, dann kann das sogenannte Mischungskreuz (o Abb. 4.1) verwendet werden. Es führt schneller zum Ziel als die Mischungsgleichung.

Dabei werden die Konzentrationen entsprechend der o Abb. 4.1 in das Kreuz eingetragen und entlang der Pfeile subtrahiert, und zwar so, dass das Ergebnis jeweils eine positive Zahl ist. Man erhält damit das Massenverhältnis, in dem beide Ausgangslösungen zu mischen sind. Nun können die fehlenden Werte leicht über Verhältnisgleichungen berechnet werden (vgl. ▸ Kap. 1.5.2). Dazu das Beispiel 4.10, bei dem wir zum Vergleich noch einmal die Zahlen des Beispiels 4.7 aus dem Abschnitt über die Mischungsgleichungen verwenden.

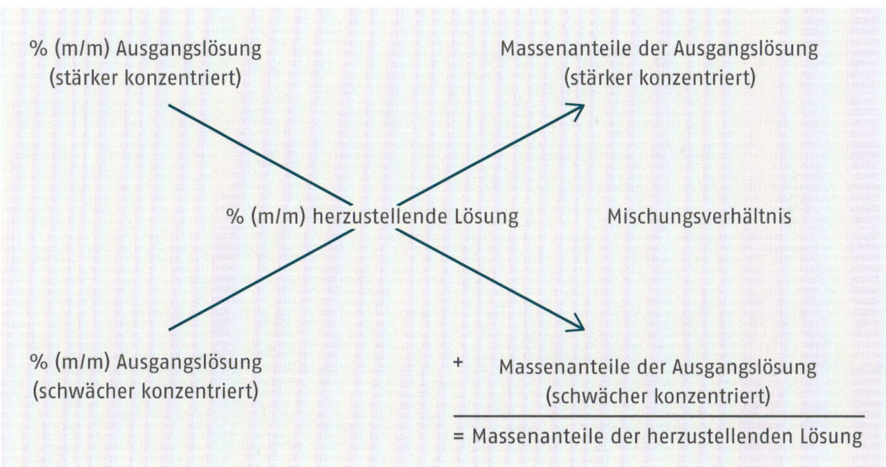

o **Abb. 4.1** Mischungskreuz

Beispiel 4.10

Eine 53 %ige (m/m) Lösung sei mit einer 42 %igen (m/m) Lösung des gleichen Stoffes zu einer 50 %igen (m/m) Lösung zu mischen.
Die Zahlen werden wie folgt in das Mischungskreuz eingesetzt:

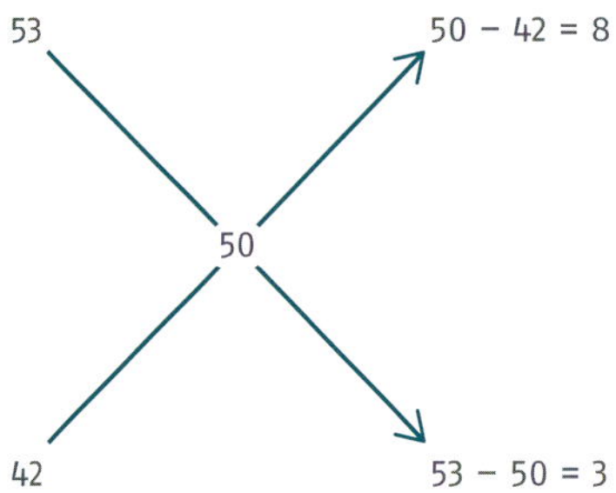

bzw.

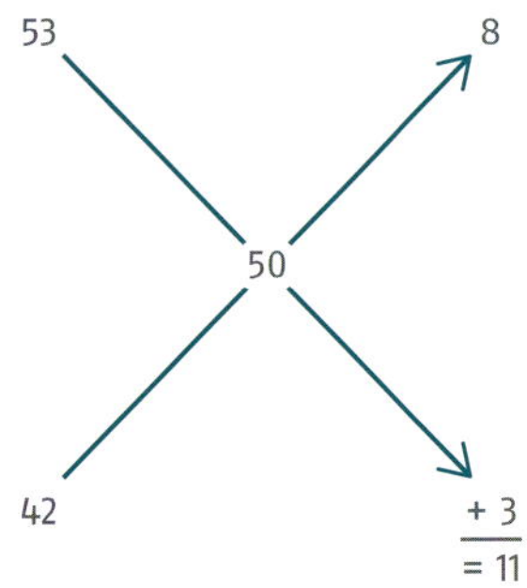

Dabei steht die konzentriertere Lösung links oben, die verdünntere links unten und die Mischung in der Mitte. Entlang der Pfeile werden Differenzen gebildet (immer positiv!) und deren Ergebnisse an die Pfeilspitzen geschrieben. Rechts oben stehen nun die Massenteile der konzentrierteren Lösung, rechts unten die der verdünnteren Lösung. Das Ergebnis ist also ein Massenverhältnis aus beiden Ausgangslösungen (hier also 8 : 3).
Im angegebenen Beispiel müssen 8 Massenteile der 53 %igen (m/m) und 3 Massenteile der 42 %igen (m/m) Lösung zusammengegeben und vermischt werden.
Über eine Verhältnisgleichung können nun mit einer gegebenen Masse die anderen beiden Massen berechnet werden. Wenn 600 g der gemischten Lösung hergestellt werden müssten, dann würde die Gleichung wie folgt aussehen:

$8 \triangleq m_1$	m_1:	Masse der konzentrierteren Lösung
$3 \triangleq m_2$	m_2:	Masse der verdünnteren Lösung
$11 \triangleq 600\,g$	$m_1 + m_2$:	Gesamtmasse der gemischten Lösung

Die unbekannten Massen können durch zwei Verhältnisgleichungen ermittelt werden:

$$m_1 = \frac{8 \cdot 600\,g}{11} = 436{,}4\,g \qquad m_2 = \frac{3 \cdot 600\,g}{11} = 163{,}6\,g$$

600 g 50%ige (m/m) Lösung können aus 436,4 g 53 %iger (m/m) und 163,6 g 42 %iger (m/m) Lösung durch Mischen hergestellt werden. 436,4 g und 163,6 g ergeben zusammen 600 g.
Es müssen also alle drei Konzentrationswerte und eine der drei Massen (m_1, m_2 oder $m_1 + m_2$) bekannt sein, um das Mischungskreuz anwenden zu können.

Wenn das reine Lösungsmittel (Wasser) zum Verdünnen verwendet wird, dann steht links unten die Zahl 0 (Null) (vgl. Übungsaufgabe 4.8 am Ende von ▸ Kap. 4).

Einschränkungen für Mischungskreuz und Mischungsgleichung

- Nur vergleichbare Angaben bzw. Größen einsetzbar.
- Grundsätzlich Massenangaben oder Konzentrationsangaben in % (m/m).
- Konzentrationsangaben in % (V/V) oder Molarität bzw. Mengenangaben in Liter nur dann möglich, wenn keine Volumenänderung eintritt (bei Alkohollösungen beispielsweise nicht möglich).
- Unterschiedliche, nicht zueinander passende Angaben entsprechend umrechnen (Dichte).

4.3.2 Dichtemischungen

Lösungen unterschiedlicher Dichte können gezielt gemischt werden, sodass eine Lösung mit einer ganz bestimmten (gewollten) Dichte entsteht. Dabei dürfen aber **keine Volumenänderungen** eintreten!

Zu wässrigen Lösungen wird in der Praxis meist Wasser zugesetzt, um die Lösung zu verdünnen und damit deren Dichte zu ändern.

Eine Ausgangslösung (Index A) wird mit einer Zusatzflüssigkeit (Index Z, meist Wasser) zu einer Mischlösung (Index E) mit einer bestimmten, gewollten Dichte gemischt.

Für die Dichte der Mischlösung gilt: $\rho_E = \dfrac{m_A + m_Z}{\dfrac{m_A}{\rho_A} + \dfrac{m_Z}{\rho_Z}}$

In der Regel ist die Masse der Zusatzflüssigkeit zu berechnen, sodass die Gleichung nach m_Z umgestellt wird:

$$m_Z = m_A \cdot \frac{\dfrac{\rho_E}{\rho_A} - 1}{1 - \dfrac{\rho_E}{\rho_Z}} \qquad \text{oder} \qquad m_Z = m_A \cdot \frac{\rho_Z(\rho_E - \rho_A)}{\rho_A(\rho_Z - \rho_E)}$$

In Lehrbüchern und Tabellenwerken findet man meist die hier rechts stehende Gleichung (z. B. Müller u. Schwarzbach 2017: Formelfuchs, S. 16).

Zum Mitdenken

Führen Sie das Umstellen der Gleichung nach m_Z aus. Sie sollten eines der beiden Ergebnisse erhalten. Zeigen Sie weiterhin, dass die beiden Ergebnisse identisch sind.

Wenn durch Aufkonzentrieren die Dichte erhöht werden soll (z. B. durch Abdampfen von Lösungsmittel), dann ist der Wert für m_Z negativ ($\rho_A < \rho_E$).

Das haben Sie gelernt: Dichte, Rechnen mit Konzentrationen

- Das ▸Kap. 4 stellte zunächst die Dichte vor, weil mit dieser volumenbasierte Konzentrationen (meist bezogen auf 1 Liter) in massenbasierte Konzentrationen (bezogen z. B. auf 1 kg) und umgekehrt umgerechnet werden können.
- Es wurden darüber hinaus Wege aufgezeigt, um die in ▸Kap. 3 vorgestellten Konzentrationen ineinander umzurechnen.
- Des Weiteren beschäftigten wir uns mit dem Mischen von Lösungen.

Übungsaufgaben zu Kapitel 4: Dichte, Rechnen mit Konzentrationen

Aufgabe 4.1

Vervollständigen Sie die folgende Tabelle:

	Dichte der Lösung (20 °C) in $g \cdot cm^{-3}$	Relative Molekülmasse des gelösten Stoffes	c in $mol \cdot l^{-1}$	β in $g \cdot l^{-1}$	Massenprozentgehalt
Natronlauge	1,080	40,00	2		
Soda-Lösung	1,135	105,99		147,56	
Kalilauge	1,236				25
Schwefelsäure	1,300		5,259		
Salzsäure	1,125			283,7	
Ammoniak-Lösung	0,880				34,35

Aufgabe 4.2

Welches Volumen haben 150 g einer 48,10 %igen (m/m) Schwefelsäure mit der Dichte 1,3810 $g \cdot ml^{-1}$?

Aufgabe 4.3

Welche Masse haben 200 ml einer 65,90 %igen (V/V) Ethanol-Lösung mit der relativen Dichte $d_{20}^{20} = 0{,}897$?

Aufgabe 4.4

Berechnen Sie die fehlenden Gehalte der Ethanol-Lösungen in der folgenden Tabelle. (Dichte des reinen Ethanols bei 20 °C: 789,24 $kg \cdot m^{-3}$)

Dichte der Lösung in $kg \cdot m^{-3}$ (20 °C)	Massenprozentgehalt	Volumenprozentgehalt
815,18		94,0
994,37		2,6
985,31		9,5
932,28	41,40	
956,70	28,21	
847,32	78,20	

Vergleichen Sie Ihre Ergebnisse mit der Ethanoltabelle der Ph. Eur. oder der eines anderen Arzneibuchs.

Aufgabe 4.5

Es sollen 500 ml einer Essigsäure mit der Massenkonzentration 200 g · l^{-1} hergestellt werden.

Wie viel Gramm 98 %ige (m/m) Essigsäure (Eisessig) müssen abgewogen und mit Wasser auf 500 ml aufgefüllt werden?

Aufgabe 4.6

Geben Sie den ppm-Gehalt einer 0,05 %igen (m/m) Essigsäure an.

Aufgabe 4.7

Eine Salzsäure ist 1,14-molar.

Wie viel Milliliter Wasser müssen zugesetzt werden, um eine Stoffmengenkonzentration von genau 1 mol · l^{-1} zu erhalten?

Aufgabe 4.8

Aus 70 %igem (V/V) Isopropanol sind 1000 ml einer 15 %igen (V/V) Lösung durch Verdünnen mit Wasser herzustellen.

Wie viel Gramm der konzentrierten Isopropanol-Lösung und Wasser sind zu mischen?

Auszug aus der Isopropanoltabelle des DAC:

70 % (V/V) ≙ 63,0 % (m/m) $d_{20}^{20} = 0{,}8768$

15 % (V/V) ≙ 12,0 % (m/m) $d_{20}^{20} = 0{,}9816$

Aufgabe 4.9

Welchen Massenprozentgehalt hat eine Ausgangslösung, von welcher 0,8 kg mit 150 g einer 25 %igen (m/m) Lösung der gleichen Substanz eine 40 %ige (m/m) Lösung ergeben?

Aufgabe 4.10

500 g einer Lösung X (ρ_{20} = 1,213 g · ml^{-1}) sind mit Wasser (ρ_{20} = 0,9982 g · ml^{-1}) auf eine Dichte von 1,184 g · ml^{-1} (für 20 °C) einzustellen.

Wie viel Gramm Wasser sind hinzuzufügen?

5 Chemische Reaktionsgleichungen

5.1 Allgemeines zu Reaktionsgleichungen/Aufstellen von Reaktionsgleichungen

Eine Reaktionsgleichung ist ein System von chemischen Zeichen zur Veranschaulichung einer chemischen Reaktion. Es enthält Aussagen über qualitative Veränderungen und quantitative Verhältnisse zwischen den Reaktionsteilnehmern und schließt Aussagen zur Stoffebene und zur Teilchenebene ein. Auf der Grundlage der Reaktionsgleichung lassen sich Aussagen über die umgesetzten Stoffmengen sowie mit den entsprechenden Größengleichungen Massen und Volumina (z. B. Bei 1 mol Formelumsatz) berechnen (Sommer u. Wünsch 1998) (siehe auch ▸ Kap. 2 und ▸ Kap. 6).

In ▸ Kap. 6 erfahren Sie, dass eine Reaktionsgleichung notwendig ist für eine stöchiometrische Berechnung.

In einer chemischen Reaktionsgleichung stehen üblicherweise die Ausgangsstoffe (= Edukte) auf der linken und die Reaktionsprodukte auf der rechten Seite. Beide Seiten sind durch einen Reaktionspfeil verbunden.

Die folgenden drei Tabellen von Sommer und Wünsch geben eine übersichtliche und kurze Darstellung darüber, wie Reaktionsgleichungen aufgestellt werden:

- Tab. 5.1 beschreibt den Inhalt von Reaktionsgleichungen.
- Tab. 5.2 zeigt, dass Reaktionsgleichungen auf verschiedene Art geschrieben werden können.
- Tab. 5.3 führt Teilschritte auf, mit denen Reaktionsgleichungen aufgestellt werden können.

Nach dem Gesetz von der Erhaltung der Masse (▸ Kap. 6.1) müssen Art (= Atomsorte) und Menge (= Anzahl der Teilchen dieser Atomsorte) eines Teilchens auf beiden Seiten der Reaktionsgleichung gleich sein. Wenn Ladungen auftauchen, dann ist die Summe aller Ladungen auf der linken Seite gleich der Summe aller Ladungen auf der rechten Seite der Reaktionsgleichung (Gesetz von der Erhaltung der Ladung, ▸ Kap. 6.1; Beispiele dazu finden sich im ▸ Kap. 5.4 bei den Redoxreaktionen).

Reaktionsgleichungen sind immer modellhaft und schematisch, sodass sie immer ihrem Zweck angepasst werden können. In ▸ Kap. 6.4.4 betrachten wir beispielsweise die Fällung der Silberhalogenide. Wir formulieren für Silberchlorid:

$$Ag^+ + Cl^- \rightarrow AgCl\downarrow$$

Tab. 5.1 Inhalt von Reaktionsgleichungen (Sommer u. Wünsch 1998)

Aussagen einer Reaktionsgleichung	Beispiel: $2\ H_2 + O_2 \rightarrow 2\ H_2O$
Stoffebene: Die Reaktion von Ausgangsstoffen zu Reaktionsprodukten	Wasserstoff reagiert mit Sauerstoff zu Wasser.
Teilchenebene: Die Anzahl der Moleküle (bzw. Baueinheiten), die reagieren und nach der Reaktion vorliegen	Zwei Moleküle Wasserstoff reagieren mit einem Molekül Sauerstoff zu zwei Molekülen Wasser.
Abgeleitete Aussagen:	
Die **Stoffmengen** der Stoffportionen, die reagieren und nach der Reaktion vorliegen	2 mol Wasserstoff reagieren mit 1 mol Sauerstoff zu 2 mol Wasser
Die **Massen** der Stoffportionen, die reagieren und nach der Reaktion vorliegen	4 g Wasserstoff reagieren mit 32 g Sauerstoff zu 36 g Wasser (Zahlenbeispiel)
Die **Volumina** der Stoffportionen von Gasen, die reagieren und nach der Reaktion vorliegen	44,8 l Wasserstoff reagieren mit 22,4 l Sauerstoff zu 44,8 l Wasserdampf (vereinfacht) (Zahlenbeispiel)

Tab. 5.2 Schreibweisen von Reaktionsgleichungen (Sommer u. Wünsch 1998)

Schreibweisen von Reaktionsgleichungen		Beispiele
Mit Summenformeln		$CH_4 + Cl_2 \rightarrow CH_3Cl + HCl$
Mit Strukturformeln		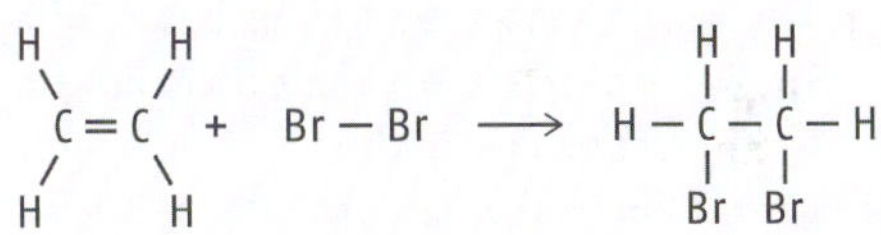
Mit Angabe der Ionen (bei Reaktionen in wässriger Lösung)	Ausführliche Schreibweise	$Ba^{2+} + 2\ Cl^- + 2\ H^+ + SO_4^{2-} \rightarrow BaSO_4\downarrow + 2\ H+ + 2\ Cl^-$
	Verkürzte Schreibweise	$Ba^{2+} + SO_4^{2-} \rightarrow BaSO_4\downarrow$
Mit Angabe der Elektronenübergänge (bei elektrochemischen Reaktionen oder Teilgleichungen von Redoxreaktionen)		$Cu^{2+} + 2\ e^- \rightarrow Cu$

Streng genommen haben wir eine wässrige Lösung, in der Silbernitrat und ein Chlorid (z. B. Natriumchlorid) gelöst, d. h. in Ionen dissoziiert, vorliegen:

$Ag^+ + NO_3^- + Na^+ + Cl^- \rightarrow AgCl\downarrow + NO_3^- + Na^+$

Des Weiteren müsste zu jedem Ion noch die Wasserhülle angegeben werden, weil das Lösungsmittel die Ionen solvatisiert.

Es ist jedoch statthaft und üblich, die erste Gleichung $Ag^+ + Cl^- \rightarrow AgCl\downarrow$ zu verwenden, denn diese enthält die für den Sachverhalt (hier Ausfällung von Silberchlorid) entscheidenden Informationen. Teilchen, die sich während der Reaktion nicht verändern, dürfen weggelassen werden.

Tab. 5.3 Teilschritte zum Aufstellen von Reaktionsgleichungen (Sommer u. Wünsch 1998)

	Teilschritte	Beispiel: Oxidation von Methan		
(1)	Ermitteln der chemischen Zeichen für die Ausgangsstoffe und die Reaktionsprodukte	$CH_4 + O_2$	(→)	$CO_2 + H_2O$
(2)	Ausgleichen durch Auffinden der Faktoren	1 C in CH_4		1 C in CO_2
		4 H in CH_4		2 H in H_2O
		Schlussfolgerung: 4 H in 2 H_2O		
	Überprüfen, ob auf jeder Seite der Reaktionsgleichung von den beteiligten Atomen der Elemente die gleiche Anzahl vermerkt ist.	$CH_4 + O_2$	(→)	$CO_2 + 2\ H_2O$
		2 O in O_2		4 O in $CO_2 + 2\ H_2O$
		Schlussfolgerung: 4 O in 2 O_2		
(3)	Zusammenstellen der Reaktionsgleichung	$CH_4 + 2\ O_2 \rightarrow CO_2 + 2\ H_2O$		
(4)	Kontrolle der Anzahl der Atome eines jeden Elements	C: 1 = 1 H: 4 = 4 O: 4 = 2 + 2		

Gegenüber der Originalliteratur wurde die Tabelle zur besseren Übersicht etwas ergänzt.

Es dürfen sogar reine Prinzipgleichungen, die mit der Wirklichkeit nichts zu tun haben, aufgestellt werden, um einen bestimmten Sachverhalt illustrieren oder eine bestimmte stöchiometrische Rechnung ausführen zu können. Man sollte dann aber immer anführen, welchem Zweck die betreffende Prinzipgleichung dient.

Im ▸ Kap. 2.3 findet sich die Prinzipgleichung: $2\ H + O \rightarrow H_2O$.

5.2 Oxidationszahlen

Bei Redoxreaktionen (▸ Kap. 5.3) werden Elektronen ausgetauscht. Um diese Prozesse beschreiben zu können, wurde das Modell der Oxidationszahlen entwickelt.

Als **Oxidationszahl** bezeichnet man die Ladung, die man den Atomen eines Moleküls oder eines komplexen Ions zuschreiben müsste, wenn dieses aus Atom-Ionen aufgebaut wäre. Diese „Atom-Ionen" werden gebildet, indem das gemeinsame Bindungselektronenpaar oder die gemeinsamen Bindungselektronenpaare zwischen zwei Atomen vollständig dem elektronegativeren Partner zugeordnet werden. In Wirklichkeit trifft das aber nur auf Stoffe mit Ionenbeziehung zu (z. B. NaCl).

MERKE Zur Ermittlung von Oxidationszahlen gelten die folgenden Regeln:
- Elemente haben die Oxidationszahl 0 (Null).
- Bei einfachen Ionen ist die Oxidationszahl identisch mit der Ionenladung.
- Bei Bindung(en) zwischen zwei gleichen Atomen bekommt jeder Partner die Hälfte der Bindungselektronen. Die Summe der auf diese Weise ermittelten „Ionenladungen" muss gleich der Gesamtladung des Moleküls oder des komplexen Ions sein.

Man schreibt die **Oxidationszahl** in der Regel als arabische oder als römische Ziffer mit *vorangestelltem* Ladungszeichen über das betreffende Element.

Im Gegensatz dazu wird die **Ladung** an der rechten oberen Ecke des Elementsymbols (für Moleküle am letzten Elementsymbol der Formel) durch eine arabische Ziffer mit *nachgestelltem* Ladungszeichen angegeben.

Unterschied Oxidationszahl ↔ Ladung am Beispiel des Calcium-Ions:

Beispiel 5.1

Unterschied Oxidationszahl ↔ Ladung am Beispiel des Calcium-Ions:

Oxidationszahl: $\overset{+2}{Ca}{}^{2+}$ oder $\overset{+II}{Ca}{}^{2+}$

Ladung: Ca^{2+}

Man beachte:

- Die Oxidationszahl ist nur eine Modellvorstellung.
- Die Ladung ist im Gegensatz dazu tatsächlich vorhanden und darf nicht weggelassen werden!

Die Oxidationszahlen werden für anorganische und organische Stoffe auf die gleiche Weise aufgestellt. ○ Abb. 5.1 und ○ Abb. 5.2 zeigen einige Beispiele.

Die Oxidationszahl ist eine formale Größe (deshalb: „Modell"), die eine Aussage über die tatsächliche Ladung an einem Atom bzw. dessen Bindungssituation nicht zulässt. Man benötigt sie aber zur Ermittlung der Stöchiometrie von Redoxreaktionen.

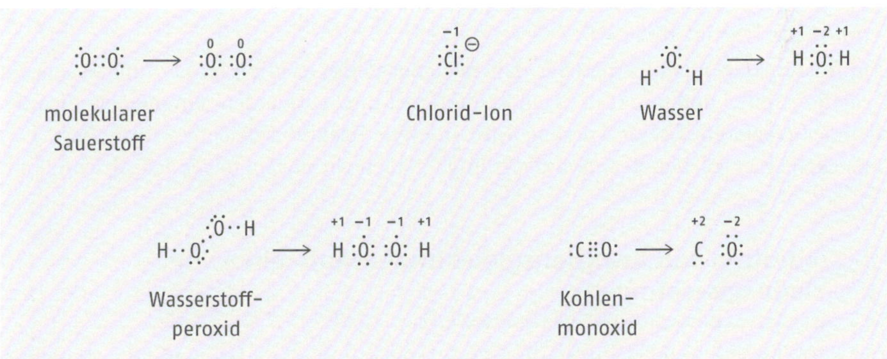

○ **Abb. 5.1** Oxidationszahlen einiger willkürlich ausgewählter anorganischer Verbindungen

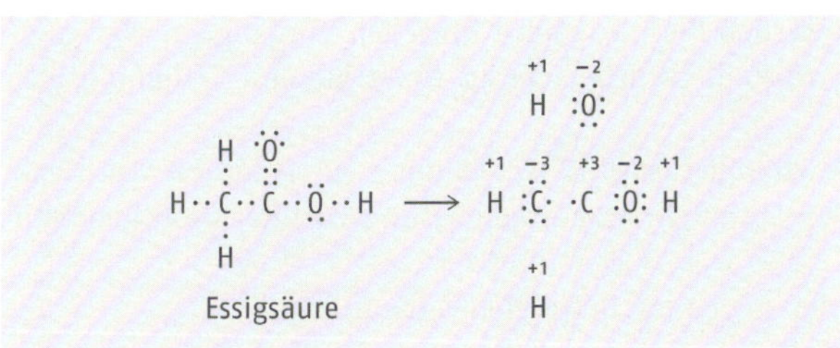

○ **Abb. 5.2** Oxidationszahlen der Essigsäure

5.3 Redoxreaktionen

DEFINITION Es gibt mehrere Möglichkeiten, den Begriff „Redoxreaktion“ (Kurzform von „Reduktions-Oxidations-**Reaktion**“) zu definieren:

- Redoxreaktionen sind Reaktionen, bei denen sich die Oxidationszahlen ändern.
- Bei einer Redoxreaktion werden Elektronen zwischen den Reaktionsteilnehmern ausgetauscht.
- Bei einer Redoxreaktion gibt ein Reaktionsteilnehmer Elektronen ab, ein anderer nimmt sie auf.
- Bei einer Redoxreaktion reagiert ein Reduktionsmittel mit einem Oxidationsmittel. Dabei können auch mehrere Oxidationsmittel mit einem Reduktionsmittel oder mehrere Reduktionsmittel mit einem Oxidationsmittel reagieren.

In der letzten Definition tauchen zwei wichtige Begriffe auf. Diese seien hier noch einmal genauer beschrieben:

Reduktionsmittel:	Gibt Elektronen ab	Wird selbst oxidiert	Oxidationszahl steigt
Oxidationsmittel:	Nimmt Elektronen auf	Wird selbst reduziert	Oxidationszahl sinkt

Zum Mitdenken

Bitte lesen Sie dazu auch die entsprechenden Kapitel in den einschlägigen Lehrbüchern der Chemie. Vergegenwärtigen Sie sich dort auch die Begriffe **Disproportionierung** und **Komproportionierung**.

Den Ausführungen entnehmen Sie, dass bei einer Redoxreaktion immer mindestens ein Oxidationsmittel und mindestens ein Reduktionsmittel vorhanden sein müssen, die miteinander reagieren. Dieser Vorgang wird in einer Reaktionsgleichung formuliert. Das Aufstellen einer solchen Reaktionsgleichung schauen wir uns im folgenden Abschnitt an.

5.4 Addition von Reaktionsgleichungen/Aufstellen von Redoxgleichungen

Redoxgleichungen werden aufgestellt, indem zunächst die Reduktion und die Oxidation separat als Teilgleichungen formuliert werden. Durch Zusammenfassen dieser Teilgleichungen erhält man die komplette Redoxgleichung. Wenn mehrere Reduktionen (bzw. Oxidationen) stattfinden, dann werden diese zunächst für jeden Vorgang einzeln aufgestellt und dann zu einer Gesamt-Reduktionsgleichung (bzw. Gesamt-Oxidationsgleichung) zusammengefasst.

Das Aufstellen von Redoxgleichungen ist eine Anwendung zur Addition von Reaktionsgleichungen (synonyme Bezeichnung: Zusammenfassung von Reaktionsgleichungen).

Die Vorgehensweise wird in den folgenden Beispielen verdeutlicht.

Beispiel 5.2

Reaktion von Cu^{2+}-Ionen mit Zink (Produkte: Cu, Zn^{2+}):

1. Schritt: Aufstellen der Teilgleichungen für die Reduktion und Oxidation

Reduktion: $\overset{+2}{Cu}{}^{2+} + 2\,e^- \rightarrow \overset{0}{Cu}$ **Elektronenaufnahme** (Elektronen sind Edukte, also links)

Oxidation: $\overset{0}{Zn} \rightarrow \overset{+2}{Zn}{}^{2+} + 2\,e^-$ **Elektronenabgabe** (Elektronen sind Produkte, also rechts)

2. Schritt: Gleichungen so umformen, dass in beiden die **gleiche** Elektronenanzahl vorliegt, d. h. Bildung des kgV der Stöchiometriezahlen vor e^- (entfällt hier, weil diese Zahl in beiden Gleichungen schon 2 ist).

3. Schritt: Addition beider Teilgleichungen wie eine mathematische Gleichung (die Reaktionspfeile denken Sie sich bitte als Gleichheitszeichen) und anschließende Subtraktion der Elektronen sowie anderer „Summanden", die auf beiden Seiten auftauchen. Addition heißt: Die linken Seiten beider Teilgleichungen bilden die linke Seite der Summengleichung; die rechten Seiten beider Teilgleichungen bilden die rechte Seite der Summengleichung.

$$\begin{array}{rcl} Cu^{2+} + 2\,e^- & \rightarrow & Cu \\ Zn & \rightarrow & Zn^{2+} + 2\,e^- \\ \hline Cu^{2+} + 2\,e^- + Zn & \rightarrow & Cu + Zn^{2+} + 2\,e^- \end{array} \quad \Big| -2\,e^-$$

4. Schritt: Ergebnis: $Cu^{2+} + Zn \rightarrow Cu + Zn^{2+}$

Beispiel 5.3

Reaktion von Permanganat- und Oxalat-Ionen in saurer Lösung (Produkte: Mn^{2+}, CO_2):

1. Schritt: Aufstellen der Teilgleichungen für die Reduktion und Oxidation

Reduktion: $\overset{+7}{Mn}O_4^- + 5\,e^- + 8\,H^+ \rightarrow \overset{+2}{Mn}{}^{2+} + 4\,H_2O$

Oxidation: $\overset{+3}{C_2}O_4^{2-} \rightarrow 2\,\overset{+4}{C}O_2 + 2\,e^-$

2. Schritt: Die Reduktionsgleichung muss mit 2, die Oxidationsgleichung mit 5 multipliziert werden, sodass beide Gleichungen je 10 Elektronen liefern bzw. verbrauchen.

Reduktion: $2\,MnO_4^- + 10\,e^- + 16\,H^+ \rightarrow 2\,Mn^{2+} + 8\,H_2O$

Oxidation: $5\,C_2O_4^{2-} \rightarrow 10\,CO_2 + 10\,e^-$

3. Schritt:

$$\begin{array}{rcl} 2\,MnO_4^- + 10\,e^- + 16\,H^+ & \rightarrow & 2\,Mn^{2+} + 8\,H_2O \\ 5\,C_2O_4^{2-} & \rightarrow & 10\,CO_2 + 10\,e^- \\ \hline 2\,MnO_4^- + 10\,e^- + 16\,H^+ + 5\,C_2O_4^{2-} & \rightarrow & 2\,Mn^{2+} + 8\,H_2O + 10\,CO_2 + 10\,e^- \end{array} \quad \Big| -10\,e^-$$

4. Schritt: $2\,MnO_4^- + 16\,H^+ + 5\,C_2O_4^{2-} \rightarrow 2\,Mn^{2+} + 8\,H_2O + 10\,CO_2$

5

Die 17. Ausgabe des Japanischen Arzneibuchs (JP 17) lässt 0,02-molare Kaliumpermanganat-Maßlösung gegen Natriumoxalat als Urtiter einstellen (▸Kap. 6.6.2, Einstellung einer Maßlösung gegen einen Urtiter). Die in Beispiel 5.3 hergeleitete Reaktionsgleichung liegt dieser Titration zugrunde.

In wässriger Lösung können auch die Lösungsmittel-Bestandteile (Wassermoleküle, Wasserstoff- und Hydroxid-Ionen) als Reaktionspartner fungieren. Für das Beispiel 5.3 haben wir einen niedrigen pH-Wert vorgegeben, sodass Wasserstoff-Ionen in jedem Fall an der Reaktion beteiligt sind.

Generell gilt, dass Teilchen, die in wässriger Lösung nicht existieren können (Basen, die stärker als das Hydroxid-Ion sind, und Säuren, die stärker als das Wasserstoff-Ion sind), mit den Lösungsmittelbestandteilen zu in Wasser existenzfähigen Teilchen reagieren müssen. So reagiert beispielsweise das Oxid-Ion (= starke Base) sofort mit den Wassermolekülen bzw. Wasserstoff-Ionen:

$$O^{2-} + 2\,H^+ \rightarrow H_2O \quad \text{(in saurer Lösung)}$$

$$O^{2-} + H_2O \rightarrow 2\,OH^- \quad \text{(in neutraler oder alkalischer Lösung)}$$

Weitere Informationen sind in den gängigen Lehrbüchern der Chemie enthalten.

Wenn in einer Lösung mehrere oxidationsfähige Ionen vorhanden sind und mit einem sehr starken Oxidationsmittel versetzt werden, dann finden alle möglichen Redoxreaktionen praktisch gleichzeitig statt. Man spricht dann von **Parallelreaktionen.** Wir sehen uns dazu das Beispiel 5.4 an.

Beispiel 5.4

Oxidation von Sulfit und Nitrit mit Cer(IV)-Ionen in saurer Lösung. (Der Vorgang ist in einer Gleichung zusammenzufassen.)

Edukte: $\overset{+4}{S}O_3^{2-}$; $\overset{+3}{N}O_2^-$; $\overset{+4}{Ce}{}^{4+}$ **Produkte:** $\overset{+6}{S}O_4^{2-}$; $\overset{+5}{N}O_3^-$; $\overset{+3}{Ce}{}^{3+}$

Hierbei ist zunächst eine Summengleichung aus beiden Oxidationsvorgängen aufzustellen.

1. Schritt: Reduktion: $Ce^{4+} + e^- \rightarrow Ce^{3+}$

Oxidation 1: $SO_3^{2-} + H_2O \rightarrow SO_4^{2-} + 2\ e^- + H^+$

Oxidation 2: $NO_2^- + H_2O \rightarrow NO_3^- + 2\ e^- + 2\ H^+$

Gesamt-Oxidationsgleichung: $NO_2^- + SO_3^{2-} + 2\ H_2O \rightarrow NO_3^- + SO_4^{2-} + 4\ e^- + 4\ H^+$

2. Schritt: Die Reduktionsgleichung muss mit 4 multipliziert werden, die Gesamt-Oxidationsgleichung bleibt unverändert. Beide Gleichungen liefern bzw. verbrauchen je 4 Elektronen.

Reduktion: $4\,Ce^{4+} + 4\ e^- \rightarrow 4\,Ce^{3+}$

Oxidation: $NO_2^- + SO_3^{2-} + 2\ H_2O \rightarrow NO_3^- + SO_4^{2-} + 4\ e^- + 4\ H^+$

3. Schritt:

$$4\,Ce^{4+} + 4\ e^- \rightarrow 4\,Ce^{3+}$$

$$NO_2^- + SO_3^{2-} + 2\ H_2O \rightarrow NO_3^- + SO_4^{2-} + 4\ e^- + 4\ H^+$$

$$4\,Ce^{4+} + 4\ e^- + NO_2^- + SO_3^{2-} + 2\ H_2O \rightarrow 4\,Ce^{3+} + NO_3^- + SO_4^{2-} + 4\ e^- + 4\ H^+ \quad | -4\,e^-$$

4. Schritt:

$$4\,Ce^{4+} + NO_2^- + SO_3^{2-} + 2\ H_2O \rightarrow 4\,Ce^{3+} + NO_3^- + SO_4^{2-} + 4\ H^+$$

Bei einer Redoxreaktion reagieren also immer ein Oxidationsmittel und ein Reduktionsmittel miteinander. Das Oxidationsmittel nimmt Elektronen auf und wird zu einem Reduktionsmittel, denn es könnte die Elektronen nun auch wieder abgeben. Ein solches Paar aus Reduktionsmittel und Oxidationsmittel (z. B. Cu/Cu^{2+} in Beispiel 5.2) bezeichnen wir als **Redoxpaar.**

Zum Mitdenken

Geben Sie in allen Beispielen des ▸Kap. 5.4 die Oxidations- und Reduktionsmittel an. Sehen Sie sich ggf. noch einmal die Erklärungen dazu am Anfang dieses Abschnitts an.

Um die Redoxpaare miteinander vergleichen zu können, werden sie in einer Tabelle angeordnet, der sogenannten elektrochemischen Spannungsreihe. Dabei werden die Redoxpaare mit einem anderen Redoxpaar verglichen, indem in einer galvanischen Zelle die

5

Spannungsdifferenz zwischen dem entsprechenden Redoxpaar und der sogenannten Standard-Wasserstoffelektrode (Redoxpaar $H_2/2\,H^+$) gemessen wird. Wenn alle Redoxpaare auf diese eine Standardelektrode bezogen werden, dann können jene miteinander verglichen werden. Die Spannungsdifferenz heißt **Normalpotenzial** des betreffenden Redoxpaares. Metall-Redoxpaare, die negative Normalpotenziale haben, heißen **unedle Metalle**; die mit positiven Potenzialen **edle Metalle**.

Die Wahl der Wasserstoffelektrode als Standardelektrode ist willkürlich.

Zum Mitdenken

Die Messungen werden unter bestimmten Bedingungen durchgeführt, um eine Vergleichbarkeit sicherzustellen.

Informieren Sie sich in einem Lehrbuch der Chemie über die Standardbedingungen der Wasserstoff-Bezugselektrode und der Elektrode des zu bestimmenden Redoxpaares.

In ◘ Tab. 5.4 sind die Redoxpaare wie folgt angegeben: reduzierte Form/oxidierte Form. Sie finden diese in den Lehrbüchern und Tabellenwerken der Chemie. Ein Auszug aus einer solchen Tabelle sei hier wiedergegeben (◘ Tab. 5.4).

Das Redoxpaar mit dem höheren Potenzial hat das stärkere Reduktionsmittel und das schwächere Oxidationsmittel. Man kann voraussagen, welche Reaktion zwischen zwei betrachteten Redoxpaaren freiwillig abläuft.

In Beispiel 5.2 haben wir jeweils 2 Oxidationsmittel (Zn^{2+}, Cu^{2+}) und 2 Reduktionsmittel (Zn, Cu). Das stärkere Reduktionsmittel Zn reagiert mit dem stärkeren Oxidationsmittel Cu^{2+} freiwillig (vgl. Reaktionsgleichung); die Reaktion von Zn^{2+} mit Cu muss erzwungen werden (Anlegen einer Spannung).

Wir haben nun in drei Beispielen gesehen, wie die Teilgleichungen einer Redoxreaktion addiert werden. Nach diesem Prinzip werden nicht nur diese Gleichungen addiert, sondern es können so auch andere Reaktionsgleichungen zusammengefasst werden.

◘ **Tab. 5.4** Normalpotenziale einiger ausgewählter Redoxpaare

Redoxpaar	Normalpotenzial E_0 in V
Mg/Mg^{2+}	− 2,38
Zn/Zn^{2+}	− 0,76
Fe/Fe^{2+}	− 0,41
$H_2/2\,H^+$	± 0,00
Cu/Cu^{2+}	+ 0,34
$2\,I^-/I_2$	+ 0,54
Ag/Ag^+	+ 0,80
Au/Au^{3+}	+ 1,50
Mn^{2+}/MnO_4^-	+ 1,51
$2\,F^-/F_2$	+ 2,87

Im ▸ Kap. 6.8 findet sich eine indirekte Titration, die durch zwei Gleichungen beschrieben wird, und zwar die iodometrische Bestimmung von Kupfer(II)-Ionen in Kupferverbindungen. Zur Ausführung der Titration lassen wir zunächst die gelösten Kupfer(II)-Ionen in essigsaurer Lösung mit einem Iodid reagieren. Dabei fällt weißes Kupfer(I)-iodid aus, und es entsteht eine dem Kupfer äquivalente Menge Iod:

$$4\,NaI + 2\,Cu^{2+} \rightarrow 2\,CuI\downarrow + I_2 + 4\,Na^+$$

Anschließend wird dieses Iod mit einer Natriumthiosulfat-Maßlösung titriert:

$$2\,Na_2S_2O_3 + I_2 \rightarrow 2\,NaI + Na_2S_4O_6$$

Das Kupfer wird also über den Umweg der Iodbildung maßanalytisch bestimmt. Um die Titration sachgemäß ausführen zu können, müssen wir selbstverständlich alle Teilprozesse kennen. Für die stöchiometrische Berechnung sind jedoch etwaige Zwischenprodukte unerheblich; es zählen nur Anfangs- und Endprodukte, hier also Kupfer(II)-Ionen und verbrauchtes Thiosulfat. Deshalb ist es zweckmäßig, beide Gleichungen zu einer zusammenzufassen.

1. Schritt: Iodbildung: $4\,NaI + 2\,Cu^{2+} \rightarrow 2\,CuI\downarrow + I_2 + 4\,Na^+$

Iodverbrauch: $2\,Na_2S_2O_3 + I_2 \rightarrow 2\,NaI + Na_2S_4O_6$

2. Schritt: Wie bei Redoxreaktionen müssen beide Gleichungen so umgeformt werden, dass gleiche Stoffmengen Iod entstehen und verbraucht werden (Analogie zu den Elektronen). In unserem Beispiel sind die Stoffmengen des Iods bereits gleich (je 1 mol), sodass diese Umformung entfällt.

3. Schritt: Addition beider Teilgleichungen wie eine mathematische Gleichung (die Reaktionspfeile denken Sie sich bitte auch hier als Gleichheitszeichen) und anschließende Subtraktion der „Summanden", die auf beiden Seiten auftauchen.

$$4\,NaI + 2\,Cu^{2+} \rightarrow 2\,CuI\downarrow + I_2 + 4\,Na^+$$

$$2\,Na_2S_2O_3 + I_2 \rightarrow 2\,NaI + Na_2S_4O_6$$

$$4\,NaI + 2\,Cu^{2+} + 2\,Na_2S_2O_3 + I_2 \rightarrow 2\,CuI\downarrow + I_2 + 4\,Na^+ + 2\,NaI + Na_2S_4O_6$$

$$|-I_2|-2\,NaI$$

4. Schritt: Ergebnis: $2\,NaI + 2\,Cu^{2+} + 2\,Na_2S_2O_3 \rightarrow 2\,CuI\downarrow + 4\,Na^+ + Na_2S_4O_6$

Dieser Summengleichung kann man nun das relevante Stoffmengenverhältnis entnehmen (vgl. ▸ Kap. 6.8).

5

5.5 Säure-Base-Reaktionen

Für Säure-Base-Reaktionen gibt es verschiedene Konzepte. Diesen allen gemeinsam ist, dass sich die Oxidationszahlen im Unterschied zu den Redoxreaktionen *nicht* ändern.

Zum Mitdenken

Informieren Sie sich in den Lehrbüchern der Chemie über Säure-Base-Konzepte nach Arrhenius, nach Brönsted und nach Lewis.

Im vorliegenden Buch werden Säure-Base-Reaktionen bei vielen Berechnungen (z. B. Titrationen) angewendet. Diese Art der Reaktionen soll im Rahmen des chemischen Rechnens jedoch nicht weiter besprochen werden; hierzu wird auf die Lehrbücher der Chemie verwiesen.

Die Säure-Base-Reaktionen seien an dieser Stelle nur der Vollständigkeit halber aufgeführt, weil Redoxreaktionen ausführlicher besprochen wurden und weil sie als zweite große Gruppe der chemischen Reaktionen hier zumindest kurz erwähnt werden sollen.

Themenbereiche der chemischen Gleichgewichte, bei denen Säure-Base-Reaktionen eine wichtige Rolle spielen (pH-Wert, Säure- und Basekonstanten, Löslichkeitskonstanten und Puffersysteme) werden in ▸ Kap. 7 behandelt.

Das haben Sie gelernt: Chemische Reaktionsgleichungen

- Das ▸ Kap. 5 stellte zunächst Reaktionsgleichungen vor, mit deren Hilfe chemische Prozesse beschrieben werden können. Dabei sahen wir, dass in der Chemie in der Regel zwei Arten von Reaktionen ablaufen:
  - Redoxreaktionen und
  - Säure-Base-Reaktionen.
- Das für das Aufstellen von Redoxreaktionen notwendige Modell der Oxidationszahlen wurde vorgestellt. Die Oxidationszahlen benötigen wir, um die Stöchiometrie von Redoxreaktionen zu ermitteln.
- Das Schema zum Aufstellen von Redoxreaktionen ist auch auf andere Systeme von Reaktionsgleichungen übertragbar. Wir haben uns dazu ein Beispiel angesehen.
- Auf die Säure-Base-Reaktionen haben wir einen kurzen Blick geworfen. Wir finden sie wieder in ▸ Kap. 7.

Übungsaufgaben zu Kapitel 5: Chemische Reaktionsgleichungen

Aufgabe 5.1

Finden Sie die Oxidationszahlen aller Elemente, die in den folgenden Verbindungen enthalten sind:

H_2S, SO_2, $H_2PO_4^-$, SO_4^{2-}

Propan-1-ol, Propan-2-ol, Propionaldehyd (Propanal), Propionsäure

Aufgabe 5.2

Grenzen des Modells der Oxidationszahlen: Im Thiosulfat-Ion können für die Schwefelatome jeweils verschiedene Oxidationszahlen angegeben werden.

Schreiben Sie alle Möglichkeiten auf und begründen Sie, weshalb sie ihre Berechtigung haben. Informieren Sie sich ggf. in der Literatur.

Aufgabe 5.3

Die Ph. Eur. lässt Eisen(II)-sulfat-heptahydrat mit einer Ammoniumcer(IV)-nitrat-Lösung bestimmen; das JP17 schreibt dafür eine Titration mit einer Kaliumpermanganat-Lösung vor.

Geben Sie für beide Titrationsverfahren die Redoxgleichung an.

Aufgabe 5.4

Stellen Sie für die folgenden Stoffe (Edukte/Produkte) die vollständige Reaktionsgleichung auf.

a) Saures Milieu:
- Edukte: Dichromat-Ion, Chlorid-Ion; Produkte: Chrom(III)-Ion, Chlorgas
- Edukte: Eisen(II)-Ion, Iodat-Ion; Produkte: Eisen(III)-Ion, Iodid-Ion

b) Neutrales Milieu:
- Edukte: Dicyangas, Chromat-Ion; Produkte: Cyanat-Ion, Chrom(III)-hydroxid
- Edukte: Iodid-Ion, Sauerstoffgas; Produkte: Iod, Hydroxid-Ion

c) Alkalisches Milieu:
- Edukte: Permanganat-Ion, Mangan(II)-Ion; Produkt: Braunstein
- Edukte: Tetrahydroxo-stannat(II)-Ion, Quecksilber(II)-EDTA-Komplex $[HgY]^{2-}$
  Produkte: Hexahydroxo-stannat(IV)-Ion, Quecksilber

d) Reaktion eines Oxidationsmittels mit mehreren Reduktionsmitteln:
- Edukte: Arsen(III)-sulfid, Salpetersäure, Wasser
  Produkte: Arsensäure (H_3AsO_4), Schwefelsäure, Stickstoffmonoxid

Aufgabe 5.5

Bei der Bromierung von Phenol entsteht 2,4-Dibrom-phenol.

Zeichnen Sie die Valenzstrichformel beider Phenole auf und geben Sie alle Oxidationszahlen an (Hilfe: Kennzeichnen Sie den aromatischen Zustand durch drei konjugierte Doppelbindungen im Ring).

Formulieren Sie die Redoxgleichung.

5

6 Stöchiometrische Berechnungen

6.1 Grundlagen, Grundgleichungen

Stöchiometrische Gesetzmäßigkeiten

- **Gesetz von der Erhaltung der Masse:**
  Masse der Edukte = Masse der Produkte.
- **Gesetz von den konstanten Proportionen:**
  Chemische Verbindungen haben immer eine konstante Zusammensetzung.

Beispiel 6.1

Wasser enthält Wasserstoff und Sauerstoff im Molverhältnis 2 : 1.

- **Gesetz von den multiplen Proportionen:**
  Massen der Elemente in Verbindungen stehen im Verhältnis kleiner, ganzer Zahlen zueinander.

Beispiel 6.2

Schwefel-Sauerstoff-Verbindungen können im Allgemeinen im Molverhältnis 1 : 1, 1 : 2 und 1 : 3 auftreten (SO, SO_2 und SO_3).

- **Gesetz der ganzzahligen Volumenverhältnisse:**
  Volumina gasförmiger Reaktionsteilnehmer stehen bei konstantem Druck und Temperatur im Verhältnis kleiner, ganzer Zahlen zueinander.

Beispiel 6.3

SO_2/SO_3-Gasgleichgewicht: $2\ SO_2 + O_2 \rightleftharpoons 2\ SO_3$ (▸Kap. 7.1)

- **Gesetz von der Erhaltung der Ladung:**
  Ladungssumme der Edukte = Ladungssumme der Produkte.

Grundgleichungen für das stöchiometrische Rechnen

Die in ◘Tab. 6.1 aufgeführten drei Grundgleichungen sind für alle stöchiometrischen Berechnungen notwendig. In diesem Buch werden für sie die Bezeichnungen „1. Grundgleichung“, „2. Grundgleichung“ und „3. Grundgleichung“ verwendet.

Tab. 6.1 Grundgleichungen für stöchiometrische Berechnungen

1. Grundgleichung	2. Grundgleichung	3. Grundgleichung
Beziehung der Stoffmenge eines Stoffes/eines Elements zu seiner Masse	**Beziehung der Stoffmenge eines gelösten Stoffes zum Volumen seiner Lösung mithilfe der Stoffmengenkonzentration**	**Beziehung der Stoffmenge eines idealen Gases zu seinem Volumen bei Normalbedingungen (273,15 K, 101 325 Pa)**
$n = \frac{m}{M}$	$n = c \cdot V$	$n = \frac{V}{V_m}$
Diese Grundgleichung wird verwendet, wenn die Masse eines Stoffes, der zur Berechnung eingesetzt wird, gegeben ist oder bestimmt werden soll. Molare Massen sind immer bekannt.	Diese Grundgleichung findet Anwendung für Stoffe, die in einer Lösung mit bekannter Stoffmengenkonzentration vorliegen.	Diese Grundgleichung wird verwendet, wenn ein gasförmiger Reaktionspartner in einer Gleichung berechnet werden muss. Viele gasförmige Stoffe verhalten sich annähernd wie ideale Gase. Zu Abweichungen von den Normalbedingungen vgl. Lehrbücher der Physik und physikalischen Chemie. Sie finden dort die Zustandsgleichung für das ideale Gas, mit der die Stoffmenge bei jeder Temperatur/jedem Druck bestimmt werden kann. Diese Stoffmenge kann dann auch zum stöchiometrischen Rechnen verwendet werden. Im Rahmen dieses Buches, das Grundlagen vermitteln soll, wollen wir es aber bei der oben angegebenen, vereinfachten 3. Grundgleichung bewenden lassen.

Enthaltene Größen (vgl. Tab. 2.1):

n	Stoffmenge
m	Masse
M	Molare Masse
c	Stoffmengenkonzentration
V	Volumen
V_m	Molares Volumen (für Gase bei Normalbedingungen; vgl. Tab. 2.4): $V_m \approx 22{,}4\,l \cdot mol^{-1}$

6

6.2 Stöchiometrische Zusammensetzung von Verbindungen, Ermittlung der Summenformel von Stoffen

Aufgrund des Gesetzes von den multiplen Proportionen gilt für eine Verbindung ABC:

$n_A : n_B : n_C = x : y : z$ (A, B, C: Atomsorte A, Atomsorte B, Atomsorte C)

wobei x, y und z kleine natürliche Zahlen sind.

Nach Anwendung der 1. Grundgleichung

$$n = \frac{m}{M}$$

kann man für die obenstehende Gleichung schreiben:

$$\frac{m_A}{M_A} : \frac{m_B}{M_B} : \frac{m_C}{M_C} = x : y : z$$ (m ist experimentell bestimmbar, M ist tabelliert)

Das jetzt erhaltene Stoffmengenverhältnis $n_A : n_B : n_C$ enthält noch keine kleinen, ganzen Zahlen; diese erhält man erst, wenn jede Stoffmenge durch die kleinste Stoffmenge geteilt wird, z. B.:

$$\frac{n_A}{n_C} : \frac{n_B}{n_C} : \frac{n_C}{n_C} = x : y : 1$$

Die gesuchte Verbindung hat in diesem Beispiel also die Verhältnisformel A_xB_yC (kleinstes Verhältnis, d. h., diese Verhältnisformel ergibt sich auch für Verbindungen der Summenformel $A_{2x}B_{2y}C_2$, $A_{3x}B_{3y}C_3$ usw.). Die tatsächliche Summenformel kann durch die molare Masse des untersuchten Stoffes ermittelt werden. Diese ist ein Vielfaches der molaren Masse der Formel des kleinsten Verhältnisses. Die molare Masse eines Stoffes ist auf anderem Wege durch physikalische Messmethoden bestimmbar (siehe Lehrbücher der Chemie).

Die erhaltene Summenformel kann natürlich besonders in der organischen Chemie zwei oder mehrere Stoffe repräsentieren (z. B. steht C_2H_6O für Dimethylether und Ethanol). Zur genauen Bestimmung des unbekannten Stoffes sind also noch weitere Nachweisreaktionen erforderlich.

Beispiel 6.4

Eine Substanz enthalte 26,68 % (m/m) Kohlenstoff, 2,24 % (m/m) Wasserstoff und 71,08 % (m/m) Sauerstoff. Sie habe eine molare Masse von $90{,}04\,g \cdot mol^{-1}$.

Lösung: Wir nehmen eine beliebige Masse des Stoffes und rechnen die anteiligen Massen der Bestandteile aus. Zweckmäßig ist es, von 100 g Stoff auszugehen. Dabei können gleich die gegebenen Zahlen verwendet werden.

100 g Stoff enthalten demnach 26,68 g Kohlenstoff, 2,24 g Wasserstoff und 71,08 g Sauerstoff.

Gleichung:

$$\frac{m_C}{M_C} : \frac{m_H}{M_H} : \frac{m_O}{M_O} = x : y : z$$

$$\frac{26{,}68\,g}{12{,}01\,g \cdot mol^{-1}} : \frac{2{,}24\,g}{1{,}01\,g \cdot mol^{-1}} : \frac{71{,}08\,g}{16{,}00\,g \cdot mol^{-1}} = x : y : z$$

$$2{,}2215\,mol : 2{,}2178\,mol : 4{,}4425\,mol = x : y : z$$

$$\frac{2{,}2215\,mol}{2{,}2178\,mol} : \frac{2{,}2178\,mol}{2{,}2178\,mol} : \frac{4{,}4425\,mol}{2{,}2178\,mol} = 1 : 1 : 2$$

Die Verhältnisformel lautet somit CHO_2, was einer molaren Masse von $45{,}02\,g \cdot mol^{-1}$ entspricht. Die auf anderem Wege ermittelte molare Masse beträgt $90{,}04\,g \cdot mol^{-1}$. Sie ist ein Vielfaches von $45{,}02\,g \cdot mol^{-1}$, und zwar genau das Doppelte. Somit lautet die gesuchte Summenformel $C_2H_2O_4$. Diese kann man beispielsweise der Oxalsäure zuordnen.

6.3 Berechnungen zu chemischen Reaktionen

6.3.1 Grundlagen

Für stöchiometrische Berechnungen in der Chemie (Stoffumsätze, Berechnung von Edukten für eine Reaktion auch im großtechnischen Maßstab, Titrationen usw.) benötigt man eine Vorschrift, die besagt, welche Edukte sich in welchem Verhältnis zu welchen Produkten umsetzen. Dies ist in der Regel eine Reaktionsgleichung, die im Allgemeinen schematisch ist (keine Berücksichtigung von Übergangsstufen) und nur Anfangs- und Endzustand einer Reaktion berücksichtigt. Hierbei werden also Stoffmengen eines gegebenen und eines gesuchten Stoffes miteinander verglichen (Verhältnisgleichung).

Es wird somit deutlich, dass die Reaktionsgleichung einer chemischen Umsetzung eine **notwendige Bedingung** für alle Berechnungen darstellt. Aus der Gleichung kann der Ansatz für die gesuchte Berechnung gewonnen werden.

Am Beispiel von Umsatz- und Ausbeuteberechnungen (▸ Kap. 6.3.2) wollen wir uns mit der Vorgehensweise vertraut machen. Sie werden sehen, dass das stöchiometrische Rechnen recht einfach ist und viele Schritte immer wieder auftreten.

Wie bereits angedeutet benötigt man für eine stöchiometrische Berechnung einen Stoffmengenansatz, der aus einer Reaktionsgleichung abgeleitet werden kann.

Beispiel 6.5

Man finde alle möglichen Stoffmengenverhältnisse aus folgender Reaktionsgleichung:
$2\ NaOH + H_2SO_4 \rightarrow 2\ H_2O + Na_2SO_4$.

Lösung: Die Gleichung sagt: 2 mol Natriumhydroxid und 1 mol Schwefelsäure setzen sich vollständig zu 2 mol Wasser und 1 mol Natriumsulfat um.

Es gilt also: $\frac{n(NaOH)}{n(H_2SO_4)} = \frac{2\ mol}{1\ mol} = \frac{2}{1}$, d. h., Natronlauge und Schwefelsäure reagieren im Stoffmengenverhältnis 2 : 1.

Diese Verhältnisse können wir auch für alle anderen Reaktionsteilnehmer aufstellen:

$$\frac{n(NaOH)}{n(H_2O)} = \frac{2}{2} = \frac{1}{1};$$

$$\frac{n(NaOH)}{n(Na_2SO_4)} = \frac{2}{1}; \quad \frac{n(H_2SO_4)}{n(H_2O)} = \frac{1}{2}; \quad \frac{n(H_2SO_4)}{n(Na_2SO_4)} = \frac{1}{1}; \quad \frac{n(H_2O)}{n(Na_2SO_4)} = \frac{2}{1}$$

Dabei spielt es keine Rolle, welche Stoffmenge im Zähler und im Nenner steht: Man kann sowohl

$\frac{n(NaOH)}{n(H_2SO_4)} = \frac{2}{1}$ als auch $\frac{n(H_2SO_4)}{n(NaOH)} = \frac{1}{2}$ schreiben.

Man achte aber auf das korrekte Zahlenverhältnis!

Natürlich braucht man nicht immer alle möglichen Verhältnisse, die sich aus einer Reaktionsgleichung ergeben können, aufzuschreiben; es genügt, sich das für die jeweilige Berechnung **relevante** Stoffmengenverhältnis herauszusuchen.

Wenn mehr als eine Reaktionsgleichung notwendig ist, um das stöchiometrische Rechenproblem zu lösen, dann gibt es zwei Möglichkeiten:

- Entweder man fasst die Reaktionsgleichungen zu einer Gleichung zusammen (vgl. Addition von Reaktionsgleichungen, ▸Kap. 5.4) und entnimmt dieser den Ansatz zur Berechnung, oder
- man entnimmt jeder Teilgleichung die relevanten Ansätze und fasst diese zusammen.

6.3.2 Umsatz- und Ausbeuteberechnungen

Umsatz- und Ausbeuteberechnungen wollen wir uns an einer einfachen Reaktionsgleichung ansehen, und zwar der Umsetzung von Eisen- mit Schwefelpulver zu Eisen(II)-sulfid. Dem Chemiekundigen ist sicherlich klar, dass hier kein einheitliches Produkt entsteht, sondern ein Gemisch aus Eisensulfiden mit unterschiedlich langen Schwefelketten. Wir wollen uns aber modellhaft vorstellen, dass gemäß der Reaktionsgleichung

$$Fe + S \rightarrow FeS$$

aus je einem Teilchen Eisen und Schwefel ein Teilchen Eisensulfid entsteht.

Die Begriffe Umsatz und Ausbeute werden anhand der folgenden Beispiele erklärt.

Beispiel 6.6

Wie viel Gramm Eisenpulver und wie viel Gramm Schwefelpulver werden benötigt, um 100 g Eisensulfid bei vollständigem Stoffumsatz herzustellen?

Gegeben: $m(FeS) = 100\,g$ $\quad M(Fe) = 55{,}85\,g \cdot mol^{-1}$

$M(FeS) = 87{,}92\,g \cdot mol^{-1}$ $\quad M(S) = 32{,}07\,g \cdot mol^{-1}$

Merke: Die molaren Massen sind immer gegeben und selbst zu beschaffen.

Gesucht: m(Fe), m(S)

Lösung: Wie in ▸Kap. 6.3.1 beschrieben entnehmen wir der Reaktionsgleichung die relevanten Stoffmengenverhältnisse (wir brauchen zwei):

$$\frac{n(Fe)}{n(FeS)} = \frac{1}{1} \quad \text{und} \quad \frac{n(S)}{n(FeS)} = \frac{1}{1}$$

woraus folgt: $n(Fe) = n(FeS)$ und $n(S) = n(FeS)$

Weil Massen gegeben und gesucht sind, ersetzen wir nun alle Stoffmengen mit der 1. Grundgleichung:

$$\frac{m(Fe)}{M(Fe)} = \frac{m(FeS)}{M(FeS)} \quad \text{und} \quad \frac{m(S)}{M(S)} = \frac{m(FeS)}{M(FeS)}$$

Beide Gleichungen werden nach der jeweils gesuchten Größe umgestellt:

$$m(Fe) = \frac{m(FeS) \cdot M(Fe)}{M(FeS)} \quad \text{und} \quad m(S) = \frac{m(FeS) \cdot M(S)}{M(FeS)}$$

und die gegebenen Größen eingesetzt:

$$m(Fe) = \frac{100\,g \cdot 55{,}85\,g \cdot mol^{-1}}{87{,}92\,g \cdot mol^{-1}} = 63{,}52\,g$$

und

$$m(S) = \frac{100\,g \cdot 32{,}07\,g \cdot mol^{-1}}{87{,}92\,g \cdot mol^{-1}} = 36{,}48\,g$$

Nach dem Gesetz der Erhaltung der Masse (vgl. ▸Kap. 6.1) muss gelten:

$m(Fe) + m(S) = m(FeS)$

$63{,}52\,g + 36{,}48\,g = 100\,g$

$100\,g = 100\,g$ (wahre Aussage)

Fazit: Wenn sich 63,52 g Eisenpulver und 36,48 g Schwefelpulver vollständig laut Reaktionsgleichung zu Eisensulfid umsetzen, dann entstehen 100 g des Produkts.

Wir sprechen hier von **vollständigem** Stoffumsatz (Synonyme: theoretischer Umsatz, stöchiometrischer Umsatz), d. h., alle Edukte werden verbraucht, und es gibt keine Nebenreaktionen. Das Reaktionsprodukt entsteht in 100 %iger Ausbeute.

Die Begriffe **Umsatz** und **Ausbeute** sind allgegenwärtige Begleiter chemischer Reaktionen. Wir wollen uns deshalb diese Begriffe allgemein verständlich verdeutlichen (◘ Tab. 6.2).

Tab. 6.2 Umsatz und Ausbeute in chemischen Reaktionen

Seite der Reaktionsgleichung	Was geschieht?		Was wird beobachtet?
Betrachtung der Edukt-Seite	Vollständiger Stoffumsatz		Keine Edukte mehr vorhanden
	Unvollständiger Stoffumsatz		Ein Teil des Edukts (der Edukte) noch vorhanden
Betrachtung der Produkt-Seite	Ausbeute = 100 %	Vollständiger Stoffumsatz ohne Nebenreaktionen	Kein(e) Edukt(e) mehr, nur Hauptprodukt vorhanden
	Ausbeute < 100 %	Unvollständiger Stoffumsatz	Edukt(e) und Hauptprodukt vorhanden
		Unvollständiger Stoffumsatz und Nebenreaktionen	Edukt(e), Hauptprodukt und Nebenprodukt(e) vorhanden
		Vollständiger Stoffumsatz und Nebenreaktionen	Kein(e) Edukt(e) mehr, Hauptprodukt und Nebenprodukt(e) vorhanden

Beispiel 6.7

100 g Eisensulfid seien bei vollständigem Stoffumsatz herzustellen. Wie viel Gramm Eisenpulver, das zu 85 % (m/m) Eisen enthält, müssen vorgelegt werden?

Gegeben: m(FeS) = 100 g; alle notwendigen molaren Massen

Gesucht: m(Fe, 85 %)

Lösung: Im ersten Teil des Lösungsweges muss die für 100 g FeS notwendige Menge Eisen berechnet werden.

Das haben wir im vorstehenden Beispiel schon getan. Wir berechneten 63,53 g Eisen.

Nun müssen wir herausfinden, in wie viel Gramm 85 %igem Eisenpulver diese Menge enthalten ist. Dazu dient ein einfacher Dreisatz:

$$63{,}52\,\text{g} \triangleq 85\,\%\ (\text{m/m})$$
$$x \triangleq 100\,\%\ (\text{m/m})$$
$$x = 73{,}55\,\text{g}$$

Fazit: 73,55 g des 85 %igen (m/m) Eisenpulvers müssen vorgelegt werden, denn in dieser Menge sind 63,52 g (reines, 100 %iges) Eisen enthalten.

■ **ACHTUNG Es kommt recht häufig vor, dass keine reinen Stoffe eingesetzt werden, sondern Lösungen oder (wie in unserem Beispiel) Gemische, wie z. B. 10 %ige (m/m) Natronlauge, 3-molare Schwefelsäure, 90 %iger Braunstein (MnO_2). Sie müssen also immer entsprechend mehr des Gemischs/der Lösung vorlegen, um der Reaktion die notwendige Menge Edukt zur Verfügung zu stellen. In den eigentlichen stöchiometrischen Berechnungen erscheinen immer reine Stoffe (Ausnahme: Wenn die Stoffmenge durch die 2. Grundgleichung ersetzt wird, dann können Lösungen mit ihrer Stoffmengenkonzentration in die Gleichung eingesetzt werden, siehe Berechnungen zu den Titrationen).**

Beispiel 6.8

Wie viel Gramm Eisenpulver und wie viel Gramm Schwefelpulver werden benötigt, um 100 g Eisensulfid herzustellen? Die Ausbeute der Reaktion betrage 70 %.

Gegeben: m(FeS) = 100 g; alle notwendigen molaren Massen

Gesucht: m(Fe), m(S)

Lösung: 100 g FeS sind Produkt einer Reaktion mit 70 %iger Ausbeute.
Wenn die Reaktion 100 % Ausbeute liefern würde, dann entstünden 142,86 g FeS, denn 100 g sind 70 % von 142,86 g:

$$\begin{aligned} 100\,\text{g} &\triangleq 70\,\% \\ x &\triangleq 100\,\% \\ x &= 142{,}86\,\text{g} \end{aligned}$$

Wir müssen also die Menge der Ausgangsstoffe für 142,86 g Produkt berechnen. Dies geschieht nach dem gleichen Schema wie im Beispiel 6.6.
Wir übernehmen gleich unsere Berechnungsgleichungen:

$$m(\text{Fe}) = \frac{m(\text{FeS}) \cdot M(\text{Fe})}{M(\text{FeS})} \quad \text{und} \quad m(\text{S}) = \frac{m(\text{FeS}) \cdot M(\text{S})}{M(\text{FeS})}$$

und setzen ein:

$$m(\text{Fe}) = \frac{142{,}86\,\text{g} \cdot 55{,}85\,\text{g} \cdot \text{mol}^{-1}}{87{,}92\,\text{g} \cdot \text{mol}^{-1}} = 90{,}75\,\text{g}$$

und

$$m(\text{S}) = \frac{142{,}86\,\text{g} \cdot 32{,}07\,\text{g} \cdot \text{mol}^{-1}}{87{,}92\,\text{g} \cdot \text{mol}^{-1}} = 52{,}11\,\text{g}$$

Fazit: 90,75 g Eisenpulver und 52,11 g Schwefelpulver ergeben bei 70 %iger Ausbeute 100 g Eisensulfid.

Zum Mitdenken

Überlegen Sie sich nun selbst einmal, wie viel Gramm des 85 %igen (m/m) Eisenpulvers Sie statt der 90,75 g reinen Eisens vorlegen müssten.

6

6.3.3 Reaktionen mit gasförmigen Reaktionsteilnehmern

Die Chemie-Anfänger beschäftigen sich relativ selten mit Reaktionen, bei denen gasförmige Stoffe verbraucht werden oder entstehen. Dabei werden auch nur Gase betrachtet, die dem Modell des idealen Gases nahekommen und unter Normbedingungen umgesetzt werden (vgl. ▸Kap. 6.1).

Wir sehen uns ein Beispiel an.

Beispiel 6.9

Aus Zink und Salzsäure werde Wasserstoff hergestellt. Man berechne das Wasserstoff-Volumen, das aus 26 g Zink unter Normbedingungen entsteht.

Gleichung: $Zn + 2\,HCl \rightarrow H_2\uparrow + ZnCl_2$

Gegeben: $m(Zn) = 26\,g$; $M(Zn) = 65{,}37\,g \cdot mol^{-1}$; $V_m = 22{,}4\,l \cdot mol^{-1}$

Gesucht: $V(H_2)$

Lösung: Für unsere Berechnung liefert uns die Reaktionsgleichung das folgende relevante Verhältnis:

$$\frac{n(Zn)}{n(H_2)} = \frac{1}{1} \qquad \text{woraus folgt} \qquad n(H_2) = n(Zn)$$

$n(H_2)$ wird zweckmäßig durch die 3. Grundgleichung (das Volumen soll berechnet werden), $n(Zn)$ durch die 1. Grundgleichung (Masse Zn ist gegeben) ersetzt:

$$\frac{V(H_2)}{V_m} = \frac{m(Zn)}{M(Zn)} \qquad \text{woraus folgt} \qquad V(H_2) = \frac{m(Zn) \cdot V_m}{M(Zn)}$$

Auf der rechten Seite stehen nun nur bekannte Größen, sodass wir einsetzen können:

$$V(H_2) = \frac{26\,g \cdot 22{,}4\,l \cdot mol^{-1}}{65{,}37\,g \cdot mol^{-1}} = 8{,}9\,l$$

Fazit: Unter Normbedingungen entstehen aus 26 g Zink bei der Reaktion mit Salzsäure 8,9 Liter Wasserstoff.

6.4 Kurze Übersicht zum chemischen Hintergrund der Titrationen und der Gravimetrie

Bei den in den folgenden Unterkapiteln aufgeführten quantitativen Bestimmungen sind immer stöchiometrische Berechnungen notwendig. Somit braucht man immer eine Reaktionsgleichung und chemisches Verständnis. Dieses Kapitel erläutert kurz die chemischen Grundlagen; notwendige Begriffe werden bei den Verfahren selbst erklärt. Für ein tiefer gehendes Studium sei auf die Lehrbücher der Chemie verwiesen.

6.4.1 Säure-Base-Reaktionen

Säure-Base-Reaktionen sind bei Titrationen häufig anzutreffen. Saure Stoffe können in der Regel mit einer Natriumhydroxid-Lösung (Natronlauge) bekannter Stoffmengenkonzentration, basische Stoffe mit einer Salzsäure- oder Schwefelsäure-Lösung bekannter Stoffmengenkonzentration bestimmt werden.

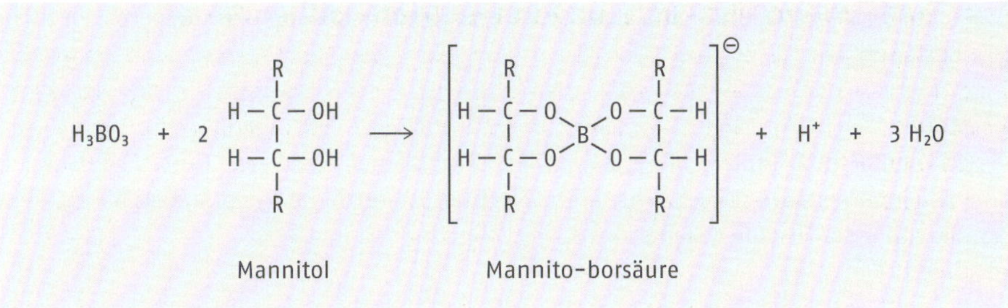

Abb. 6.1 Umsetzung von Borsäure mit Mannitol als ein Mehrfach-Alkohol

Wichtige Reaktionsgleichungen:

- $NaOH + HCl \rightarrow H_2O + NaCl$
- $2\,NaOH + H_2SO_4 \rightarrow 2\,H_2O + Na_2SO_4$
- $NaOH + CH_3COOH \rightarrow H_2O + CH_3COONa$
- $NaOH + H_3PO_4 \rightarrow H_2O + NaH_2PO_4$ (1. Stufe)
- $2\,NaOH + H_3PO_4 \rightarrow 2\,H_2O + Na_2HPO_4$ (2. Stufe)

Bei der Bestimmung von Borsäure gibt es eine Besonderheit: Borsäure ist nicht sauer genug, um direkt mit Natronlauge umgesetzt zu werden. Wenn der Borsäure vorher jedoch Mannitol (oder auch ein anderer Mehrfach-Alkohol) zugesetzt wird, dann entsteht ein Reaktionsprodukt (Mannito-borsäure), das als stärker saure Verbindung direkt mit Natronlauge reagiert (Abb. 6.1).

Die entstehenden H^+-Ionen setzen sich direkt mit Natronlauge um:

$$NaOH + H^+ \rightarrow H_2O + Na^+$$

Säuren und Basen als Urtitersubstanzen (vgl. ▸Kap. 6.6) sind Benzoesäure, Oxalsäure-dihydrat, Kaliumhydrogencarbonat, Natriumcarbonat.

6

6.4.2 Redoxreaktionen

Iodometrie

Der Iodometrie liegt die folgende Redoxgleichung zugrunde:

$$I_2 + 2\,e^- \rightleftharpoons 2\,I^-$$

Dieses Gleichgewicht ist von beiden Seiten einstellbar. Reduktionsmittel werden direkt mit Iod titriert; Oxidationsmittel setzen Iod aus Iodid frei, das Iod wird mit Natriumthiosulfat bestimmt:

$$2\,Na_2S_2O_3 + I_2 \rightarrow 2\,NaI + Na_2S_4O_6$$

Vgl. hierzu beispielsweise die iodometrische Titration von Kupfersulfat in ▸Kap. 6.8.1.

Permanganometrie (auch Manganometrie)

Kaliumpermanganat ist ein starkes Oxidationsmittel, mit dem man viele Reduktionsmittel bestimmen kann (z. B. Oxalsäure, Fe^{2+}).

$$MnO_4^- + 8\,H^+ + 5\,e^- \rightleftharpoons Mn^{2+} + 4\,H_2O$$

Nachteilig wirkt sich hier aus, dass eine Permanganat-Lösung über längere Zeit nicht sehr beständig ist.

Cerimetrie

Cer(IV)-sulfat oder -nitrat kann man wie Permanganat einsetzen. Cer(IV)-Lösungen sind sehr titerbeständig (über Jahre). Ein Nachteil ist der hohe Preis, sodass häufig dem Permanganat der Vorzug gegeben wird.

$$Ce^{4+} + e^{-} \rightleftharpoons Ce^{3+}$$

Die Ph. Eur. lässt einige Verbindungen cerimetrisch bestimmen, zum Beispiel Eisen(II)-verbindungen wie $FeSO_4 \cdot 7\,H_2O$. Das JP 17 verwendet hier Kaliumpermanganat.

Weitere Verfahren sind die **Bromatometrie** und die **Iodatometrie**.

Urtiter (▸ Kap. 6.6) für Redoxtitrationen sind Kaliumiodat, Kaliumbromat und Oxalsäure-dihydrat bzw. Natriumoxalat.

6.4.3 Komplexbildungsreaktionen

Bei der sogenannten komplexometrischen (auch kompleximetrische) Titration werden die Komplexbildungseigenschaften von Metallkationen ausgenutzt, und zwar in der Weise, dass in einem Reaktionsschritt alle 6 Koordinationsstellen des Metalls besetzt werden. Diese Reaktion läuft sehr schnell und vollständig ab.

Einen Stoff, der in der Lage ist, aus überschüssigen Elektronenladungen (z. B. einsame Elektronenpaare am Sauerstoff des Wassermoleküls) eine Bindung zu einem positiv geladenen Metallzentrum aufzubauen, bezeichnen wir als **Ligand**, und diese Art von Bindung, bei der das Bindungselektronenpaar nur von einem Partner kommt, heißt **koordinative** (oder **dative**) **Bindung**. Einen Liganden, der zu einem Metallkation mehr als eine koordinative Bindung aufbauen kann, nennen wir **Chelatligand** (von griech. *Χηλη* = Krebsschere).

Bei dieser Titration verwenden wir einen Liganden, der 6 koordinative Bindungen aufbauen kann, einen **sechszähnigen** oder **sechszähligen Liganden**. Bevorzugt verwendet wird ein Abkömmling der sogenannten Ethylendiamin-tetraessigsäure (EDTE, EDTA) (○ Abb. 6.2).

○ Abb. 6.3 zeigt die Komplexbildung mit einem Metall am Beispiel des Cobalt(III)-Ions.

In der Praxis verwendet wird das Dinatriumsalz der Ethylendiamin-tetraessigsäure (Synonym: Natriumedetat), genauer dessen Dihydrat ($M = 372{,}24\,g \cdot mol^{-1}$).

Allgemeine Reaktionsgleichung:

$$Me^{n+} + Na_2H_2Y \cdot 2\,H_2O \rightarrow [MeY]^{n-4} + 2\,Na^{+} + 2\,H^{+} + 2\,H_2O$$

Y^{4-}: Anion der Ethylendiamin-tetraessigsäure
Me^{n+}: n-fach positiv geladenes Metallkation

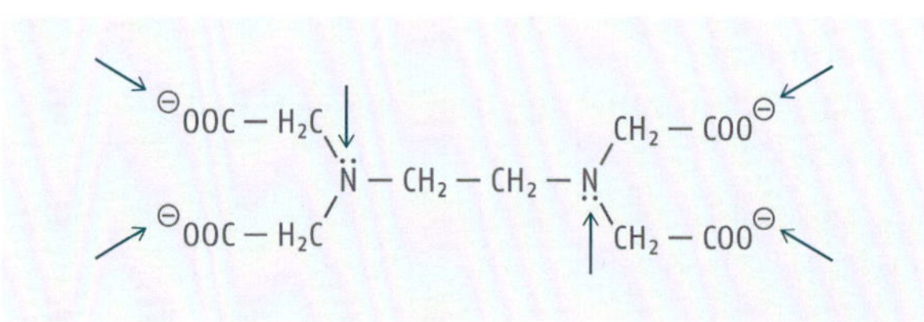

○ Abb. 6.2 Anion der Ethylendiamin-tetraessigsäure (die Pfeile zeigen die Stellen, mit denen der Ligand komplexiert)

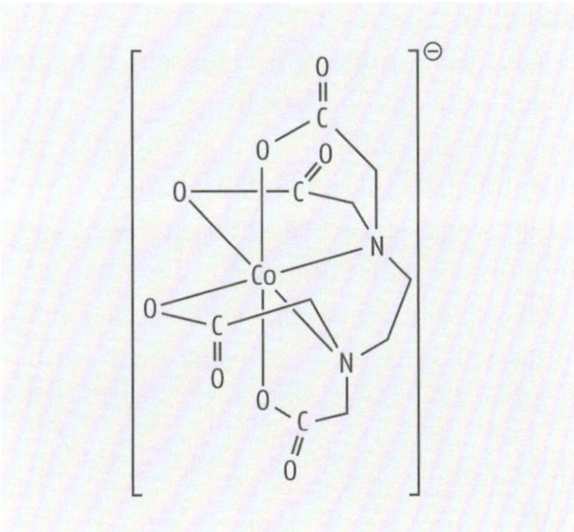

Abb. 6.3 Co(III)-EDTA-Komplex

Dieses Dinatriumsalz-Dihydrat ist selbst ein Urtiter (▸Kap. 6.6). Einige Vorschriften empfehlen aber die Überprüfung des Titers mit Zinkchlorid- oder Bleinitrat-Lösung [Urtiter hier: reinstes Zn, das in HCl gelöst wird, bzw. $Pb(NO_3)_2$].

Weitere Komplexbildner dieser Art spielen eine untergeordnete Rolle.

6.4.4 Fällungsreaktionen

Fällungsreaktionen bilden die Grundlage für sogenannte Fällungstitrationen (▸Kap. 6.7) und die Gravimetrie (▸Kap. 6.5).

Fällungsreaktionen sind Reaktionen, bei denen schwer lösliche Niederschläge entstehen. Die Löslichkeitskonstanten dieser Stoffe (▸Kap. 7.5) sind sehr klein. Somit bleibt praktisch kein ausgefällter Reaktionspartner in der Lösung zurück; er ist völlig aus der Lösung entfernt.

Einige wichtige Fällungsreaktionen in der quantitativen Analyse:

- Fällung der Silberhalogenide: $Ag^+ + X^- \rightarrow AgX\downarrow$ ($X^- = Cl^-, Br^-, I^-$)
- Fällung von Bariumsulfat: $Ba^{2+} + SO_4^{2-} \rightarrow BaSO_4\downarrow$
- Fällung von Calciumoxalat: $Ca^{2+} + C_2O_4^{2-} + H_2O \rightarrow CaC_2O_4 \cdot H_2O\downarrow$
- Schwer lösliche Metallphosphate: z. B. Fällung von $ZnNH_4PO_4$
- Schwer lösliche Hydroxide und Oxidhydrate: z. B. Fällung von FeOOH [Eisen(III)-oxidhydrat], danach Glühen zum Oxid: Fe_2O_3
- Schwer lösliche Sulfide: z. B. $Hg^{2+} + S^{2-} \rightarrow HgS\downarrow$

Prinzipiell können alle Reaktionen, bei denen sich schwer lösliche Niederschläge bilden, für eine quantitative Analyse genutzt werden. Voraussetzung ist hierbei, dass Niederschläge mit einer *genau bekannten* stöchiometrischen Zusammensetzung entstehen (im Gegensatz dazu sind nicht alle Niederschläge einheitlich zusammengesetzt, wie beispielsweise das oben erwähnte Eisen(III)-oxidhydrat, das aus einer alkalischen Eisen(III)-salz-Lösung ausfällt).

6.4.5 Geeignete Reaktionen für maßanalytische Bestimmungen

Reaktionen für maßanalytische Bestimmungen können alle Reaktionen von ▸Kap. 6.4 sein. Sie müssen aber bestimmte Bedingungen erfüllen. Diese wollen wir noch einmal zusammenfassen.

Geeignet zur Gravimetrie (▸ Kap. 6.4.4 und ▸ Kap. 6.5):

- Die Löslichkeitskonstante der Reaktion (vgl. ▸ Kap. 7.5) muss sehr klein sein, d. h., das Gleichgewicht liegt praktisch vollständig auf der Seite des Niederschlags.
- Die Fällungsform soll nur das zu bestimmende Teilchen aus der Lösung enthalten und nicht weitere Teilchen der Lösung mitfällen (möglichst langsames Ausfällen).
- Die Fällungsform muss sich gut abtrennen und reinigen (d. h. waschen) lassen.
- Die Wägeform muss stöchiometrisch genau definiert sein. Günstig für das Analysenergebnis ist es, wenn die Wägeform möglichst schwer ist, wodurch der Fehler beim Ausführen der Analyse minimiert wird. Das lässt sich in der Praxis aber nicht immer realisieren.

Geeignet zur Titration (▸ Kap. 6.6 bis ▸ Kap. 6.9):

- Die Titrationsreaktion(en) muss (müssen) schnell und streng stöchiometrisch ablaufen.
- Das Gleichgewicht (vgl. ▸ Kap. 7) muss weit (praktisch vollständig) auf der Seite der Reaktionsprodukte liegen.
- Der Umschlagpunkt muss bestimmbar sein.

6.5 Gravimetrie, gravimetrischer Faktor

Die Gravimetrie (von lat. *gravis* = schwer und griech. *μετρώ* = messen) oder Gewichtsanalyse ist eine Analysenmethode, mit der der Gehalt bzw. die Menge eines Stoffes durch Überführung desselben in einen schwer löslichen Niederschlag bestimmt werden kann. Dieser Niederschlag, durch den der zu bestimmende Stoff aus der Lösung abgetrennt wird, heißt **Fällungsform**. Diese Fällungsform wird nach dem Abtrennen durch Waschen gereinigt und durch Trocknen oder Glühen in die **Wägeform** überführt, die schließlich mit einer Feinwaage gewogen wird. Die Wägeform muss stöchiometrisch genau definiert sein. Fällungs- und Wägeform können die gleiche chemische Zusammensetzung haben, müssen es aber nicht. Die absolute Masse des zu bestimmenden Stoffes lässt sich nach den allgemeinen Regeln der Stöchiometrie mithilfe einer Reaktionsgleichung berechnen. Der Begriff des **gravimetrischen Faktors** (tabellierte Werte) wird anhand von Beispiel 6.10 beschrieben.

Die Gravimetrie liefert ein sehr genaues Analysenergebnis und benötigt keine Eichung. Darin liegen ihre Vorteile. Nachteilig wirkt sich aus, dass sie sehr zeitaufwendig ist und sich als Serienanalyse wenig eignet.

Ein Beispiel wird Ihnen das Verständnis erleichtern.

Beispiel 6.10

Bestimmung von Zink als Zinkpyrophosphat

Hierbei wird Zink zunächst als Zinkammonium-phosphat ausgefällt (= Fällungsform) und anschließend zum Pyrophosphat (= Wägeform, weil diese Substanz die gewogene ist) geglüht. Zwei **Reaktionsgleichungen** beschreiben diesen Prozess:

$$Zn^{2+} + (NH_4)_2HPO_4 + OH^- \rightarrow ZnNH_4PO_4\downarrow + NH_4^+ + H_2O$$

$$2\ ZnNH_4PO_4 \rightarrow Zn_2P_2O_7\downarrow + 2\ NH_3 + H_2O$$

Wie in ▶Kap. 6.3.1 bereits erwähnt können hier zwei Lösungswege beschritten werden:

- Addition beider Gleichungen zu einer Summengleichung (▶Kap. 5.4) oder
- Zusammenfassung der relevanten Stoffmengenansätze beider Gleichungen.

Für den letzteren Lösungsweg ergeben sich die relevanten Stoffmengenverhältnisse:

$$\frac{n(Zn^{2+})}{n(ZnNH_4PO_4)} = \frac{1}{1} \quad \text{mit} \quad n(Zn^{2+}) = n(ZnNH_4PO_4)$$

$$\text{und} \quad \frac{n(Zn_2P_2O_7)}{n(ZnNH_4PO_4)} = \frac{1}{2} \quad \text{mit} \quad 2n(Zn_2P_2O_7) = n(ZnNH_4PO_4)$$

Beide Ansätze können nun zusammengefasst werden zu:
$n(Zn^{2+}) = 2\ n(Zn_2P_2O_7)$
Die Stoffmengen werden beide in der Regel durch die 1. Grundgleichung ersetzt, weil Massen gegeben und gesucht sind. (Wenn die Stoffmengenkonzentration einer zinkhaltigen Lösung zu bestimmen wäre, dann könnte $n(Zn^{2}+)$ auch durch die 2. Grundgleichung ersetzt werden.)

$$\frac{m(Zn^{2+})}{M(Zn^{2+})} = \frac{2 \cdot m(Zn_2P_2O_7)}{M(Zn_2P_2O_7)} \quad \text{woraus folgt:} \quad m(Zn^{2+}) = \frac{2 \cdot m(Zn_2P_2O_7) \cdot M(Zn^{2+})}{M(Zn_2P_2O_7)}$$

Auf der rechten Seite der Gleichung stehen nun nur noch bekannte bzw. gemessene Größen, womit die Masse des Zinks berechnet werden kann.

Der Quotient $\frac{2 \cdot M(Zn^{2+})}{M(Zn_2P_2O_7)}$ bleibt bei dieser Bestimmung für unterschiedliche $m(Zn^{2+})$ immer gleich.
Man bezeichnet ihn als **gravimetrischen Faktor:**

$$\frac{2 \cdot M(Zn^{2+})}{M(Zn_2P_2O_7)} = \frac{2 \cdot 65{,}37\,g \cdot mol^{-1}}{304{,}68\,g \cdot mol^{-1}} = 0{,}4291 = f(Zn)$$

Somit muss der gemessene Wert $m(Zn_2P_2O_7)$ nur noch mit dieser Zahl multipliziert werden:

$$m(Zn^{2+}) = f(Zn) \cdot m(Zn_2P_2O_7)$$

Sie finden solche Faktoren als vierstelligen Wert in Tabellenwerken oder in der Literatur direkt beim entsprechenden Analysenverfahren. Man sei sich aber bewusst, dass dieser Faktor auch die Stöchiometriezahlen der Reaktionsgleichung enthält!

Des Weiteren sollte der Faktor überprüft werden, denn Druckfehler gibt es immer.

6

Zum Mitdenken
Schlagen Sie den Faktor f(Zn) für das Zinkpyrophosphat $Zn_2P_2O_7$ in einem Tabellenbuch (z. B. Küster/Thiel) nach.
Welchen Wert finden Sie dort?

Wie bereits erwähnt ist eine Gravimetrie sehr zeitaufwendig. Die Arzneibücher benutzen dieses Analysenverfahren deshalb sehr selten. Beispielsweise lässt das USP Natriumsulfat quantitativ mit einer Bariumchlorid-Lösung bestimmen (Fällung des Sulfats als schwer lösliches $BaSO_4$). Die Ph. Helv. 11 prüft den Gehalt an Sulfat-Ionen in einer Salzmischung (Sal purgans compositum, Abführende Salzmischung) gleichfalls durch Ausfällung von Bariumsulfat.

6.6 Maßanalyse, Herstellen und Einstellen von Maßlösungen

6.6.1 Grundlagen, einige Begriffe

Maßanalysen (Synonym: Volumetrie) sind bei der quantitativen Analyse wichtige Verfahren. In diesem Abschnitt werden wir uns zunächst den Grundlagen und der Erklärung wichtiger Begriffe zuwenden. Es sei darauf hingewiesen, dass hier keine praktischen maßanalytischen Verfahren besprochen werden. Wir beschäftigen uns im Rahmen dieses Buches nur mit den stöchiometrischen Berechnungen für diese Verfahren. Anleitungen zur Durchführung maßanalytischer Verfahren finden Sie in den Lehr- und Arbeitsbüchern der analytischen Chemie sowie in den Arzneibüchern.

Eine **Titration** ist das Verfahren der Maßanalyse, bei dem, kurz gesagt, eine Lösung eines bekannten Stoffes unbekannten Gehalts mit einer Lösung bekannter Stoffmengenkonzentration verglichen wird. Eine solche Lösung mit bekannter Stoffmengenkonzentration bezeichnet man als **Maßlösung**.

Messgeräte für Titrationen:

- **Vollpipette:** Eine Vollpipette ist ein Glasrohr mit einem bauchigen Mittelstück (bei größeren Volumina) und einer Markierung im oberen Bereich. Mit diesem Glasrohr kann ein *einziges* Volumen sehr genau abgemessen werden.
- **Messkolben:** Ein Messkolben ist ein Glasgefäß mit bauchigem Unterteil, das nach oben in einen langen Hals ausläuft. Auf diesem Hals ist eine Markierung angebracht. Wenn eine Lösung bis zu dieser Markierung in den Messkolben gefüllt wird, dann ist deren Volumen genau abgemessen
- **Bürette:** Eine Bürette ist ein langes dünnes Glasrohr mit einer Graduierung. Es hat an seinem unteren Ende einen Hahn, durch den die Flüssigkeit abgelassen werden kann. Das Volumen der auf diese Weise abgelaufenen Flüssigkeit kann an der Skala abgelesen werden.

Vollpipetten und Büretten sind auf Auslauf geeicht (auf **Ex**), d. h., der letzte, im Rohr verbleibende Flüssigkeitstropfen gehört *nicht* zum abgemessenen Volumen. Demgegenüber sind Messkolben auf den Inhalt (auf **In**) geeicht, d. h., die Flüssigkeit, die sich im Glasgefäß befindet und bis zur Eichmarke aufgefüllt wurde, entspricht genau dem auf dem Messkolben angegebenen Volumen. Man beachte weiterhin, dass die Messgeräte für

Messungen bei Raumtemperatur (in der Regel 20 °C) ausgelegt sind. Man vermeide unbedingt zu starkes Erhitzen im Trockenschrank, denn die sich daraus ergebenden Volumenänderungen sind im Allgemeinen nicht reversibel!

Es gibt Vollpipetten und Messkolben für die verschiedensten gängigen Volumina und Büretten für verschiedene Volumenbereiche. Für Büretten gilt weiterhin: Bei einem Titrationsvorgang muss mindestens *ein Drittel* des Bürettensinhalts verbraucht werden. Sonst wirkt sich der Messfehler der Bürette signifikant aus.

(Zu den Volumenmessgeräten siehe auch die Hinweise in ▸ Kap. 8.1.)

Eine Titration wird allgemein wie folgt ausgeführt:

1. Überführung der Analysenprobe in einen Messkolben (in der Regel 100,0 ml). Ergebnis: unbekannte Menge des Stoffes X in 100 ml Lösung.
2. Teilung der Probe in *gleich große* Teile mithilfe einer geeigneten Vollpipette. Diese Teile heißen **Aliquote** oder **aliquote Teile** der Lösung.
3. Aufeinanderfolgende Titration jedes Aliquoten der Lösung.
4. Bildung des Mittelwerts der erhaltenen Volumina und Berechnung des Analysenergebnisses mit dem stöchiometrischen Ansatz.
5. Hochrechnen vom aliquoten Teil auf die Gesamtmenge der Analyse.

Durch die Teilung der Probe werden mehrere Messergebnisse erhalten, die gemittelt werden können. Damit minimiert man zufällige Fehler (▸ Kap. 8). Des Weiteren überprüft man das eigene korrekte und saubere Arbeiten, denn die Messwerte dürfen nur wenig voneinander abweichen! Die Ph. Eur. erlaubt eine relative Standardabweichung (▸ Kap. 8) von 0,2 % (siehe hierzu auch die entsprechenden Kapitel in den Lehrbüchern der analytischen Chemie).

Zum Mitdenken

Überlegen Sie sich, weshalb mit einer 20-ml-Vollpipette nur 4 (und nicht 5) aliquote Teile aus 100,0 ml Lösung (im Messkolben) gezogen werden können.

Wenn der zu bestimmende Stoff als Feststoff und nicht als aliquotierbare Lösung vorliegt, dann kann dieser auch eingewogen und zur Titration vorgelegt werden. Diesen Vorgang sollte man für eine Titration mehrmals wiederholen, um auch hier zufällige Fehler zu minimieren (vgl. ▸ Kap. 8). Hierbei handelt es sich aber nicht um aliquote Teile der Lösung, weil die Einwaagen mit der Feinwaage nicht genau gleich sind. Beispielsweise schreibt die Ph. Eur. für Gehaltsbestimmungen von Feststoffen und auch Flüssigkeiten bestimmte Einwaagen zur Titration vor (siehe die Beispielrechnungen in den folgenden Abschnitten des ▸ Kap. 6).

Die Maßlösung befindet sich in den meisten Fällen in der Bürette (○ Abb. 6.4). Der unbekannte Stoff X bzw. die unbekannte Lösung X befindet sich unter der Bürette in einem Titrierbecher (ein Weithals-Erlenmeyerkolben). Die Lösung in der Bürette ist der *aktive Teil* der Titration; der Teil, der die Titration ausführt. Wir nennen ihn deshalb **Titrator**. Die zu titrierende Lösung ist der *passive Teil* der Titration (derjenige, der die Titration „erleiden" muss). Er heißt **Titrant**.

Vom Titrator geben wir aus der Bürette so viel zum Titranten zu, bis von Letzterem alles verbraucht ist. Genau dieser Punkt wird bestimmt. Wir nennen ihn **Umschlagpunkt** der Titration (Synonyme: Äquivalenzpunkt, Endpunkt der Titration). In den folgenden

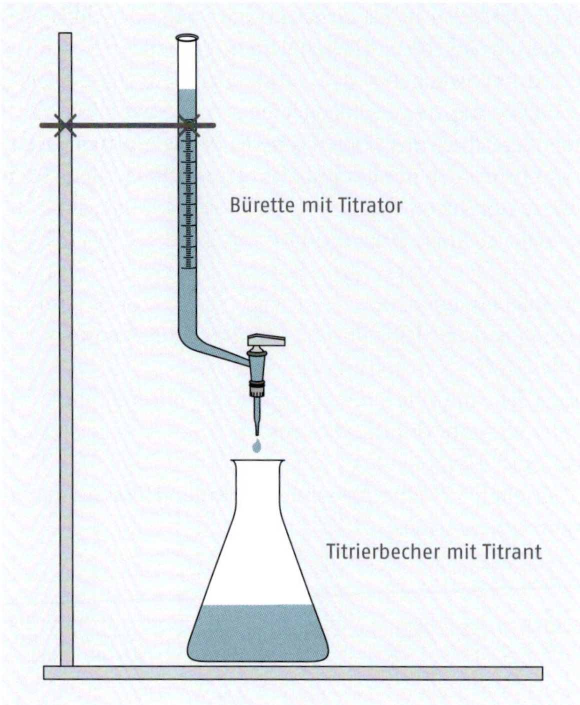

Abb. 6.4 Schematischer Aufbau einer einfachen Titration

Abschnitten werden wir wieder für jede Titration einen Ansatz verwenden [z. B. n(HCl) = n($KHCO_3$)], den wir aus der Reaktionsgleichung für die Titration gewinnen (dieses Prinzip kennen Sie schon!). Eine solche Berechnungsgleichung gilt nur am Umschlagpunkt! Deshalb brauchen wir für unsere Berechnungen das Volumen des Titrators, das bis dahin verbraucht wurde.

Für die Erkennung des Umschlagpunktes gibt es verschiedene Möglichkeiten. Der einfachste Weg ist die Verwendung eines Stoffes, der am Umschlagpunkt seine Farbe ändert; ein sogenannter **Indikator** (von lat. *indicare* = anzeigen). Es gibt aber auch noch andere Möglichkeiten, den Umschlagpunkt zu erkennen, was aber den Rahmen dieses Buches sprengen würde. Dazu sei auf die entsprechenden Lehrbücher der analytischen Chemie (Stichworte z. B.: potentiometrische oder konduktometrische Endpunktserkennung; Aufbau und Wirkungsweise von Indikatoren) verwiesen. Für die stöchiometrische Berechnung ist es unerheblich, auf welche Weise der Umschlagpunkt erkannt wird. Es ist wichtig, *dass* er erkannt wird.

Weitere wichtige Begriffe werden im folgenden Abschnitt eingeführt und erläutert. Bitte beachten Sie auch die Hinweise zur Ablesegenauigkeit in ▸ Kap. 8.1.

6.6.2 Herstellen und Einstellen von Maßlösungen

Maßlösungen werden hergestellt, indem eine genau abgewogene Menge des Titrators (Feinwaage!) in einen Messkolben gegeben und mit Wasser auf die Eichmarke aufgefüllt wird. Ein solcher Stoff, von dem durch eine genaue Einwaage eine Maßlösung hergestellt werden kann, nennt man **Urtiter**. Von einem Stoff, der als Urtitersubstanz verwendet werden soll, muss man die stöchiometrische Zusammensetzung genau kennen und ihn vor seiner Verwendung ggf. vorbehandeln (vgl. die entsprechenden Vorschriften der Literatur). Die Ph. Eur.

kennzeichnet Urtitersubstanzen durch die dem Substanznamen nachstehende Abkürzung „*RV*“, z. B. Natriumchlorid *RV* (neben der Monografie Natriumchlorid *R*).

Es gibt auch Maßlösungen von Stoffen, die keine Urtitersubstanzen sind. Diese können mit einer normalen Laborwaage eingewogen werden; jedoch muss der Gehalt dieses Stoffes dann gegen eine andere Maßlösung oder gegen einen Urtiter bestimmt werden. Dieser Vorgang heißt **Einstellen einer Maßlösung.** In der Praxis ist es in der Regel so, dass beim Herstellen einer Maßlösung nicht die exakte (= theoretische) Konzentration (auch Sollkonzentration) erreicht wird. In einem solchen Fall wird nach der Einwaage des Urtiters bzw. nach dem Einstellen der Lösung auf der Flasche ein **Faktor** (Synonym: **Titer**) angegeben, mit dem die theoretische Konzentration multipliziert wird. Der Faktor ist also ein Maß für die Abweichung der tatsächlichen (realen) Konzentration (c_{real}) von der theoretischen Konzentration (c_{th}).

Der Faktor ist *größer* als 1, wenn die reale Konzentration *größer* als die Sollkonzentration ist; umgekehrt ist der Faktor *kleiner* als 1, wenn die reale Konzentration *kleiner* als die Sollkonzentration ist

Bitte versuchen Sie beim Studium der folgenden Beispiele, die allgemeine Vorgehensweise bei der Faktorbestimmung zu erkennen.

Beispiel 6.11

Einstellung von Salzsäure-Lösung (Sollkonzentration 0,1 mol · l^{-1}) gegen den Urtiter Kaliumhydrogencarbonat

$M(KHCO_3) = 100{,}12\,g \cdot mol^{-1}$

($KHCO_3$ als Urtiter muss bestimmte Eigenschaften haben und ggf. vorbehandelt werden, siehe hierzu die entsprechende Literatur.)

Reaktionsgleichung: $HCl + KHCO_3 \rightarrow H_2O + CO_2 + KCl$

Ansatz: $\frac{n(HCl)}{n(KHCO_3)} = \frac{1}{1}$ woraus folgt: $n(HCl) = n(KHCO_3)$

Kaliumhydrogencarbonat wird zweckmäßigerweise eingewogen; von Salzsäure bestimmen wir die Stoffmengenkonzentration. Wir ersetzen also $n(KHCO_3)$ durch die 1. Grundgleichung, n(HCl) durch die 2. Grundgleichung:

$$c(HCl) \cdot V(HCl) = \frac{m(KHCO_3)}{M(KHCO_3)}$$

Es gibt nun zwei Möglichkeiten, um den Faktor zu bestimmen.

1. Faktorbestimmung mithilfe der Konzentrationen

Wir formen die vorstehende Gleichung um:

$$c(HCl) = \frac{m(KHCO_3)}{M(KHCO_3) \cdot V(HCl)}$$

$m(KHCO_3)$ ist abgewogen und vorgelegt, V(HCl) an der Bürette abgelesen worden. Somit lässt sich die Stoffmengenkonzentration berechnen. Diese Konzentration ist die tatsächlich vorhandene (= reale) Konzentration. Der Faktor ist der Quotient aus der tatsächlichen und theoretischen Konzentration (hier 0,1 mol · l^{-1}):

$$f = \frac{c_{real}}{c_{th}}$$

In den Berechnungen zur Titration (vgl. ▶Kap. 6.7, ▶Kap. 6.8 und ▶Kap. 6.9) muss immer die tatsächliche Stoffmengenkonzentration erscheinen. Es heißt also immer:

$$c_{real}(\text{Stoff X}) = c_{th}(\text{Stoff X}) \cdot f(\text{Stoff X})$$

Heutzutage können die meisten Maßlösungen fertig angesetzt gekauft werden (f = 1), sodass gilt:

$$c_{real}(\text{Stoff X}) = c_{th}(\text{Stoff X})$$

Ein Zahlenbeispiel soll den Sachverhalt weiter verdeutlichen:
Die Einwaage von $KHCO_3$ betrage 150,5 mg, 14,8 ml der zu bestimmenden Salzsäure seien abgelesen worden [= V(HCl)]:

$$c(HCl) = \frac{m(KHCO_3)}{M(KHCO_3) \cdot V(HCl)} = \frac{0{,}1505\,g}{100{,}12\,g \cdot mol^{-1} \cdot 0{,}0148\,l} = 0{,}1016\,mol \cdot l^{-1}$$

Für f ergäbe sich somit: $f = \frac{c_{real}}{c_{th}} = \frac{0{,}1016\,mol \cdot l^{-1}}{0{,}1\,mol \cdot l^{-1}} = 1{,}016$

Auf der Flasche mit der Maßlösung fände sich dann die folgende Aufschrift:

Salzsäure-Maßlösung
$c = 0{,}1\,mol \cdot l^{-1}$
$f = 1{,}016$

2. Faktorbestimmung mithilfe der Volumina

An der 2. Grundgleichung erkennt man, dass bei konstanter Stoffmenge zwischen der Konzentration und dem Volumen eine *umgekehrte* Proportionalität besteht. Somit kann man schreiben:

$$f = \frac{V_{th}}{V_{real}}$$

Das theoretische Volumen ergibt sich, indem die Berechnungsgleichung aus dem Ansatz

$$c(HCl) \cdot V(HCl) = \frac{m(KHCO_3)}{M(KHCO_3)} \quad \text{nach V(HCl) aufgelöst}$$

$$V(HCl) = \frac{m(KHCO_3)}{M(KHCO_3) \cdot c(HCl)}$$

und für c(HCl) die theoretische Konzentration in die Gleichung eingesetzt wird.
Für unser Zahlenbeispiel [$m(KHCO_3)$ = 150,5 mg; V(HCl) = 14,8 ml] bedeutet dies: Wenn c(HCl) genau $0{,}1\,mol \cdot l^{-1}$ betrüge, dann müssten 15,03 ml der Säure verbraucht werden:

$$V_{th}(HCl) = \frac{m(KHCO_3)}{M(KHCO_3) \cdot c_{th}(HCl)}$$

$$= \frac{0{,}1505\,g}{100{,}12\,g \cdot mol^{-1} \cdot 0{,}1\,mol \cdot l^{-1}} = 0{,}01503\,l = 15{,}03\,ml$$

Der Faktor errechnet sich nun wie folgt (gemessenes Volumen = V_{real}):

$$f = \frac{V_{th}}{V_{real}} = \frac{15{,}03\,ml}{14{,}80\,ml} = 1{,}016$$

Beispiel 6.12

Einstellung von Natronlauge (Sollkonzentration 0,1 mol · l^{-1}) gegen 0,1 M Salzsäure

Reaktionsgleichung: $HCl + NaOH \rightarrow H_2O + NaCl$

Ansatz: $\frac{n(HCl)}{n(NaOH)} = \frac{1}{1}$ woraus folgt: $n(NaOH) = n(HCl)$

1. Faktorbestimmung mithilfe der Konzentrationen

Die Berechnung erfolgt hier genauso wie im Beispiel 6.11; wir ersetzen aber beide Stoffmengen durch die 2. Grundgleichung, weil c(NaOH) gesucht ist und Salzsäure als Maßlösung (= bekannte Stoffmengenkonzentration) vorliegt, die mit einem festgelegten Volumen (Vollpipette!) als Titrant dosiert werden kann. Die Berechnungsgleichung für c(NaOH) lautet demnach:

$$c(NaOH) = \frac{c(HCl) \cdot V(HCl)}{V(NaOH)}$$

c(HCl) und V(HCl) sind gegeben, V(NaOH) durch Titration mit der Bürette ermittelt.

Zum Mitdenken

Leiten Sie sich diese Berechnungsgleichung vom Ansatz aus der Reaktionsgleichung her.

2. Faktorbestimmung mithilfe der Volumina

Es gibt hier zwei Möglichkeiten (V ist hier immer das vom Titrator verbrauchte Volumen):

a) Unbekannte Natronlauge ist Titrator, bekannte Salzsäure ist Titrant.
Diese Möglichkeit wurde im vorstehenden Beispiel 6.11 besprochen (dort war die unbekannte Salzsäure der Titrator). Somit gilt auch hier:

$$f = \frac{V_{th}}{V_{real}}$$

Zeigen Sie, wie hier das theoretische Volumen berechnet wird.
Merkregel: Wenn 10 ml genau 0,1-molare Salzsäure (d. h. f = 1) vorgelegt werden, dann muss eine genau 0,1-molare Natronlauge auch 10 ml verbrauchen, denn wir haben 1 : 1-Umsätze. Das theoretische Volumen für die Natronlauge beträgt hier also 10 ml.
Wenn nun *weniger* als 10 ml NaOH verbraucht werden, dann ist die Lösung *konzentrierter* als 0,1 mol · l^{-1}, der Faktor also *größer* als 1.
Umgekehrt gilt: Wenn *mehr* als 10 ml NaOH verbraucht werden, dann ist die Lösung *weniger konzentriert* als 0,1 mol · l^{-1}, der Faktor ist *kleiner* als 1.

b) Bekannte Salzsäure ist Titrator, unbekannte Natronlauge ist Titrant.
Hier gilt, wie Sie bestimmt schon vermutet haben, das umgekehrte Volumenverhältnis:

$$f = \frac{V_{th}}{V_{real}}$$

Auch dies kann mithilfe einer **Merkregel** erklärt werden: Von der unbekannten Natronlauge sind wieder 10 ml vorgelegt worden. Wenn diese Lösung genau 0,1-molar ist, dann muss sie von der (genau 0,1-molaren) Salzsäure in der Bürette 10 ml verbrauchen.
Wenn nun *weniger* als 10 ml 0,1-molare Salzsäure verbraucht werden, dann ist die Natronlauge *weniger konzentriert* als 0,1-mol · l^{-1}, der Faktor der Natronlauge also *kleiner* als 1.
Und umgekehrt: Wenn *mehr* als 10 ml 0,1-molare Salzsäure verbraucht werden, dann ist die Natronlauge *konzentrierter* als 0,1 mol · l^{-1}, der Faktor der Natronlauge ist *größer* als 1.

Als Krönung des Ganzen könnte noch erwähnt werden, dass auch die Salzsäure, mit der eingestellt wird, einen Faktor haben kann. Aber seien Sie beruhigt: Die Beschreibung des Sachverhalts sieht hier komplizierter aus als die Sache selbst ist. Sie ist sogar recht einfach, denn sie beruht auf logischen Überlegungen. Sie können sicher sein: Sobald Sie einige Beispiele dazu gerechnet, logisch durchdacht und auch praktisch durchgeführt haben, werden Sie den Sachverhalt verstehen.

Beispiel 6.13

Herstellung einer Bleinitrat-Maßlösung (Sollkonzentration 0,01 mol · l^{-1}) durch Einwaage

$Pb(NO_3)_2$ ist ein Urtiter. Zur Herstellung einer 0,01-molaren Lösung verlangt eine Vorschrift die Einwaage von 3,312 g $Pb(NO_3)_2$ zum Auffüllen auf 1000 ml.

Es kann aber mitunter sehr lange dauern, bis man diese Masse exakt auf die Waage gegeben hat. Deshalb können 3,3 g auch mit einer ungenaueren Waage schnell abgewogen und dann auf einer Feinwaage genau ausgewogen werden. Der Faktor wird direkt aus dem Massenverhältnis berechnet:

$$f = \frac{m_{real}}{m_{th}}$$

Zahlenbeispiel: 3,304 g $Pb(NO_3)_2$ seien genau ausgewogen worden. Für den Faktor der Maßlösung ergäbe sich:

$$f = \frac{m_{real}}{m_{th}} = \frac{3{,}304\,g}{3{,}312\,g} = 0{,}9976$$

Womit man für die Flasche mit der Maßlösung das folgende Etikett schreiben könnte:

Blei(II)-nitrat-Maßlösung
$c = 0{,}01\ mol \cdot l^{-1}$
$f = 0{,}9976$

Für dieses Beispiel kann man auch sagen: **Etwa** 3,312 g $Pb(NO_3)_2$ sind **genau** abzuwiegen (vgl. auch ▸Kap. 8.1).

Zum Mitdenken

Warum sollen ausgerechnet 3,312 g $Pb(NO_3)_2$ eingewogen werden?

Fazit: Aus Urtitersubstanzen kann man direkt durch Einwaage eine Maßlösung herstellen (vgl. weiter oben in diesem Kapitel) und den Faktor aus dem Quotienten von tatsächlich eingewogener und theoretischer Masse berechnen. Das ist möglich, weil die Stoffmengenkonzentration in direkter Proportionalität zur Masse steht (vgl. 1. und 2. Grundgleichung).

In ◻ Tab. 6.3 ist noch einmal das Wesentliche zum Einstellen einer Maßlösung zusammengefasst.

Die Ph. Eur. schreibt vor, dass die tatsächlichen Konzentrationen der eingestellten Maßlösungen nicht mehr als ± 10 % von den entsprechenden Sollkonzentrationen abweichen dürfen. Die Faktoren müssen also im Bereich von 0,9 bis 1,1 liegen.

■ **ACHTUNG Maßanalytische Faktoren (Titer) und gravimetrische Faktoren sind nicht dasselbe!**

Tab. 6.3 Einstellen von Maßlösungen

Bestimmung des Faktors	Gleichung	Bemerkung
Über die Masse des Urtiters	$f = \frac{m_{real}}{m_{th}}$	Nur für Maßlösungen aus Urtitersubstanzen
Über das Volumen des Titrators	$f = \frac{V_{th}}{V_{real}}$	Titrator unbekannt, Titrant bekannt
	$f = \frac{V_{real}}{V_{th}}$	Titrator bekannt, Titrant unbekannt
Über die Stoffmengenkonzentration der zu bestimmenden Lösung	$f = \frac{c_{real}}{c_{th}}$	Keine Einschränkung

Wenn bei einer Maßlösung kein Faktor ausdrücklich angegeben ist, dann ist der Faktor 1 anzunehmen (vgl. Rechenaufgaben).

Die meisten gängigen Maßlösungen gibt es fertig zu kaufen (Faktor 1) und sie müssen nicht eingestellt werden. Der Kauf ist sogar wirtschaftlicher, weil die Personalkosten des Mitarbeiters, der die Maßlösung herstellt, meist höher sind als der Preis der gekauften Lösung. Diese Maßlösungen sind entweder gebrauchsfertig in Flaschen oder Kanistern (vgl. Abb. 6.5) oder als Ampullen zum Auffüllen auf ein bestimmtes Volumen (meist 1 l) in einem Messkolben (vgl. Abb. 6.6) im Handel.

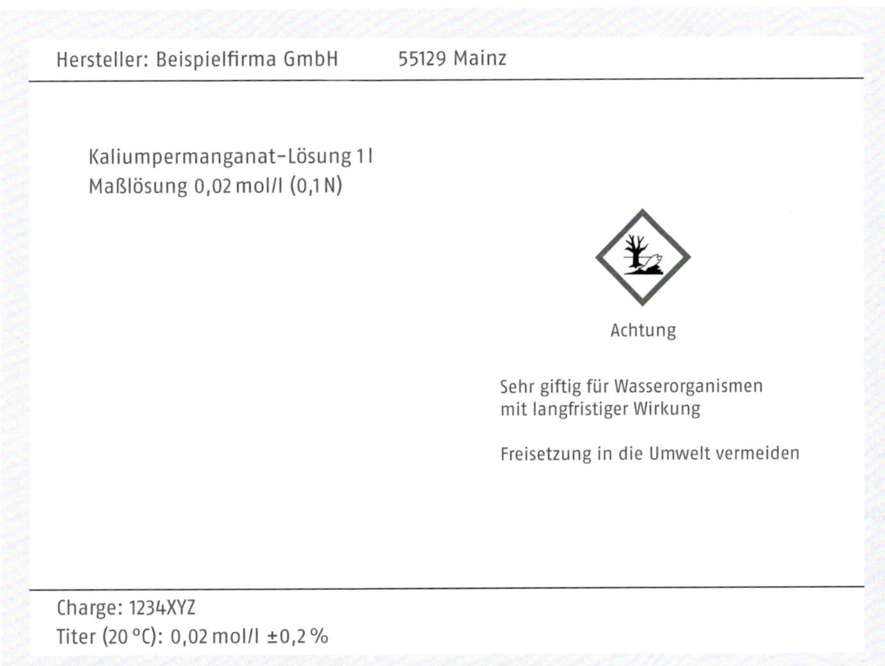

Abb. 6.5 Etikett einer gebrauchsfertigen Maßlösung

Hersteller: Beispielfirma GmbH 55129 Mainz

Schwefelsäure-Lösung
Maßlösung 0,5 mol/l (1 N)

Ampulle zur Herstellung
von 1 l Lösung
(49,039 g H_2SO_4 für 1 l)

Gefahr

Kann gegenüber Metallen korrosiv sein.
Verursacht schwere Verätzungen der Haut und schwere Augenschäden.

Schutzhandschuhe/Schutzkleidung/
Augenschutz/Gesichtsschutz tragen.

BEI BERÜHRUNG MIT DER HAUT (oder dem Haar):
Alle kontaminierten Kleidungsstücke sofort ausziehen.
Haut mit Wasser abwaschen/duschen.

BEI KONTAKT MIT DEN AUGEN: Einige Minuten lang behutsam mit Wasser spülen. Vorhandene Kontaktlinsen nach Möglichkeit entfernen. Weiter ausspülen.

BEI VERSCHLUCKEN:
Mund ausspülen. KEIN Erbrechen herbeiführen.

BEI EXPOSITION ODER UNWOHLSEIN:
Sofort GIFTINFORMATIONSZENTRUM/Arzt anrufen.

Charge: 9876ABC

Abb. 6.6 Etikett einer Ampulle, deren Inhalt 1000 ml Maßlösung ergibt (Messkolben!)

6.7 Direkte Titrationen

Der Begriff direkte Titration erklärt sich eigentlich schon von selbst: Aus der Umsetzung von Titrator und Titrant wird unmittelbar der Gehalt/die Masse des unbekannten Stoffes ermittelt. Es sind keine weitere vor- oder nachgelagerte Reaktion bzw. weitere Maßlösungen erforderlich (im Gegensatz zu den Titrationen in ▸Kap. 6.8 und ▸Kap. 6.9).

Die im ▸Kap. 6.6 besprochenen Faktoreinstellungen sind schon direkte Titrationen. Deshalb können wir hier dieses Kapitel recht kurz fassen, denn die stöchiometrischen Berechnungen zu den direkten Titrationen werden genauso ausgeführt, wie im vorstehenden Abschnitt beschrieben.

Wir sehen uns im Folgenden einige wichtige Beispiele an. Bei diesen handelt es sich um Säure-Base-Reaktionen, um Komplexbildungsreaktionen (das sind meistens Säure-Base-Reaktionen nach Lewis), um Redoxreaktionen und um Fällungsreaktionen.

Bestimmung von Natriumhydroxid (Feststoff) nach Ph. Eur. mit 1-molarer Salzsäure

Die Ph. Eur. gibt hier die Bestimmung des Gesamtalkaligehalts als NaOH und die Bestimmung von eventuell enthaltenem Carbonat an. Für das erstgenannte Verfahren ist diese die notwendige Gleichung:

$$HCl + NaOH \rightarrow H_2O + NaCl$$

Die Berechnung ist die gleiche wie bei der Faktoreinstellung; nur bestimmen wir diesmal die Masse des Natriumhydroxids mit der Maßlösung Salzsäure: n(NaOH) wird also durch die 1. Grundgleichung, n(HCl) durch die 2. Grundgleichung ersetzt. Den Ansatz übernehmen wir von der Faktoreinstellung (vgl. ▸ Kap. 6.6.2):

$$n(NaOH) = n(HCl) \quad \text{mit} \quad \frac{m(NaOH)}{M(NaOH)} = c(HCl) \cdot V(HCl)$$

Daraus folgt:

$$m(NaOH) = c(HCl) \cdot V(HCl) \cdot M(NaOH)$$

Die Ph. Eur. erlaubt einen Gesamtalkaligehalt (berechnet als NaOH) von 97,0 % (m/m) bis 100,5 % (m/m).

Dazu ein Beispiel.

Beispiel 6.14

Eine Probe Natriumhydroxid sei nach der Ph. Eur. zu bestimmen. Dazu wurden lt. Vorschrift 2,038 g der Probe zügig eingewogen und mit 1-molarer Salzsäure titriert, wobei von dieser 48,70 ml verbraucht wurden. Man beurteile die Probe.

Gegeben: Einwaage NaOH 2,038 g
$M(NaOH) = 40{,}00\ g \cdot mol^{-1}$
$V(HCl) = 48{,}70\ ml$
$c(HCl) = 1\ mol \cdot l^{-1}$

Gesucht: m(NaOH)

Lösung:
$m(NaOH) = c(HCl) \cdot V(HCl) \cdot M(NaOH)$
$m(NaOH) = 1\ mol \cdot l^{-1} \cdot 0{,}04870\ l \cdot 40{,}00\ g \cdot mol^{-1} = 1{,}948\ g$

Die Probe enthält in 2,038 g also 1,948 g (reines) NaOH.

Das muss noch in Prozenten ausgedrückt werden:

$2{,}038\ g \triangleq 100\ \%\ (m/m)$
$1{,}948\ g \triangleq x$
$x = 95{,}6\ \%\ (m/m)$

Fazit: Die Probe entspricht demnach *nicht* den Anforderungen der Ph. Eur., denn es müssen mindestens 97 % (m/m) NaOH enthalten sein. Sie darf für pharmazeutische Zwecke nicht verwendet werden.

Zum Mitdenken

Weshalb muss das feste Natriumhydroxid zügig eingewogen werden?
Informieren Sie sich diesbezüglich über die chemischen Eigenschaften des festen Natriumhydroxids.

6

Die Vorschriften der Arzneibücher und der Lehrbücher für analytische Chemie enthalten häufig vereinfachte Berechnungsgleichungen, die dem Benutzer in der Praxis eine Herleitung aus der Reaktionsgleichung erspart. Für dieses Beispiel gibt die Ph. Eur. die folgende vereinfachte Beziehung an:

1 ml Salzsäure ($1\ mol \cdot l^{-1}$) entspricht 40,00 mg Gesamtalkali, berechnet als NaOH.

Somit kann die Masse NaOH mit einem einfachen Dreisatz berechnet werden:

$$\begin{aligned} 1\ ml\ HCl\ (1\ mol \cdot l^{-1}) &\triangleq 40{,}00\ mg\ NaOH \\ 48{,}70\ ml\ HCl\ (1\ mol \cdot l^{-1}) &\triangleq x \\ x &= 1{,}948\ g\ NaOH \end{aligned}$$

Im Rahmen der Ausbildung müssen die Schüler bzw. die Studierenden aber den „richtigen" Rechenweg kennen und, wenn eine solche vereinfachte Gleichung verwendet wird, diese herleiten können.

Die Herleitung ist sehr einfach: Man setzt für V(HCl) einfach 1 ml (= 0,001 l) in die Berechnungsgleichung ein und erhält das Ergebnis:

$$\begin{aligned} c(HCl) \cdot V(HCl) \cdot M(NaOH) &= m(NaOH) \\ 1\ mol \cdot l^{-1} \cdot 0{,}001\ l \cdot 40{,}00\ g \cdot mol^{-1} &= 40{,}00\ mg \end{aligned}$$

Für alle nachfolgenden Beispiele werden die vereinfachten Berechnungsgleichungen angegeben, wenn die zitierte Vorschrift eine solche verwendet. Diese sollten Sie für sich selbst immer aus dem relevanten Stoffmengenverhältnis ableiten.

Bestimmung von Eisen(II)-sulfat-heptahydrat nach JP 17 mit 0,02-molarer (0,1-normaler) Kaliumpermanganat-Lösung

Hierbei handelt es sich um eine Redoxtitration nach folgender Gleichung:

$$KMnO_4 + 5\ FeSO_4 \cdot 7\ H_2O + 8\ H^+ \rightarrow Mn^{2+} + K^+ + 5\ Fe^{3+} + 5\ SO_4^{2-} + 39\ H_2O$$

Permanganat wird durch die Reduktion entfärbt; der erste Tropfen, der nicht mehr entfärbt wird, zeigt den Umschlagpunkt an.

Relevantes Stoffmengenverhältnis:

$$\frac{n(KMnO_4)}{n(FeSO_4 \cdot 7\ H_2O)} = \frac{1}{5}$$

$n(FeSO_4 \cdot 7\ H_2O)$ wird durch die 1. Grundgleichung ersetzt, weil die Masse des reinen Stoffes zu bestimmen ist. Das JP fordert einen Gehalt von 98,0 % (m/m) bis 104,0 % (m/m). Die Stoffmenge $KMnO_4$ wird durch die 2. Grundgleichung ersetzt (Maßlösung).

$$\begin{aligned} n(FeSO_4 \cdot 7\ H_2O) &= 5\ n(KMnO_4) \\ \frac{m(FeSO_4 \cdot 7\ H_2O)}{M(FeSO_4 \cdot 7\ H_2O)} &= 5\ c(KMnO_4) \cdot V(KMnO_4) \\ m(FeSO_4 \cdot 7\ H_2O) &= 5c(KMnO_4) \cdot V(KMnO_4) \cdot M(FeSO_4 \cdot 7\ H_2O) \end{aligned}$$

Vereinfachte Berechnungsgleichung des JP 17:

1 ml 0,02-molare (0,1-normale) $KMnO_4 \triangleq 27{,}80\ mg\ FeSO_4 \cdot 7\ H_2O$

Ein Rechenbeispiel sollte nun nicht schwerfallen.

Beispiel 6.15

Eine Probe Eisen(II)-sulfat-heptahydrat sei nach dem JP 17 zu bestimmen. Dazu wurden lt. Vorschrift 690,3 mg der Probe eingewogen und mit 0,02-molarer Kaliumpermanganat-Lösung titriert, wobei von dieser 25,20 ml verbraucht wurden.
Man beurteile die Probe.

Gegeben: Einwaage Substanz 690,3 mg
$M(FeSO_4 \cdot 7\ H_2O) = 278{,}01\ g \cdot mol^{-1}$ (aus JP)
$V(KMnO_4) = 25{,}20\ ml = 0{,}02520\ l$
$c(KMnO_4) = 0{,}02\ mol \cdot l^{-1}$

Gesucht: Massenprozentgehalt $FeSO_4 \cdot 7\ H_2O$
Als Zwischenergebnis $m(FeSO_4 \cdot 7\ H_2O)$

Lösung:

$$m(FeSO_4 \cdot 7\ H_2O) = 5\ c(KMnO_4) \cdot V(KMnO_4) \cdot M(FeSO_4 \cdot 7\ H_2O)$$
$$m(FeSO_4 \cdot 7\ H_2O) = 5 \cdot 0{,}02 mol \cdot l^{-1} \cdot 0{,}0252 l \cdot 278{,}01\ g \cdot mol^{-1}$$
$$m(FeSO_4 \cdot 7\ H_2O) = 0{,}7006\ g = 700{,}6\ mg$$

Auch hier müssen wir die Prozente berechnen:

$$690{,}3\ mg \triangleq 100\,\%\ (m/m)$$
$$700{,}6\ mg \triangleq x$$
$$x = 101{,}5\,\%\ (m/m)$$

Fazit: Die Probe entspricht den Anforderungen des JP17; sie könnte in der Apotheke verwendet werden.

Berechnung mit der vereinfachten Berechnungsgleichung:

$$1\ ml\ KMnO_4\ (0{,}02\ mol \cdot l^{-1}) \triangleq 27{,}80\ mg\ FeSO_4 \cdot 7\ H_2O$$
$$25{,}20\ ml\ KMnO_4\ (0{,}02\ mol \cdot l^{-1}) \triangleq x$$
$$x = 700{,}6\ mg\ FeSO_4 \cdot 7\ H_2O$$

6

Bestimmung von Zinkoxid nach Ph. Eur. mit 0,1-molarer EDTA-Lösung

Die Ph. Eur. bestimmt Zinkoxid durch eine komplexometrische Titration (im Gegensatz zum USP, vgl. ▸ Kap. 6.8.2). Der Analyse liegt die folgende Gleichung zugrunde:

$$Na_2H_2Y \cdot 2\ H_2O + ZnO \rightarrow [ZnY]^{2-} + 2\ Na^+ + 3\ H_2O$$

Der Umschlagpunkt wird durch einen Indikator (hier Xylenolorange) angezeigt, die Lösung mit Hexamethylentetramin (Methenamin) gepuffert. Die Ph. Eur. fordert einen Gehalt von 99,0 % (m/m) bis 100,5 % (m/m) ZnO.

Relevantes Stoffmengenverhältnis:

$$\frac{n(Na_2H_2Y)}{n(ZnO)} = \frac{1}{1}$$

Das EDTA-Kristallwasser kann hier auch weggelassen werden, denn EDTA liegt als Maßlösung vor (Ersetzen durch die 2. Grundgleichung). Die vollständige Formel ist nur für die Herstellung der Maßlösung notwendig, weil dort der **Feststoff** (inkl. Kristallwasser) eingewogen wird. Vom Zinkoxid soll die Masse bestimmt werden; man ersetzt n(ZnO) deshalb durch die 1. Grundgleichung.

$$n(ZnO) = n(Na_2H_2Y)$$

$$\frac{m(ZnO)}{M(ZnO)} = c(Na_2H_2Y) \cdot V(Na_2H_2Y)$$

$$m(ZnO) = c(Na_2H_2Y) \cdot V(Na_2H_2Y) \cdot M(ZnO)$$

Vereinfachte Berechnungsgleichung der Ph. Eur.:

1 ml 0,1-molare EDTA ≙ 8,14 mg ZnO

Bestimmung eines chloridhaltigen Abwassers durch eine Titration nach Mohr mit 0,1-molarer Silbernitrat-Lösung

Die Titration nach Mohr ist eine Fällungstitration (vgl. ▸ Kap. 6.4.4), die für das angegebene Beispiel durch die folgende Gleichung beschrieben wird:

$$Cl^- + AgNO_3 \rightarrow AgCl\downarrow + NO_3^-$$

Die Reaktion findet in einer neutralen chromathaltigen Lösung statt. Während der Titration fällt von Anfang an weißes Silberchlorid aus. Den Umschlagpunkt erkennt man an der Fällung von braunem Silberchromat Ag_2CrO_4, das erst *nach* der vollständigen Fällung des Silberchlorids zu fallen beginnt, denn das Chlorid ist schwerer löslich.

Vom Abwasser soll die Massenkonzentration an Chlorid-Ionen bestimmt werden. Der Reaktionsgleichung entnehmen Sie die folgende Berechnungsgleichung:

$$n(Cl^-) = n(AgNO_3)$$

Wir berechnen zunächst die Stoffmengenkonzentration der Chlorid-Ionen. Dazu werden beide Stoffmengen durch die 2. Grundgleichung ersetzt.

$$c(Cl^-) \cdot V(Cl^-) = c(AgNO_3) \cdot V(AgNO_3)$$

mit

$$c(Cl^-) = \frac{c(AgNO_3) \cdot V(AgNO_3)}{V(Cl^-)}$$

Die Stoffmengenkonzentration kann man leicht in eine Massenkonzentration umrechnen (▸ Kap. 4.2).

Ein Zahlenbeispiel soll das veranschaulichen.

Beispiel 6.16

Von einer Abwasserprobe werden 50,00 ml (Vollpipette!) vorgelegt und mit 0,1-molarer Silbernitrat-Lösung titriert. Die Probe benötigt 17,60 ml der Silbernitrat-Lösung bis zum Umschlag. Man ermittle die Massenkonzentration.

Gegeben: $V(Cl^-) = 50{,}00\ ml$

$M(Cl^-) = 35{,}45\ g \cdot mol^{-1}$

$c(AgNO_3) = 0{,}1\ mol \cdot l^{-1}$

Gesucht: $\beta(Cl^-)$

$c(Cl^-)$ als Zwischenergebnis

Lösung:

$$c(Cl^-) = \frac{c(AgNO_3) \cdot V(AgNO_3)}{V(Cl^-)} = \frac{0{,}1\ mol \cdot l^{-1} \cdot 17{,}60\ ml}{50{,}00\ ml}$$

$$c(Cl^-) = 0{,}0352\ mol \cdot l^{-1}$$

Wenn in einem Liter 0,0352 mol Chlorid-Ionen enthalten sind, dann sind darin demnach 1,248 g Chlorid-Ionen enthalten, denn es gilt:

$35{,}45\ g \triangleq 1\ mol$ (das ist die molare Masse)

$x \triangleq 0{,}0352\ mol$

$x = 1{,}248\ g$

Somit schreibt man für die Massenkonzentration:

$$\beta(Cl^-) = \frac{m(Cl^-)}{V(Lösung)} = \frac{1{,}248\ g}{1\ l} = 1{,}248\ g \cdot l^{-1}$$

Fazit: Das Abwasser enthält 1,248 g Chlorid-Ionen je Liter.

6.8 Indirekte Titrationen

Im Gegensatz zu den im vorstehenden Abschnitt beschriebenen direkten Titrationen ist bei indirekten Titrationen der Vergleich von Titrator und Titrant nur möglich, wenn einer oder gar mehrere Verfahrensschritte vor- oder nachgelagert sind. Die in den folgenden drei Unterkapiteln aufgeführten Beispiele werden Ihnen zeigen, was gemeint ist.

Aber auch hier gilt das, was Sie schon kennen: Der Sachverhalt wird durch eine oder ggf. mehr als eine Reaktionsgleichung ausgedrückt, das relevante Stoffmengenverhältnis bzw. die relevanten Stoffmengenverhältnisse herausgesucht, durch die Grundgleichungen geeignet ersetzt und nach der gesuchten Größe aufgelöst.

6.8.1 Titrationen mit vorgeschalteter weiterer Reaktion

Diese Titrationen werden häufig auch zu den direkten Titrationen gezählt. Das ist akzeptabel, weil der eigentliche Titrationsvorgang als direkte Titration aufgefasst werden kann. Aus formalen Gründen sind sie hier eingeordnet.

Wir sehen uns zwei Beispiele an.

Bestimmung von Borsäure nach Ph. Eur. mit 1-molarer Natronlauge

In ▸Kap. 6.4.1 ist beschrieben, dass die Borsäure durch Zugabe von Mannitol stärker sauer gemacht werden muss, damit sie überhaupt mit einer Lauge titriert werden kann.

An dieser Stelle finden sich auch beide Reaktionsgleichungen. Diesen Gleichungen entstammen die folgenden Berechnungsgleichungen:

$$n(H_3BO_3) = n(H^+) \qquad \text{und} \qquad n(NaOH) = n(H^+)$$

Zusammengefasst: $n(H_3BO_3) = n(NaOH)$

Die Ph. Eur. fordert einen Gehalt von 99,0 % (m/m) bis 100,5 % (m/m) Borsäure in der Probe. Die Masse der Borsäure ist also zu bestimmen.

$m(H_3BO_3) = c(NaOH) \cdot V(NaOH) \cdot M(H_3BO_3)$
$m(H_3BO_3) = 1\,mol \cdot l^{-1} \cdot V(NaOH) \cdot 61{,}84\,g \cdot mol^{-1}$
Als vereinfachte Berechnungsgleichung liefert die Ph. Eur.:

1 ml 1-molare NaOH $\triangleq$ 61,8 mg H_3BO_3

Bestimmung von Kupfer(II)-sulfat-pentahydrat nach Ph. Eur. mit 0,1-molarer Natriumthiosulfat-Lösung

Hierbei handelt es sich um eine Redoxtitration, genauer um eine iodometrische Titration (vgl. ▸ Kap. 6.4.2). Das Kupfer wird nicht direkt bestimmt, sondern es setzt in einer vorgelagerten Reaktion eine ihm äquivalente Menge Iod frei:

$$4\,NaI + 2\,CuSO_4 \cdot 5\,H_2O \rightarrow 2\,CuI\downarrow + I_2 + 2\,Na_2SO_4 + 10\,H_2O$$

Das entstandene Iod wird wie in ▸ Kap. 6.4.2 beschrieben titriert:

$$2\,Na_2S_2O_3 + I_2 \rightarrow 2\,NaI + Na_2S_4O_6$$

Wenn beide Gleichungen zu einer zusammengefasst werden (vgl. ▸ Kap. 5.4), dann erhält man die Summengleichung, aus der der Stoffmengenansatz zur Berechnung gewonnen werden kann:

$$2\,NaI + 2\,CuSO_4 \cdot 5\,H_2O + 2\,Na_2S_2O_3 \rightarrow 2\,CuI\downarrow + 2\,Na_2SO_4 + 10\,H_2O + Na_2S_4O_6$$

Daraus folgt: $$\frac{n(CuSO_4 \cdot 5\,H_2O)}{n(Na_2S_2O_3)} = \frac{2}{2} = \frac{1}{1}$$

Nun ist die Masse des Kupfersulfats zu bestimmen, denn die Ph. Eur. gestattet eine Schwankung des Massenprozentgehalts von 99,0 % bis 101,0 %. Diese Gleichung könnten Sie nun auch selbst finden:

$$m(CuSO_4 \cdot 5\,H_2O) = c(Na_2S_2O_3) \cdot V(Na_2S_2O_3) \cdot M(CuSO_4 \cdot 5\,H_2O)$$

Die Ph. Eur. hat auch für diese Bestimmung eine vereinfachte Berechnungsgleichung:

1 ml 0,1-molare $Na_2S_2O_3 \triangleq$ 24,97 mg $CuSO_4 \cdot 5\,H_2O$

6.8.2 Rücktitrationen

Rücktitrationen sind maßanalytische Verfahren, bei denen der Titrant mit einem *abgemessenen* Überschuss eines Reagens (Vollpipette oder Feinwaage!) umgesetzt und dann der Rest des Überschusses mit dem Titrator bestimmt wird.

Mithilfe dieses Verfahrens können Stoffe maßanalytisch bestimmt werden, die entweder zu langsam mit dem Titrator reagieren, sodass eine direkte Titration unmöglich wird, oder für die es keinen geeigneten Indikator gibt.

Allgemein ausgedrückt wird die Stoffmenge des Überschusses in zwei Teile zerlegt (die Stöchiometriezahlen wurden der Übersichtlichkeit halber weggelassen; sie gehören aber dazu!):

$$n(\ddot{U}) = n(1) + n(2)$$

n(Ü) sei die Stoffmenge des Überschusses, n(1) die Stoffmenge, die lt. Reaktionsgleichung dem unbekannten Stoff entspricht, und n(2) die Stoffmenge, die durch die Titration ermittelt wird. Nach der Titration wären somit n(Ü) und n(2) bekannt, n(1) wäre zu bestimmen. Die Gleichung muss also nach n(1) aufgelöst werden:

$$n(1) = n(\ddot{U}) - n(2)$$

Nun müssen lediglich die Stoffmengen auf gewohnte Weise geeignet ersetzt und die gesuchte Größe berechnet werden.

Einige Beispiele sollen das Prinzip näherbringen.

Bestimmung von Aluminium-Ionen durch eine Rücktitration mit jeweils 0,1-molarer EDTA- und Zinksulfat-Lösung

Aluminium-Ionen können komplexometrisch nicht direkt bestimmt werden, weil die Komplexbildung nicht schnell genug abläuft (Aufkochen der Lösung notwendig). Deshalb versetzt man die Lösung mit einem EDTA-Überschuss, kocht auf und titriert den übrig gebliebenen Komplexbildner mit Zinksulfat-Lösung zurück. Die Konzentrationen der EDTA- und Zinksulfat-Lösung sind *bekannt*. Als Indikator wird Xylenolorange (oder nach Ph. Eur. Dithizon) verwendet.

Gleichungen:
(a) $Al^{3+} + Na_2H_2Y \rightarrow [AlY]^- + 2\,Na^+ + 2\,H^+$
(b) $ZnSO_4 + Na_2H_2Y \rightarrow [ZnY]^{2-} + 2\,Na^+ + 2\,H^+ + SO_4^{2-}$

In diesen Gleichungen liegen bezüglich der Stoffmengen 1:1-Verhältnisse vor, sodass sich die Berechnung etwas übersichtlicher darstellt.

Vorgehensweise:
(a) liefert: $n(Al^{3+}) = n(Na_2H_2Y)$
(b) liefert: $n(ZnSO_4) = n(Na_2H_2Y)$

Der zugesetzte Überschuss (Volumen und Konzentration *bekannt*) lässt sich in zwei Teile zerlegen: Ein Teil reagiert mit den Aluminium-Ionen, der andere bleibt übrig und wird von der $ZnSO_4$-Lösung verbraucht:

$$n(Na_2H_2Y, \text{gesamt}) = n_1(Na_2H_2Y) + n_2(Na_2H_2Y)$$

Für n_1 folgt aus (a) $n_1(Na_2H_2Y) = n(Al^{3+})$

Für n_2 folgt aus (b) $n_2(Na_2H_2Y) = n(ZnSO_4)$

Einsetzen in: $n(Na_2H_2Y, \text{gesamt}) = n_1(Na_2H_2Y) + n_2(Na_2H_2Y)$

$$\underbrace{n(Na_2H_2Y, \text{gesamt})}_{\textit{vorgelegt}} = \underbrace{n(Al^{3+})}_{\textit{unbekannt}} + \underbrace{n(ZnSO_4)}_{\textit{titriert}}$$

In dieser Gleichung sind *bekannt*: $n(Na_2H_2Y, \text{gesamt})$ und $n(ZnSO_4)$. *Unbekannt*: $n(Al^{3+})$.

Die Gleichung wird also nach $n(Al^{3+})$ umgestellt:

$$\underbrace{n(Al^{3+})}_{\textit{unbekannt}} = \underbrace{n(Na_2H_2Y, \text{gesamt})}_{\textit{vorgelegt}} - \underbrace{n(ZnSO_4)}_{\textit{titriert}}$$

Auf der rechten Seite stehen jetzt nur *bekannte* Größen. Nun werden die Stoffmengen geeignet ersetzt: Zinksulfat- und EDTA-Lösung liegen als Maßlösungen vor und werden somit durch die 2. Grundgleichung ersetzt; von Aluminium soll die Masse bestimmt werden, also Ersatz durch die 1. Grundgleichung. Die Masse an Aluminium-Ionen kann berechnet werden:

$$\frac{m(Al^{3+})}{M(Al^{3+})} = c(Na_2H_2Y, \text{gesamt}) \cdot V(Na_2H_2Y, \text{gesamt}) - c(ZnSO_4) \cdot V(ZnSO_4) \quad | \cdot M(Al^{3+})$$

$$m(Al^{3+}) = M(Al^{3+}) \cdot [c(Na_2H_2Y, \text{gesamt}) \cdot V(Na_2H_2Y, \text{gesamt}) - c(ZnSO_4) \cdot V(ZnSO_4)]$$

In den Vorschriften findet sich häufig auch hier eine vereinfachte Berechnungsgleichung. Bei der Rücktitration ist jedoch zu beachten, dass in einer solchen Gleichung nur das Volumen an Maßlösung erscheint, das dem Titranten (in diesem Beispiel Al^{3+}) *direkt* entspricht:

1 ml 0,1-molare EDTA-Lösung ≙ 2,698 mg Al^{3+}

Dieses Volumen ergibt sich aus der Differenz des Volumens an Überschuss-Reagenz (hier EDTA) und dem verbrauchten Volumen an Maßlösung (hier $ZnSO_4$):

$$V = V(Na_2H_2Y, \text{gesamt}) - V(ZnSO_4)$$

Diese einfache Volumendifferenz ist möglich, weil die Konzentrationen der Maßlösungen so gewählt wurden, dass gleiche Volumina beider Lösungen einander entsprechen (1 ml EDTA-Lösung ≙ 1 ml $ZnSO_4$-Lösung). Für beide Maßlösungen wurde jeweils die Stoffmengenkonzentration $0{,}1\ \text{mol} \cdot l^{-1}$ gewählt, weil hier ein Stoffmengenverhältnis von 1 : 1 vorliegt.

Für 1 ml Maßlösung ergibt sich also:

(a) liefert: $n_1(Na_2H_2Y) = n(Al^{3+})$

$$c(Na_2H_2Y) \cdot V(Na_2H_2Y) = \frac{m(Al^{3+})}{M(Al^{3+})} \quad | \cdot M(Al^{3+})$$

$$c(Na_2H_2Y) \cdot V(Na_2H_2Y) \cdot M(Al^{3+}) = m(Al^{3+})$$

Für $V = 1\ \text{ml} = 0{,}001\ \text{l}$ ergibt sich:

$$0{,}1\ \text{mol} \cdot l^{-1} \cdot 0{,}001\ \text{l} \cdot 26{,}98\ \text{g} \cdot \text{mol}^{-1} = 2{,}698\ \text{mg}\ Al^{3+}$$

Das folgende Rechenbeispiel wird das Verständnis erleichtern.

Beispiel 6.17

Einer aluminiumhaltigen Lösung in einem 100-ml-Messkolben werden 20-ml-Aliquote entnommen; jedem Aliquot werden 25,00 ml 0,1-molare EDTA-Lösung zugesetzt (Vollpipette!) und weiter nach Vorschrift mit 0,1-molarer Zinksulfat-Lösung titriert. Von Letzterer seien 14,25 ml (Mittelwert) verbraucht worden. Man berechne die Masse des in der Lösung vorhandenen Aluminiums und gebe die Massenkonzentration der Lösung an.
[$c(Na_2H_2Y$, gesamt) = c(EDTA)]

Gegeben: $c(\text{EDTA}) = c(ZnSO_4) = 0{,}1\ \text{mol} \cdot l^{-1}$
$V(\text{EDTA}) = 25{,}00\ \text{ml}$
$V(ZnSO_4) = 14{,}25\ \text{ml}$
$M(Al^{3+}) = 26{,}98\ \text{g} \cdot \text{mol}^{-1}$

Gesucht: $m(Al^{3+})$, $\beta(Al^{3+})$

Lösung: Wir setzen die gegebenen Größen in unsere hergeleitete Gleichung ein:

$$m(Al^{3+}) = M(Al^{3+}) \cdot [c(\text{EDTA}) \cdot V(\text{EDTA}) - c(ZnSO_4) \cdot V(ZnSO_4)]$$

$$m(Al^{3+}) = 26{,}98\ \text{g} \cdot \text{mol}^{-1} \cdot (0{,}1\ \text{mol} \cdot l^{-1} \cdot 0{,}025\ l - 0{,}1\ \text{mol} \cdot l^{-1} \cdot 0{,}01425\ l)$$

$$m(Al^{3+}) = 26{,}98\ \text{g} \cdot \text{mol}^{-1} \cdot 0{,}001075\ \text{mol} = 0{,}0290\ \text{g} = 29{,}0\ \text{mg}$$

Diese Masse ist in 20 ml enthalten; somit in 100 ml:
$5 \cdot 29{,}0\ \text{mg} = 145{,}0\ \text{mg}$
Die Massenkonzentration rechnet man mit der Definitionsgleichung aus:

$$\beta(Al^{3+}) = \frac{m(Al^{3+})}{V(\text{Lösung})} = \frac{0{,}1450\ \text{g}}{0{,}1\ l} = 1{,}45\ \text{g} \cdot l^{-1}$$

Fazit: Die Lösung enthält 145,0 mg Aluminium-Ionen. Letztere liegen in einer Massenkonzentration von $1{,}45\ \text{g} \cdot l^{-1}$ vor.

Mit der vereinfachten Berechnungsgleichung, die auch hergeleitet wurde, erhält man:

1 ml 0,1-molare EDTA ≙ 2,698 mg Al^{3+}
10,75 ml 0,1-molare EDTA ≙ x (Achtung: 25,00 ml – 14,25 ml = 10,75 ml)
x = 29,0 mg

Wie weiter oben besprochen muss hier das Differenzvolumen aus EDTA- und Zinksulfat-Lösung (= 10,75 ml) in die vereinfachte Berechnungsgleichung eingesetzt werden, denn dieses Volumen wäre verbraucht worden, wenn wir das Aluminium direkt titriert hätten.

Dieses Beispiel ist an die allgemeine Vorschrift der Ph. Eur. angelehnt. Sie bestimmt einige Aluminiumverbindungen auf diese Weise, so z. B. Aluminiumsulfat.

Bestimmung von Zinkoxid nach USP mit 0,5-molarer Schwefelsäure und 1-molarer Natronlauge

Das USP bestimmt Zinkoxid als Rücktitration mit Säure-Base-Reaktionen im Gegensatz zur Ph. Eur. (dort direkte komplexometrische Titration, ▸Kap. 6.7). Das Oxid wird mit einem abgemessenen Überschuss an 0,5-molarer (USP: 1-normaler) Schwefelsäure versetzt und vollständig aufgelöst. Der verbliebene Rest der Schwefelsäure wird mit 1-molarer (USP: 1-normaler) Natronlauge unter Verwendung von Methylorange als Indikator zurücktitriert.

Gleichungen: (a) $ZnO + H_2SO_4 \rightarrow ZnSO_4 + H_2O$

(b) $2\ NaOH + H_2SO_4 \rightarrow 2\ H_2O + Na_2SO_4$

Aus den Gleichungen folgt:

$$\text{(a)}\quad \frac{n(ZnO)}{n(H_2SO_4)} = \frac{1}{1} \quad \text{mit} \quad n(ZnO) = n(H_2SO_4)$$

$$\text{(b)}\quad \frac{n(NaOH)}{n(H_2SO_4)} = \frac{2}{1} \quad \text{mit} \quad \frac{1}{2}n(NaOH) = n(H_2SO_4)$$

Ein Teil des abgemessenen Schwefelsäure-Überschusses reagiert mit dem Zinkoxid, der Rest mit der Natronlauge.

$$n(H_2SO_4,\ \text{gesamt}) = n_1(H_2SO_4) + n_2(H_2SO_4)$$

Für n_1 folgt aus (a): $n_1(H_2SO_4) = n(ZnO)$

Für n_2 folgt aus (b): $n_2(H_2SO_4) = \frac{1}{2}\,n(NaOH)$

Einsetzen in: $n(H_2SO_4,\ \text{gesamt}) = n_1(H_2SO_4) + n_2(H_2SO_4)$

$$\underset{\textit{vorgelegt}}{n(H_2SO_4,\text{gesamt})} = \underset{\textit{unbekannt}}{n(ZnO)} + \underset{\textit{titriert}}{\frac{1}{2}n(NaOH)}$$

Umstellen nach der unbekannten Größe:

$$\underset{\textit{unbekannt}}{n(ZnO)} = \underset{\textit{vorgelegt}}{n(H_2SO_4,\text{gesamt})} - \underset{\textit{titriert}}{\frac{1}{2}n(NaOH)}$$

Nun kann n ersetzt werden: Schwefelsäure und Natronlauge durch die 2. Grundgleichung (Maßlösungen), Zinkoxid durch die 1. Grundgleichung (Masse ist gesucht):

$$\frac{m(ZnO)}{M(ZnO)} = c(H_2SO_4,\text{gesamt}) \cdot V(H_2SO_4,\ \text{gesamt}) - \frac{1}{2} \cdot c(NaOH) \cdot V(NaOH) \quad \big| \cdot M(ZnO)$$

$$m(ZnO) = M(ZnO) \cdot [c(H_2SO_4,\text{gesamt}) \cdot V(H_2SO_4,\text{gesamt}) - \frac{1}{2} \cdot c(NaOH) \cdot V(NaOH)]$$

Das USP gibt hier gleichfalls eine vereinfachte Berechnungsgleichung für die Ermittlung der Masse an Zinkoxid an:

1 ml 0,5-molare (1-normale) $H_2SO_4 \triangleq 40{,}69$ mg ZnO.

Auch hier muss wie im vorstehenden Beispiel (Aluminiumbestimmung) das Volumen Schwefelsäure erscheinen, das *direkt* der Masse Zinkoxid entspricht. Das ist die Differenz aus dem Volumen der Schwefelsäure (Überschuss-Reagenz) und dem Volumen der verbrauchten Natronlauge. Das USP gibt für Schwefelsäure die Stoffmengenkonzentration $0{,}5\ mol \cdot l^{-1}$ und für Natronlauge die Stoffmengenkonzentration $1\ mol \cdot l^{-1}$ vor. Durch die Wahl dieser Konzentrationen entsprechen die Volumina beider Maßlösungen einander, denn es liegt ein Stoffmengenverhältnis von 1 : 2 vor (beide Lösungen haben die Äquivalentstoffmengenkonzentration $1\ mol \cdot l^{-1}$).

Zum Mitdenken

Überlegen Sie sich nun bitte selbst, wie die vereinfachte Berechnungsgleichung des USP zustande kommt: 1 ml 0,5-molare (1-normale) $H_2SO_4 \triangleq 40{,}69$ mg ZnO.

Wir schauen uns ein Zahlenbeispiel an.

Beispiel 6.18

Eine Probe Zinkoxid sei nach dem USP zu prüfen. Dazu wurden 1,5010 g Zinkoxid eingewogen, nach Vorschrift weiterbehandelt, mit 50,00 ml 0,5-molarer Schwefelsäure versetzt und das Oxid vollständig gelöst (ggf. unter Erwärmen). Die übrig gebliebene Säure wurde mit 13,40 ml 1-molarer Natronlauge zurücktitriert. Die Probe ist zu beurteilen.

Gegeben: $c(H_2SO_4) = 0{,}5\ mol \cdot l^{-1}$ $[c_{eq}(H_2SO_4) = 1\ mol \cdot l^{-1}]$
$c(NaOH) = 1\ mol \cdot l^{-1}$ $[c_{eq}(NaOH) = 1\ mol \cdot l^{-1}]$
$V(H_2SO_4) = 50{,}00\ ml$
$V(NaOH) = 13{,}40\ ml$
$M(ZnO) = 81{,}39\ g \cdot mol^{-1}$

Gesucht: m(ZnO)

Lösung: Die gegebenen Größen werden wieder in die hergeleitete Gleichung eingesetzt:

$$m(ZnO) = M(ZnO) \cdot [c(H_2SO_4, gesamt) \cdot V(H_2SO_4, gesamt) - \frac{1}{2} \cdot c(NaOH) \cdot V(NaOH)]$$

$$m(ZnO) = 81{,}39\ g \cdot mol^{-1} \cdot (0{,}5\ mol \cdot l^{-1} \cdot 0{,}05\ l - \frac{1}{2} \cdot 1\ mol \cdot l^{-1} \cdot 0{,}0134\ l)$$

$$m(ZnO) = 1{,}4894\ g$$

Mit der vereinfachten Berechnungsgleichung ergibt sich das gleiche Ergebnis.

Wir haben 1,4894 g Zinkoxid ermittelt und 1,5010 g der Probe eingewogen. Nun ist noch der Massenprozentgehalt der Probe auszurechnen, was ganz einfach über einen Dreisatz erfolgt. Das USP fordert (wie auch die Ph. Eur.) einen Prozentgehalt von 99,0 % (m/m) bis 100,5 % (m/m).

$1{,}5010\ g \triangleq 100\,\%\ (m/m)$
$1{,}4894\ g \triangleq x$
$x = 99{,}2\,\%\ (m/m)$

Fazit: Damit genügt die Probe den Anforderungen, und sie darf in der Apotheke verwendet werden.

Bestimmung des Mangandioxid-Gehalts eines Braunsteins mit Oxalsäure-dihydrat (Einwaage) als Überschussreagenz und 0,02-molarer Kaliumpermanganat-Lösung

Eine solche Bestimmung könnte in einem Labor, das Erze untersucht, ausgeführt werden.

Hierbei wird der Braunstein mit einem Überschuss des Urtiters Oxalsäure-dihydrat versetzt und der Rest der Oxalsäure mit 0,02-molarer Kaliumpermanganat-Lösung zurücktitriert. Die Reaktion findet in saurem Milieu statt.

6

Gleichungen:

(a) $MnO_2 + (COOH)_2 \cdot 2\ H_2O + 2\ H^+ \rightarrow Mn^{2+} + 2\ CO_2 + 4\ H_2O$

(b) $2\ KMnO_4 + 5\ (COOH)_2 \cdot 2\ H_2O + 6\ H^+ \rightarrow 2\ Mn^{2+} + 2\ K^+ + 10\ CO_2 + 18\ H_2O$

Aus den Gleichungen folgt:

(a) $\dfrac{n(MnO_2)}{n[(COOH)_2 \cdot 2\,H_2O]} = \dfrac{1}{1}$ mit $n(MnO_2) = n[(COOH)_2 \cdot 2\ H_2O]$

(b) $\dfrac{n(KMnO_4)}{n[(COOH)_2 \cdot 2\ H_2O]} = \dfrac{2}{5}$ mit $n[(COOH)_2 \cdot 2\ H_2O] = \dfrac{5}{2}\,n(KMnO_4)$

Ein Teil des Oxalsäure-Überschusses reagiert mit dem Braunstein, der Rest wird mit Kaliumpermanganat-Lösung umgesetzt.

$$n[(COOH)_2 \cdot 2\ H_2O,\ \text{gesamt}] = n_1[(COOH)_2 \cdot 2\ H_2O] + n_2[(COOH)_2 \cdot 2\ H_2O]$$

Für n_1 folgt aus (a): $n_1[(COOH)_2 \cdot 2\,H_2O] = n(MnO_2)$

Für n_2 folgt aus (b): $n_2[(COOH)_2 \cdot 2\ H_2O] = \dfrac{5}{2}\,n(KMnO_4)$

Einsetzen in:

$$n[(COOH)_2 \cdot 2\ H_2O,\ \text{gesamt}] = n_1[(COOH)_2 \cdot 2\ H_2O] + n_2[(COOH)_2 \cdot 2\ H_2O]$$

$$\underset{\textit{vorgelegt}}{n[(COOH)_2 \cdot 2\ H_2O,\ \text{gesamt}]} = \underset{\textit{unbekannt}}{n(MnO_2)} + \underset{\textit{titriert}}{\tfrac{5}{2}\,n(KMnO_4)}$$

Umstellen nach der unbekannten Größe:

$$\underset{\textit{unbekannt}}{n(MnO_2)} = \underset{\textit{vorgelegt}}{n[(COOH)_2 \cdot 2\ H_2O,\ \text{gesamt}]} - \underset{\textit{titriert}}{\tfrac{5}{2}\,n(KMnO_4)}$$

Im Gegensatz zu den beiden vorstehenden Beispielen legen wir hier das Überschussreagenz nicht als Volumen einer Maßlösung vor, sondern wir wiegen für jede Probe Braunstein eine bestimmte Menge der Oxalsäure ein. Die Stoffmenge Oxalsäure wird somit durch die 1. Grundgleichung ersetzt; das Gleiche gilt für Mangandioxid, weil dessen Masse zu bestimmen ist. Kaliumpermanganat liegt als Maßlösung vor. Deshalb wird wie gewohnt die 2. Grundgleichung angewendet: ($n[(COOH)_2 \cdot 2\,H_2O, \text{gesamt}] = n[(COOH)_2 \cdot 2\,H_2O]$).

$$\frac{m(MnO_2)}{M(MnO_2)} = \frac{m[(COOH)_2 \cdot 2\ H_2O]}{M[(COOH)_2 \cdot 2\ H_2O]} - \frac{5}{2} \cdot c(KMnO_4) \cdot V(KMnO_4) \qquad | \cdot M(MnO_2)$$

$$m(MnO_2) = M(MnO_2) \cdot \left(\frac{m[(COOH)_2 \cdot 2\ H_2O]}{M[(COOH)_2 \cdot 2\ H_2O]} - \frac{5}{2} \cdot c(KMnO_4) \cdot V(KMnO_4) \right)$$

Auch hierzu ein Rechenbeispiel.

Beispiel 6.19

Der Massenprozentgehalt von Mangandioxid in einer Braunsteinprobe sei zu bestimmen. Dazu sollen 700,0 mg der Probe und 1000,0 mg Oxalsäure-dihydrat eingewogen werden. Die Probe und das Oxalsäure-dihydrat werden im Titrierbecher in saurer Lösung aufgekocht und anschließend mit 0,02-molarer Kaliumpermanganat-Lösung titriert. Nachfolgend sind die Einwaagen und die Messwerte tabellarisch aufgeführt.

Probennr.	Einwaage Braunstein in mg	Einwaage $(COOH)_2 \cdot 2\,H_2O$ in mg	Verbrauch $KMnO_4$ in ml
1	702,0	997,3	22,6
2	698,3	1004,7	27,7
3	699,7	1000,5	26,6

Diese Werte setzen wir in unsere hergeleitete Gleichung ein:

$$m(MnO_2) = M(MnO_2) \cdot \left(\frac{m\left[(COOH)_2 \cdot 2\,H_2O\right]}{M\left[(COOH)_2 \cdot 2\,H_2O\right]} - \frac{5}{2} \cdot c(KMnO_4) \cdot V(KMnO_4) \right)$$

Die Werte der Probennummer 1 seien einmal eingesetzt; mit den Werten der anderen beiden Nummern wird in gleicher Weise verfahren:

$$m(MnO_2) = 86{,}94\,g \cdot mol^{-1} \cdot \left(\frac{0{,}9773\,g}{126{,}08\,g \cdot mol^{-1}} - \frac{5}{2} \cdot 0{,}02\,mol \cdot l^{-1} \cdot 0{,}0226\,l \right)$$

$$m(MnO_2) = 0{,}5757\,g = 575{,}7\,mg$$

Das ist die Masse des reinen Mangandioxids in 702,0 mg Probe (das war die Einwaage). Den Massenprozentgehalt liefert uns nun wieder ein einfacher Dreisatz:

$$\begin{aligned} 702{,}0\,mg &\triangleq 100\,\%\,(m/m) \\ 575{,}7\,mg &\triangleq x \\ x &= 82{,}00\,\%\,(m/m) \end{aligned}$$

Die berechneten Werte können nun in einer Tabelle zusammengefasst werden.

Probennummer	Gefundene Masse MnO_2 in mg	% (m/m) Braunstein
1	575,7	82,00
2	572,4	81,97
3	574,3	82,08
	Mittelwert	82,01

Fazit: Die untersuchte Braunstein-Probe enthält zu etwa 82 % (m/m) Mangandioxid.

Bitte beachten Sie, dass bei einer solchen Analyse erst am Ende der Rechnung der Mittelwert ermittelt werden darf, denn hier liegen *keine* aliquoten Teile der Probe vor!

6.8.3 Verdrängungstitrationen

Der Begriff Verdrängungstitration sagt schon, dass bei einem solchen Verfahren ein Stoff einen anderen aus dessen Verbindung verdrängt und Letzterer dann maßanalytisch bestimmt werden kann. Dadurch kann auf die Stoffmenge des Ausgangsstoffes geschlossen werden.

Die stöchiometrische Berechnung dazu ist eigentlich nichts Neues mehr für Sie: Die Verdrängungs- und Titrationsreaktion werden mit je einer Gleichung beschrieben, aus der dann der relevante Stoffmengenansatz entnommen werden kann.

Zum besseren Verständnis schauen wir uns eine Bestimmungsmethode als Beispiel an.

Komplexometrische Bestimmung von Silber-Ionen

Eine Möglichkeit, Silber-Ionen komplexometrisch zu bestimmen, ist die Verdrängung von Nickel-Ionen aus deren Cyanokomplex durch die Silber-Ionen und die anschließende komplexometrische Titration der freigesetzten Nickel-Ionen. Die Stoffmenge der Nickel-Ionen korreliert mit der der Silber-Ionen. Die folgenden beiden Gleichungen beschreiben den Prozess:

$$2\,Ag^+ + [Ni(CN)_4]^{2-} \rightarrow 2\,[Ag(CN)_2]^- + Ni^{2+} \quad \text{mit} \quad \frac{n(Ag^+)}{n(Ni^{2+})} = \frac{2}{1} \quad \text{und}$$

$$Ni^{2+} + Na_2H_2Y \rightarrow [NiY]^{2-} + 2\,Na^+ + 2\,H^+ \quad \text{mit} \quad \frac{n(Ni^{2+})}{n(Na_2H_2Y)} = \frac{1}{1} = \frac{2}{2}$$

Es ergibt sich: $n(Ag^+) = 2\,n(Ni^{2+})$ und $2\,n(Ni^{2+}) = 2\,n(Na_2H_2Y)$

Zusammengefasst: $n(Ag^+) = 2\,n(Na_2H_2Y)$

Diese Weise der Titration ist möglich, weil die Dicyanoargentat-Komplexe stabiler sind als die Tetracyano-niccolat-komplexe. Deshalb können die Silber-Ionen die Nickel-Ionen aus deren Komplexen verdrängen.

Die stöchiometrische Berechnung könnten Sie nun selbst durchführen.

Anhand der in diesem Kapitel besprochenen indirekten Titrationen erkennen Sie sicher schon, dass wir nur einige Typen dieser Titrationen hier benennen können. Auch lassen sich direkte und indirekte Titrationen nicht absolut voneinander trennen. Aber die allgemeinen Prinzipien der stöchiometrischen Berechnung, die am Schluss von ▸ Kap. 6 noch einmal zusammengefasst werden, sind immer gleich.

6.9 Einige spezielle Titrationen

In diesem Abschnitt besprechen wir einige Titrationsverfahren, die ganz speziell auf einzelne Stoffe/Teilchen zugeschnitten sind. Hierbei handelt es sich meist um indirekte Bestimmungsverfahren, in seltenen Fällen auch um direkte Titrationen. Man könnte diese also auch in ▸ Kap. 6.7 oder ▸ Kap. 6.8 einordnen. Weil es sich aber um einzigartige und zum Teil auch umfangreichere Verfahren handelt, wird ihnen hier ein eigenes Unterkapitel gewidmet.

6.9.1 Titration in wasserfreien Medien

Säure-Base-Titrationen in wässriger Lösung sind auf den pH-Bereich von 0 bis 14 beschränkt (vgl. ▸ Kap. 7.3). Für sehr starke Säuren und Basen kann dieser Bereich erweitert werden, wenn entsprechende andere Lösungsmittel verwendet werden. Neben der

Säure- bzw. Basenstärke sind auch noch andere Gründe möglich, ein von Wasser verschiedenes Lösungsmittel auszuwählen. Die eigentliche stöchiometrische Berechnung ist vom Lösungsmittel unabhängig.

So lässt die Ph. Eur. und auch das USP einige Stoffe mit der sehr starken Perchlorsäure in wasserfreier Essigsäure (Eisessig) bestimmen.

Beispiel 6.20

Bestimmung von Kaliumsorbat nach Ph. Eur.

Die Verbindung wird mit 0,1-molarer Perchlorsäure in Eisessig bestimmt. Der Indikator ist Kristallviolett.

Gleichung:

Es ergibt sich folgender Stoffmengenansatz: $\frac{n(\text{Sorbat})}{n(HClO_4)} = \frac{1}{1}$

Die weitere Berechnung erfolgt auf bekanntem Wege.

Auf die gleiche Weise lässt das USP beispielsweise den Gehalt von Cocain prüfen.

6.9.2 Trennungen

Trennungen sind zwar nicht explizit spezielle Reaktionen; jedoch wollen wir sie hier besprechen, weil sie häufig ganz bestimmte und auf sie zugeschnittene Verfahrensschritte haben. Trennung heißt hier die maßanalytische Bestimmung von mehr als einem Bestandteil in einer Lösung.

Eine solche Trennung kann beispielsweise die Bestimmung von nebeneinander vorliegenden Chlorid- und Bromid-Ionen in wässriger Lösung sein.

Diese Bestimmung kann auf indirektem Wege ausgeführt werden, indem man von einem Aliquoten gravimetrisch die Gesamtmasse AgCl und AgBr mit Silbernitrat-Lösung und von einem anderen Aliquoten die Gesamtstoffmenge AgCl und AgBr mit Silbernitrat-Maßlösung durch eine Titration (z. B. nach Mohr) bestimmt (das heißt selbstverständlich, dass für jedes der beiden Verfahren mehrere Aliquote genommen und der Mittelwert berechnet wird). Man hat somit zwei voneinander unabhängige Verfahren eingesetzt (Titration und davon unabhängige Gravimetrie), sodass man ein aus zwei Gleichungen bestehendes Gleichungssystem mit zwei unbekannten Größen aufstellen und lösen kann.

Gleichungen: $AgNO_3 + Cl^- \rightarrow AgCl + NO_3^-$ mit $n(AgNO_3) = n(AgCl)$ und
$AgNO_3 + Br^- \rightarrow AgBr + NO_3^-$ mit $n(AgNO_3) = n(AgBr)$

Gleichungssystem: (1) $m = m(AgCl) + m(AgBr)$ Gravimetrie
(2) $n(AgNO_3) = n(AgCl) + n(AgBr)$ Titration nach Mohr

Gleichung (1) bleibt so stehen; bei Gleichung (2) wird $n(AgNO_3)$ durch die 2. Grundgleichung (weil als Maßlösung vorliegend), n(AgCl) und n(AgBr) durch die 1. Grundgleichung ersetzt (weil Massen gesucht):

$$(1) \quad m = m(AgCl) + m(AgBr)$$

$$(2) \quad c(AgNO_3) \cdot V(AgNO_3) = \frac{m(AgCl)}{M(AgCl)} + \frac{m(AgBr)}{M(AgBr)}$$

Unbekannte Größen: m(AgCl) = x und m(AgBr) = y.

Somit lautet das zu lösende Gleichungssystem:

$$(1) \quad m = x + y$$

$$(2) \quad c(AgNO_3) \cdot V(AgNO_3) = \frac{x}{M(AgCl)} + \frac{y}{M(AgBr)}$$

Dieses Gleichungssystem war bereits in ▸ Kap. 1, Übungsaufgabe 1.8, zu lösen:

$$x = \frac{c(AgNO_3) \cdot V(AgNO_3) \cdot M(AgCl) \cdot M(AgBr) - m \cdot M(AgCl)}{M(AgBr) - M(AgCl)}$$

$$y = m - x$$

Wir sehen uns dazu das Beispiel 6.21 an.

Beispiel 6.21

Von 100,0 ml einer wässrigen Probe, die Chlorid- und Bromid-Ionen enthält, werden 10-ml-Aliquote entnommen. Die Gravimetrie mit Silbernitrat-Lösung ergibt als Mittelwert zweier Bestimmungen 115,6 mg Niederschlag (Wägeform). Die Titration nach Mohr erfordert für einen Aliquoten 14,4 ml (Mittelwert) 0,05-molare Silbernitrat-Lösung (f = 1,035).

Gegeben: $c(AgNO_3) = 0{,}05\ mol \cdot l^{-1}$ $\quad m = 115{,}6\ mg = 0{,}1156\ g$

$V(AgNO_3) = 14{,}4\ ml = 0{,}0144\ l$ $\quad M(AgCl) = 143{,}32\ g \cdot mol^{-1}$

$f(AgNO_3) = 1{,}035$ $\quad M(AgBr) = 187{,}77\ g \cdot mol^{-1}$

Für die Berechnung der Massen an Chlorid und Bromid benötigt man noch die gravimetrischen Faktoren (vgl. ▸Kap. 6.5):

$f(Cl^-) = 0{,}2473$ $\quad f(Br^-) = 0{,}4255$

Gesucht: Als Zwischenlösung: m(AgCl) und m(AgBr); abschließend: $m(Cl^-)$ und $m(Br^-)$.

Lösung: Die gegebenen Größen werden in die abgeleiteten Gleichungen eingesetzt:

$$x = \frac{c(AgNO_3) \cdot V(AgNO_3) \cdot M(AgCl) \cdot M(AgBr) - m \cdot M(AgCl)}{M(AgBr) - M(AgCl)}$$

$$x = \frac{0{,}05\ mol \cdot l^{-1} \cdot 1{,}035 \cdot 0{,}0144\ l \cdot 143{,}32\ g \cdot mol^{-1} \cdot 187{,}77\ g \cdot mol^{-1} - 0{,}1156\ g \cdot 143{,}32\ g \cdot mol^{-1}}{187{,}77\ g \cdot mol^{-1} - 143{,}32\ g \cdot mol^{-1}}$$

$x = 0{,}0784\ g = 78{,}4\ mg$

$y = m - x = 0{,}1156\ g - 0{,}0784\ g = 0{,}0372\ g = 37{,}2\ mg$

Zur Überprüfung müssen die Ergebnisse noch in die Ausgangsgleichungen eingesetzt werden:

Probe: (1) $m = x + y \qquad 0{,}1156\ g = 0{,}0784\ g + 0{,}0372\ g$ (wahre Aussage!)

(2) $c(AgNO_3) \cdot V(AgNO_3) = \dfrac{x}{M(AgCl)} + \dfrac{y}{M(AgBr)}$

Linke Seite:

$c(AgNO_3) \cdot V(AgNO_3) = 0{,}05\ mol \cdot l^{-1} \cdot 1{,}035 \cdot 0{,}0144\ l = 0{,}0007452\ mol$

Rechte Seite:

$$\frac{0{,}0784\ g}{143{,}32\ g \cdot mol^{-1}} + \frac{0{,}0372\ g}{187{,}77\ g \cdot mol^{-1}} = 0{,}0007452\ mol$$

Vergleich: linke Seite = rechte Seite (wahre Aussage!)

In der gesamten Probe sind enthalten (ein Aliquot war ein Zehntel der Probe):

$m(AgCl) = 10 \cdot 78{,}4\ mg = 784{,}3\ mg$ (intern mit mehr Stellen gerechnet)

$m(AgBr) = 10 \cdot 37{,}2\ mg = 371{,}6\ mg$ (intern auch mit mehr Stellen gerechnet)

Aus ▸Kap. 6.5 ist bekannt, wie die Massen Chlorid und Bromid berechnet werden:

$m(Cl^-) = f(Cl^-) \cdot m(AgCl) = 0{,}2473 \cdot 784{,}3\ mg = 194{,}0\ mg$

$m(Br^-) = f(Br^-) \cdot m(AgBr) = 0{,}4255 \cdot 371{,}6\ mg = 158{,}1\ mg$

Fazit: 100,0 ml zu prüfende Lösung enthalten 194,0 mg Chlorid- und 158,1 mg Bromid-Ionen.

6

6.9.3 Bestimmung eines Ersatzkations aus dem Fällungsprodukt der zu bestimmenden Komponente

Als Beispiel wollen wir hier eine Möglichkeit besprechen, Natrium-Ionen in einer Lösung titrimetrisch zu erfassen. Für Natrium gibt es nur wenige Bestimmungsmöglichkeiten, sodass sich ionische Natriumverbindungen, wenn das Anion auch ungünstig bestimmbar ist, nur sehr umständlich maßanalytisch erfassen lassen. So bestimmt das DAB 9 und die Ph. Eur. 4 Natriumsulfat mit Hilfe eines Ionenaustauschers (eine vergleichsweise fehleranfällige und zeitraubende Methode); das USP 38 verwendet eine gleichfalls umständliche gravimetrische Methode, und zwar die Bestimmung als schwer lösliches Bariumsulfat (vgl. ▸ Kap. 6.5). Die Ph. Eur. ab ihrer 5. Auflage zieht eine relativ junge Bestimmungsmethode vor: die direkte Titration mit Bleinitrat-Lösung unter Verwendung einer bleiselektiven Elektrode.

Beispiel 6.22

Bestimmung des Natriumgehalts einer Lösung mit Uranylacetat und Zink

Im ersten Schritt werden die Natrium-Kationen mit Uranylacetat und Zink-Ionen quantitativ aus essigsaurer Lösung ausgefällt, der Niederschlag abgetrennt und gewaschen:

$$Na^+ + 3\ UO_2^{2+} + Zn^{2+} + 9\ CH_3COO^- + 6\ H_2O \rightarrow Na[Zn(UO_2)_3(CH_3COO)_9] \cdot 6\ H_2O\downarrow$$

Danach kann der Niederschlag in alkalischer Lösung (Ammoniak/Ammoniumcarbonat) gelöst und das Zink direkt mit EDTA-Lösung (Indikator Eriochromschwarz T) titriert werden (Die Auflösung des Niederschlags ist die Umkehrung der vorstehenden Reaktionsgleichung):

$$Zn^{2+} + Na_2H_2Y \rightarrow [ZnY]^{2-} + 2\ Na^+ + 2\ H^+$$

Man kann die folgende Berechnungsgleichung gewinnen:

$$m(Na) = c(Na_2H_2Y) \cdot V(Na_2H_2Y) \cdot M(Na)$$

Zum Mitdenken

Natriumsulfat kann auch wie folgt quantitativ erfasst werden: Man fällt mit Bariumchlorid wie im USP beschrieben aus, löst danach den Niederschlag mit einem *abgemessenen* Überschuss an EDTA auf und titriert das verbliebene EDTA mit Magnesiumsulfat-Lösung in alkalischer Lösung zurück.

Schreiben Sie dazu die notwendigen Reaktionsgleichungen auf und formulieren Sie den Ansatz zur Berechnung.

6.9.4 Bestimmung des Wassergehalts in organischen Lösungsmitteln nach DIN 51 777, Ph. Eur. und USP (Karl-Fischer-Titration)

Der **Karl-Fischer-Titration** liegt die Tatsache zugrunde, dass Iod und Schwefeldioxid nur **in Gegenwart von Wasser** miteinander reagieren:

$$I_2 + SO_2 + 2\ H_2O \rightleftharpoons SO_4^{2-} + 2\ I^- + 4\ H^+$$

Das Gleichgewicht kann nach rechts verschoben werden, wenn ihm die Wasserstoff-Ionen durch eine Base (ursprünglich Pyridin, heute auch andere) entzogen werden (vgl. Prinzip nach Le Chatelier, ▸ Kap. 7.1):

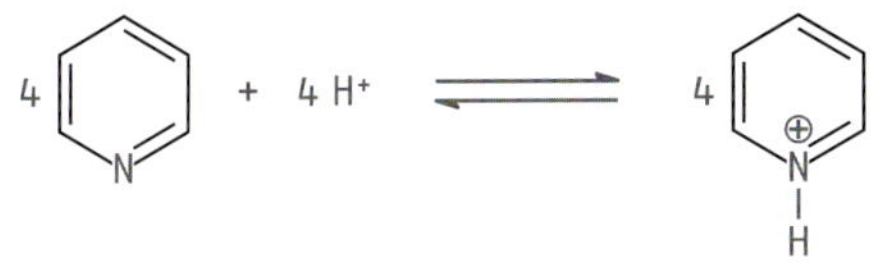

Pyridin ist neben seiner Eigenschaft als Base auch Lösungsmittel, das Schwefeldioxid in ausreichendem Maße lösen kann. Wasserfreies Methanol wird zugesetzt, um polare Stoffe besser lösen zu können.

Für die genauere Betrachtung dieses Verfahrens sei auf die Kommentare der Arzneibücher sowie auf Lehrbücher der analytischen Chemie (z. B. Jander/Jahr 2017) verweisen.

Anhand der Reaktionsgleichung ergibt sich, dass für Iod, Schwefeldioxid und Wasser gilt:

$$n(I_2) = n(SO_2) = n(H_2O)$$

Die Endpunkterkennung erfolgt amperometrisch (veraltet: visuell).

Die eigentliche Karl-Fischer-Titration ist von rechnerischer Seite her recht einfach, denn die Karl-Fischer-Lösung ist nicht haltbar und muss vor Beginn einer Titrationsreihe immer neu eingestellt werden. Die Rechnung besteht dann lediglich aus einem Dreisatz, denn man kennt nach der Einstellung das Verhältnis Karl-Fischer-Lösung zu Wasser, z. B. 1 ml Karl-Fischer-Lösung ≙ 3,9 mg Wasser.

Der Wassergehalt des zu untersuchenden Lösungsmittels kann nun direkt aus dem verbrauchten Volumen der Karl-Fischer-Lösung errechnet werden (5 ml Karl-Fischer-Lösung entsprächen dann nach diesem Beispiel 19,5 mg Wasser).

Zur Einstellung der Karl-Fischer-Lösung lässt die Ph. Eur. eine Portion Wasser genau abwiegen und zusetzen; das USP fügt der Lösung Natriumtartrat-dihydrat als eine Substanz mit definiertem Wassergehalt hinzu; nach DIN 51 777 wird über eine Messpipette ein Volumen an Wasser abgemessen und zugegeben.

Laut Ph. Eur. muss 1 ml Karl-Fischer-Lösung mindestens 3,5 mg Wasser entsprechen.

Zum Mitdenken

Das USP bestimmt einen Faktor, mit dem das verbrauchte Volumen an Karl-Fischer-Lösung zu multiplizieren ist. Schlagen Sie das Verfahren in der Originalliteratur nach (z. B. USP 40, S. 815 ff.) und vergegenwärtigen Sie sich den dort angegebenen Rechenweg.

6

Das haben Sie gelernt: Stöchiometrische Berechnungen

In ▶Kap. 6 haben wir uns mit verschiedenen Anwendungen des stöchiometrischen Rechnens beschäftigt. Dabei haben Sie sicherlich ein allgemeines Prinzip erkannt. Dieses wird hier noch einmal kurz zusammengefasst.

Allgemeiner Ablauf einer stöchiometrischen Berechnung:

1. Formulieren einer oder mehrerer Reaktionsgleichungen, die das Problem beschreiben.
2. Die Reaktionsgleichung(en) liefert (liefern) das relevante Stoffmengenverhältnis (die relevanten Stoffmengenverhältnisse).
3. Wenn mehr als eine Reaktionsgleichung vorliegt, dann entweder die gewonnenen Stoffmengenverhältnisse oder vorher die Reaktionsgleichungen zusammenfassen.
4. Ersetzen der Stoffmengen durch die Grundgleichungen in geeigneter Weise.
5. Umstellen nach der gesuchten Größe und Berechnen des Ergebnisses.

Sie haben sicherlich auch Folgendes festgestellt:
In der Praxis haben die Maßlösungen immer eine bestimmte, durch die Vorschrift vorgegebene Stoffmengenkonzentrationen (1-molare Natronlauge, 0,1-molare EDTA-Lösung, $\frac{1}{50}$-molare Kaliumpermanganat-Lösung usw.). Diese ergeben sich immer aus der relevanten Reaktionsgleichung und berücksichtigen die entsprechenden Verbräuche aus der Bürette, wenn die zu untersuchende Substanz in einer bestimmten Menge (Einwaage, abgemessenes Volumen) vorgelegt wird.

Hier wird der Vorteil von Äquivalentstoffmengenkonzentrationen deutlich, denn einander äquivalente Lösungen verbrauchen immer gleiche Volumina. Bei gleichmolaren Lösungen (z. B. 1-molare Natronlauge und 1-molare Schwefelsäure) ist dieser einfache Zusammenhang oft nicht gegeben.

Übungsaufgaben zu Kapitel 6: Stöchiometrische Berechnungen

Aufgabe 6.1

Zwei chromhaltige Verbindungen haben die folgende Zusammensetzung:

a) 5,31 % (m/m) Wasserstoff, 42,08 % (m/m) Sauerstoff, 18,42 % (m/m) Stickstoff und 34,19 % (m/m) Chrom;
b) 3,21 % (m/m) Wasserstoff, 44,43 % (m/m) Sauerstoff, 11,11 % (m/m) Stickstoff und 41,25 % (m/m) Chrom.

Finden Sie die Summenformeln beider Stoffe und ordnen Sie diese einer geeigneten Verbindung zu.

Aufgabe 6.2

Geben Sie die Massenprozentanteile der Elemente im Phenol an.

Aufgabe 6.3

Geben Sie zur Gleichung der Redoxreaktion von Braunstein (MnO_2) mit Salzsäure alle möglichen Stoffmengenverhältnisse an (Reaktionsprodukte: Mangan(II)-chlorid, Chlorgas und Wasser; saure Lösung).

Aufgabe 6.4

Alle Teilaufgaben dieser Aufgabe beziehen sich auf die Reaktionsgleichung in der vorstehenden Aufgabe 6.3.

a) Wie viel Gramm Mangan(II)-chlorid entstehen aus 25 g Braunstein (Annahme: Braunstein 100 % (m/m) MnO_2, vollständiger Stoffumsatz, Ausbeute 100 %)?
b) Wie viel Gramm Mangan(II)-chlorid entstehen aus 25 g 85 %igem (m/m) Braunstein (Annahme: vollständiger Stoffumsatz, Ausbeute 100 %)?
c) Wie viel Kilogramm Mangan(II)-chlorid und wie viel Kubikmeter Chlorgas (Annahme: ideales Gas, Normalbedingungen) entstehen aus 37 kg Braunstein [100 % (m/m) MnO_2] bei einer Reaktionsausbeute von 75 %?
d) Zur Herstellung von 100 l Chlorgas (Normalbedingungen) stehen Braunstein [90 % (m/m) MnO_2] und sogenannte rauchende Salzsäure [38 % (m/m) HCl] zur Verfügung.
   Wie viel Gramm beider Edukte müssen eingesetzt werden, wenn die Ausbeute der Reaktion 85 % beträgt?

Aufgabe 6.5

Die Ph. Helv. 9 bestimmt Kaliumsulfat durch eine Gravimetrie als Kaliumtetraphenylborat $K[(C_6H_5)_4B]$.

a) Geben Sie den gravimetrischen Faktor für K im Kaliumtetraphenylborat an.
b) Verifizieren Sie folgende Aussage der Ph. Helv.:
   100,0 mg Kaliumtetraphenylborat entsprechen 24,31 mg K_2SO_4.

Aufgabe 6.6

Zur Einstellung einer etwa 0,1-molaren Natronlauge werden 10,0 ml 0,1-molare Salzsäure mit dem Faktor 0,989 vorgelegt und mit der Lauge (= Titrator) titriert.
Geben Sie den Faktor der Natronlauge an, wenn von dieser 10,15 ml verbraucht werden. (Gleichung: ▸Kap. 6.4.1)

6

Aufgabe 6.7

Zur Einstellung einer etwa 0,1-molaren Natronlauge werden 10,0 ml 0,1-molare Salzsäure mit dem Faktor 1,045 vorgelegt und mit dieser Natronlauge titriert.
Wie viel Milliliter müssen von der Lauge bei der Titration verbraucht werden, wenn diese genau 0,1-molar wäre? (Gleichung: ▸Kap. 6.4.1)

Aufgabe 6.8

Eine 0,02-molare Kaliumpermanganat-Lösung kann gegen den Urtiter Oxalsäure-dihydrat eingestellt werden:

$2\ KMnO_4 + 5\ (COOH)_2 \cdot 2\ H_2O + 6\ H^+ \rightarrow 2\ Mn^{2+} + 2\ K^+ + 10\ CO_2 + 18\ H_2O$

Überlegen Sie sich, wie viel Milligramm des Urtiters vorgelegt werden müssen, wenn eine 25-ml-Bürette für die Titratorlösung verwendet werden soll (vorgegebener Verbrauch an Maßlösung: 16 ml bis 22 ml). Begründen Sie Ihre Überlegungen und vergleichen Sie sie mit den Vorschriften, die Sie dazu in der Literatur finden können.

Aufgabe 6.9

In 100,0 ml Lösung befindet sich eine unbekannte Menge Salzsäure.
Wie viel Milligramm Salzsäure enthält diese Probe, wenn für einen 25-ml-Aliquoten dieser Probe 15,37 ml 0,1-molare Natronlauge mit dem Faktor 1,038 verbraucht werden?
Welche Stoffmengenkonzentration hat die Salzsäure?
(Gleichung: ▸Kap. 6.4.1)

Aufgabe 6.10

Die Ph. Eur. gibt zur Gehaltsbestimmung der Borsäure die folgende Beziehung an:

$1\ ml\ NaOH\ (1\ mol \cdot l^{-1}) \triangleq 61{,}8\ mg\ H_3BO_3$

Zeigen Sie, dass diese Beziehung gilt. (Gleichung: ▸Kap. 6.4.1)

Aufgabe 6.11

Die Ph. Eur. verlangt für Kupfer(II)-sulfat-pentahydrat einen Gehalt von 99,0 bis 101,0 % (m/m) an Substanz. Zur Bestimmung werden 0,200 g eingewogen und mit 0,1-molarer Natriumthiosulfat-Lösung titriert. (Gleichung: ▸Kap. 6.8.1)
Geben Sie an, in welchem Volumenbereich (Milliliter) der Verbrauch an 0,1-molarer Natriumthiosulfat-Lösung für die Einwaage von 205,4 mg $CuSO_4 \cdot 5\ H_2O$ liegen muss, um den Anforderungen der Ph. Eur. zu genügen.

$M(CuSO_4 \cdot 5\ H_2O) = 249{,}72\ g \cdot mol^{-1}$

Aufgabe 6.12

Eine Probe Eisen(II)-sulfat-heptahydrat soll nach der Ph. Eur. maßanalytisch mit 0,1-molarer Ammoniumcer(IV)-nitrat-Lösung bestimmt werden.
560 mg der Probe verbrauchen 19,7 ml der Maßlösung.
Welchen Massenprozentgehalt an $FeSO_4 \cdot 7\ H_2O$ hat die Probe? Genügt sie den Anforderungen der Ph. Eur. [98,0 bis 105,0 % (m/m)]?
Die Reaktionsgleichung haben Sie in ▸Kap. 5, Aufgabe 5.3, aufgestellt.

$M(FeSO_4 \cdot 7\ H_2O) = 278{,}06\ g \cdot mol^{-1}$

Aufgabe 6.13

Für die komplexometrische Titration am gebräuchlichsten ist das Dinatriumsalz-Dihydrat der Ethylendiamin-tetraessigsäure (EDTA, Natriumedetat). Es wird im Allgemeinen als Urtiter verwendet.

Wie viel Gramm dieses Salzes sind in 1000,0 ml 0,1-molarer Lösung mit dem Faktor 1,025 enthalten?

$M(Na_2H_2Y \cdot 2\ H_2O) = 372{,}24\ g \cdot mol^{-1}$

Aufgabe 6.14

Die Ph. Eur. lässt zur Bestimmung von Zinkoxid von diesem 150 mg vorlegen und mit 0,1-molarer EDTA-Lösung titrieren.

Welchen theoretischen Verbrauch an Maßlösung erwarten Sie?

$M(ZnO) = 81{,}39\ g \cdot mol^{-1}$ (Gleichung: ▸ Kap. 6.7).

Aufgabe 6.15

Der Aluminiumgehalt von 100,0 ml Lösung ist zu bestimmen. Von dieser Lösung werden 25,0 ml abgenommen und mit 25,0 ml 0,1-molarer EDTA-Lösung (f = 1,009) versetzt. Der EDTA-Überschuss wird mit 0,1-molarer Thoriumnitrat-Lösung (f = 0,977) bei pH 3 zurücktitriert, wobei von Letzterer 18,3 ml verbraucht werden.

Wie viel Milligramm Aluminium enthält die Gesamtlösung?

Welchen ppm-Gehalt (m/V) hat die Lösung?

Gleichungen:

(I) $Al^{3+} + Na_2H_2Y \rightarrow [AlY]^- + 2\ Na^+ + 2\ H^+$

(II) $Th(NO_3)_4 + Na_2H_2Y \rightarrow [ThY] + 2\ Na^+ + 2\ H^+ + 4\ NO_3^-$

Aufgabe 6.16

Berechnen Sie den Verbrauch an 1-molarer Natronlauge, wenn bei der Bestimmung von Zinkoxid nach USP genau 1,500 g Zinkoxid eingewogen und anschließend mit 50,0 ml 0,5-molarer Schwefelsäure versetzt werden. (Gleichungen: ▸ Kap. 6.8.2)

Aufgabe 6.17

Bestimmung von Calcium gegen Eriochromschwarz T mit Zink als Hilfsmetall.

Der Ca-Indikator-Komplex ist zu schwach, um für eine Titration gut geeignet zu sein. Deshalb wird der Lösung eine bekannte Menge Zink (als Maßlösung) zugesetzt, sodass der Umschlagpunkt besser sichtbar wird. Der nach Zugabe der EDTA-Maßlösung gefundene Umschlagpunkt erfasst demnach die Mengen beider Metalle.

Gleichungen:

(I) $Ca^{2+} + Na_2H_2Y \rightarrow [CaY]^{2-} + 2\ Na^+ + 2\ H^+$

(II) $Zn^{2+} + Na_2H_2Y \rightarrow [ZnY]^{2-} + 2\ Na^+ + 2\ H^+$

Stellen Sie eine Rechenvorschrift zur Bestimmung der Masse des Calciums auf. Orientieren Sie sich an den Vorschriften der Rücktitration (▸ Kap. 6.8.2). Berechnen Sie mithilfe

6

Ihrer gefundenen Gleichung die Masse an Calcium (in Milligramm) in einer Lösung, zu welcher 10,0 ml 0,1-molare Zinksulfat-Lösung gegeben wurde, und die danach 33,2 ml der 0,1-molaren EDTA-Lösung verbrauchte.

Aufgabe 6.18

Es ist möglich, ein Gemisch aus Natriumhydrogencarbonat und Natriumcarbonat mit 0,1-molarer Salzsäure zu bestimmen. Gegen Phenolphthalein als Indikator kann das alkalische Natriumcarbonat titriert werden, wobei Natriumhydrogencarbonat entsteht. Bei dieser Bestimmung wurden 27,3 ml 0,1-molare Salzsäure verbraucht. Danach kann gegen Methylorange das gesamte Natriumhydrogencarbonat erfasst werden. Diese Titration verbrauchte 34,8 ml 0,1-molare Salzsäure.

a) Schreiben Sie die relevanten Reaktionsgleichungen auf.
b) Geben Sie die Massen der beiden Stoffe an, die sich aus den Messwerten ergeben.
c) Wie ist das Gemisch prozentual (bezogen auf Masse) zusammengesetzt?

(Lösungshinweis: Berechnen Sie zuerst die Stoffmengen beider Substanzen.)

Aufgabe 6.19

Bei der bromatometrischen Titration wird im Allgemeinen mit einer $\frac{1}{60}$-molaren Kaliumbromat-Lösung gearbeitet.

Begründen Sie die Wahl dieser ungewöhnlichen Stoffmengenkonzentration am Beispiel der bromatometrischen Bestimmung von Antimon(III).

Gleichungen:

$6\,H^+ + BrO_3^- + 5\,Br^- \rightarrow 3\,Br_2 + 3\,H_2O$

$Sb^{3+} + Br_2 \rightarrow Sb^{5+} + 2\,Br^-$

Aufgabe 6.20

Wie viele und welche Normalitäten (Äquivalentstoffmengenkonzentrationen) kann eine 1-molare Schwefelsäure haben?

Begründen Sie.

7 Chemische Gleichgewichte

7.1 Grundlagen, Massenwirkungsgesetz

Sehr viele chemische Reaktionen können in beide Richtungen ablaufen: Edukte reagieren zu Reaktionsprodukten und zerfallen wieder in die Edukte. Es gibt also eine Hin- und Rückreaktion; ein Gleichgewicht beginnt sich einzustellen. Wir sprechen von einem chemischen Gleichgewicht, wenn nach einer bestimmten Zeit, die wir als Einstellung des chemischen Gleichgewichts bezeichnen, Hin- und Rückreaktion mit gleicher Geschwindigkeit ablaufen.

$$\text{Edukte} \underset{\text{Rückreaktion}}{\overset{\text{Hinreaktion}}{\rightleftharpoons}} \text{Produkte}$$

Ein bekanntes Beispiel für chemische Gleichgewichte ist die Esterbildung (○ Abb. 7.1). Wenn bei diesem Beispiel Säure und Alkohol zusammengegeben werden, dann beginnt die Umsetzung zum Ester. Nach einiger Zeit hat sich das Gleichgewicht eingestellt; scheinbar findet keine Reaktion mehr statt. Tatsächlich laufen aber Hin- und Rückreaktion gleichzeitig ab; das Gleichgewicht hat einen **stationären Zustand** erreicht.

Die Einstellzeit des Gleichgewichts kann durch einen **Katalysator** verkürzt werden. Ein Katalysator greift in das Reaktionsgeschehen ein und beschleunigt die Einstellung eines Gleichgewichts durch Herabsetzung der Aktivierungsenergie. Er hat aber keinen Einfluss auf die Reaktion selbst (Ausbeute usw.), geht unverändert aus der Reaktion hervor und kann wiederverwendet werden. Stoffe, die eine Reaktion verlangsamen oder unterbinden, heißen **Inhibitoren**. Im Beispiel der Esterbildung katalysieren z. B. Wasserstoff-Ionen die Reaktion.

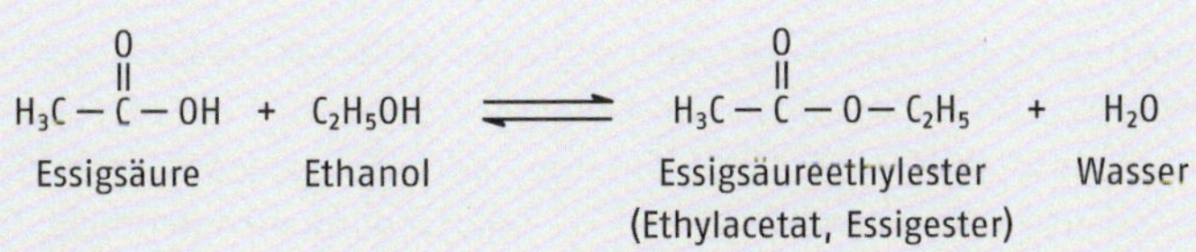

○ **Abb. 7.1** Bildung des Esters Ethylacetat als Beispiel für ein chemisches Gleichgewicht

Tab. 7.1 Beeinflussung eines chemischen Gleichgewichts (Le Chatelier u. Braun)[a]

Veränderung der äußeren Bedingung (äußerer Zwang)		Wirkung auf das chemische Gleichgewicht, bis sich ein neues chemisches Gleichgewicht eingestellt hat
Temperatur	**Erhöhung**	Begünstigt die **endotherme** Reaktion
	Erniedrigung	Begünstigt die **exotherme** Reaktion
Druck	**Erhöhung**	Begünstigt die chemische Reaktion, die unter **Abnahme des Volumens** verläuft[b]
	Erniedrigung	Begünstigt die chemische Reaktion, die unter **Zunahme des Volumens** verläuft[b]
Überschuss eines Ausgangsstoffes		Begünstigt die chemische Reaktion, bei der dieser **Ausgangsstoff verbraucht** wird
Entzug eines Reaktionsprodukts		Begünstigt die chemische Reaktion, bei der dieses **Reaktionsprodukt gebildet** wird

[a] Tabelle aus Sommer und Wünsch (1998) mit eigenen Ergänzungen

[b] Diese Art der Beeinflussung ist nur für Gasreaktionen sinnvoll (das molare Volumen von Gasen wie O_2, SO_2, SO_3, N_2 ist ungefähr $22{,}4\,l \cdot mol^{-1}$; ▸Kap. 6.1), dabei auch nur für die Gasreaktionen, bei denen auf beiden Seiten der Gleichung *unterschiedliche* Gasvolumina stehen. Bei Feststoffen und Flüssigkeiten spielen die Änderungen der molaren Volumina keine Rolle.

Ein chemisches Gleichgewicht kann beeinflusst werden, damit es sich zur gewünschten Seite verschiebt. Es weicht äußeren Zwängen aus, was in der Chemie durch das Prinzip von Le Chatelier und Braun beschrieben wird. Sommer und Wünsch (1998) haben dieses Prinzip übersichtlich in einer Tabelle zusammengefasst (▫ Tab. 7.1).

Am Beispiel des SO_2/SO_3-Gleichgewichts (Zwischenschritt bei der Schwefelsäureherstellung) seien die genannten Prinzipien verdeutlicht:

$$2\,SO_2 + O_2 \rightleftharpoons 2\,SO_3 \qquad E = -198\,kJ \cdot mol^{-1}$$

Günstig für die Entstehung des Schwefeltrioxids wirken sich aus: niedrige Temperatur (da Hinreaktion exotherm), hoher Druck (Hinreaktion: Volumenabnahme 3 mol Gas → 2 mol Gas), Überschuss an Sauerstoff (oder Luft).

Wir haben festgestellt, dass sich im chemischen Gleichgewicht die Konzentrationen nach dem Erreichen des stationären Zustands nicht mehr ändern. Mathematisch heißt das: Der Quotient aus dem Produkt der Gleichgewichtskonzentrationen der Reaktionsprodukte und dem Produkt der Gleichgewichtskonzentrationen der Edukte ist konstant.

$$\text{Für} \quad \alpha A + \beta B \rightleftharpoons \gamma C + \delta D \qquad \text{gilt:} \quad K = \frac{[C]^{\gamma} \cdot [D]^{\delta}}{[A]^{\alpha} \cdot [B]^{\beta}}$$

Diesen Quotienten bezeichnet man als das **Massenwirkungsgesetz** (**MWG**), das das entsprechende Gleichgewicht beschreibt. In eckigen Klammern stehen die Gleichgewichtskonzentrationen (z. B. $[A]^{\alpha}$ heißt Konzentration des Stoffes A im Gleichgewicht mit der Stöchiometriezahl α im Exponenten). Im Gegensatz dazu wird die Ausgangskonzentration mit c_0 bezeichnet (z. B. $c_0(A)$ heißt Anfangs- oder Ausgangskonzentration des Stoffes A). Beide tragen die Einheit $mol \cdot l^{-1}$ (▸Kap. 3.4). Es wird auch deutlich, dass K unterschiedliche Einheiten haben kann (Potenzen von $mol \cdot l^{-1}$; abhängig von der Anzahl der Reaktionspartner auf jeder Seite und den Stöchiometriezahlen, die im Exponenten erscheinen). Die Konstanten sind für viele Reaktionen tabelliert. Nur K-Werte mit gleichen Einheiten können miteinander verglichen werden! Das gilt dann natürlich auch für die pK-Werte (vgl. die folgenden Abschnitte dieses Kapitels).

Des Weiteren muss beachtet werden, dass K von der Temperatur abhängt. Ein betrachtetes Gleichgewicht hat also unterschiedliche K-Werte bei verschiedenen Temperaturen.

Anwendung findet das MWG bei der Bestimmung des Ionenprodukts des Wassers (pH-Wert), der Säure- und Basekonstante und des Löslichkeitsprodukts. Auch zur Herstellung von Puffergemischen bildet es die Grundlage.

Die Anwendungen werden wir im Folgenden besprechen.

7.2 Berechnungen zu chemischen Gleichgewichten

Zunächst wollen wir uns ein Beispiel ansehen, damit das grundlegende Prinzip verständlich wird. Die hier gezeigten Schritte können für die Berechnung anderer Gleichgewichte verallgemeinert werden. Einige davon werden wir auch in diesem Kapitel anwenden.

Beispiel 7.1

Welche Gleichgewichtskonzentrationen aller Reaktionspartner stellen sich beim Gleichgewicht der Esterbildung ein? (Gleichung: ▸Kap. 7.1, ○Abb. 7.1)

Es ist auszugehen von 0,5-molarer Essigsäure und einer 2-molaren Ethanol-Lösung; die Gleichgewichtskonstante beträgt 4, Lösungsmittel ist Aceton.

Lösungsschritte:

1. Aufstellen des MWG mithilfe der Reaktionsgleichung (▸Kap. 7.1):

$$K = \frac{[\text{Ester}] \cdot [H_2O]}{[CH_3COOH] \cdot [C_2H_5OH]} = 4$$

2. Formulieren der Ausgangskonzentrationen:

$$c_0(CH_3COOH) = 0{,}5\,\text{mol} \cdot l^{-1}$$
$$c_0(C_2H_5OH) = 2\,\text{mol} \cdot l^{-1}$$
$$c_0(\text{Ester}) = c_0(H_2O) = 0$$

3. Formulieren der allgemeinen Gleichgewichtskonzentrationen:

$$[CH_3COOH] = c_0(CH_3COOH) - x\,\text{mol} \cdot l^{-1} = 0{,}5\,\text{mol} \cdot l^{-1} - x\,\text{mol} \cdot l^{-1} = (0{,}5 - x)\,\text{mol} \cdot l^{-1}$$
$$[C_2H_5OH] = c_0(C_2H_5OH) - x\,\text{mol} \cdot l^{-1} = 2\,\text{mol} \cdot l^{-1} - x\,\text{mol} \cdot l^{-1} = (2 - x)\,\text{mol} \cdot l^{-1}$$
$$[\text{Ester}] = x$$
$$[H_2O] = x$$

Erläuterung: Wir kennen x noch nicht; wir wissen aber, dass ausgehend von der Reaktionsgleichung immer nur *gleich viel* Ester und Wasser entstehen können und dass die Konzentrationen der Ausgangsstoffe um den gleichen Betrag x vermindert werden.

4. Einsetzen der allgemeinen Gleichgewichtskonzentrationen in das MWG:

$$4 = \frac{x\,\text{mol} \cdot l^{-1} \cdot x\,\text{mol} \cdot l^{-1}}{(0{,}5 - x)\,\text{mol} \cdot l^{-1} \cdot (2 - x)\,\text{mol} \cdot l^{-1}}$$

5. Auflösen der Gleichung:

$$4 = \frac{x^2}{(0{,}5 - x) \cdot (2 - x)} \quad \text{mit} \quad x_1 = 0{,}46 \quad \text{und} \quad x_2 = 2{,}87$$

(*Hinweis:* Diese Aufgabe haben Sie bereits als Übungsaufgabe 1.7 e in ▸Kap. 1 gelöst.)

x_2 entfällt, weil kein Wert größer als eine der Ausgangskonzentrationen sein kann.

7

6. Angeben der Konzentrationen im Gleichgewicht:
   $[CH_3COOH] = 0{,}04\,mol \cdot l^{-1}$ (von 0,5 – 0,46 = 0,04)
   $[C_2H_5OH] = 1{,}54\,mol \cdot l^{-1}$ (von 2 – 0,46 = 1,54)
   $[Ester] = 0{,}46\,mol \cdot l^{-1}$
   $[H_2O] = 0{,}46\,mol \cdot l^{-1}$

Wenn die Konstante K nicht bekannt ist, dann kann sie durch die Messung von Konzentrationen in einem Gleichgewicht bei einer bestimmten Temperatur berechnet werden. In der Praxis geschieht das häufig durch Messung konzentrationsanaloger Größen (z. B. Extinktion einer Lösung), weil sich die Konzentrationen direkt oft relativ umständlich bestimmen lassen.

In ▸Kap. 7.3 bis ▸Kap. 7.6 führen wir weitere Berechnungen zu chemischen Gleichgewichten durch.

7.3 Autoprotolyse des Wassers, pH- und pOH-Wert-Berechnungen

Reines Wasser hat eine geringe Eigendissoziation, die durch das folgende Gleichgewicht beschrieben wird:

$$H_2O \rightleftharpoons H^+ + OH^-$$

Dieses Gleichgewicht liegt nahezu vollständig auf der linken Seite. Man bezeichnet es als die **Autoprotolyse des Wassers**. Nach der allgemeinen Gleichung in ▸Kap. 7.1 kann man dafür schreiben:

$$K = \frac{[H^+] \cdot [OH^-]}{[H_2O]}$$

Sie ahnen sicher schon, dass wir die (Gleichgewichts-)Konzentrationen der Wasserstoff- und Hydroxid-Ionen kennen wollen. Dazu wird entsprechend umgeformt:

$$K \cdot [H_2O] = [H^+] \cdot [OH^-]$$

Weil ein sehr kleiner Teil des Wassers dissoziiert ist, gilt: Die Konzentration des Wassers im Gleichgewicht entspricht seiner Anfangskonzentration.

$$[H_2O] = c_0(H_2O) = 55{,}3\,mol \cdot l^{-1}$$

Bei 25 °C hat das Autoprotolyse-Gleichgewicht den Wert $K = 1{,}8 \cdot 10^{-16}\,mol \cdot l^{-1}$.

Zum Mitdenken

Überlegen Sie sich, weshalb Wasser die Stoffmengenkonzentration $55{,}3\,mol \cdot l^{-1}$ hat und wie die Einheit des K-Werts zustande kommt.
$[\rho_{25}(H_2O) = 0{,}9970\,g \cdot ml^{-1}]$

Man kann nun das Produkt aus Wasserstoff- und Hydroxid-Ionen berechnen:

$$1{,}8 \cdot 10^{-16}\,mol \cdot l^{-1} \cdot 55{,}3\,mol \cdot l^{-1} = [H^+] \cdot [OH^-] \quad \text{bzw.}$$
$$10^{-14}\,mol^2 \cdot l^{-2} = [H^+] \cdot [OH^-]$$

Diesen Wert bezeichnet man als das **Ionenprodukt des Wassers K_W**:

$$K_W = [H^+] \cdot [OH^-]$$

Von den Wasserstoff- und Hydroxid-Ionen wissen wir, dass deren Konzentration im Gleichgewicht (unabhängig von den tatsächlichen Werten) immer gleich groß sein muss, denn *ein* Wassermolekül kann nur jeweils *ein* Wasserstoff- und *ein* Hydroxid-Ion bilden (Aussage der Reaktionsgleichung am Anfang von ▸ Kap. 7.3):

$$[H^+] = [OH^-]$$

Durch Radizieren finden wir diejenige Größe, deren Quadrat $10^{-14} mol^2 \cdot l^{-2}$ ergibt:

$$[H^+] = [OH^-] = \sqrt{K_W} = \sqrt{10^{-14}\, mol^2 \cdot l^{-2}} = 10^{-7}\, mol \cdot l^{-1}$$

In reinem Wasser liegen Wasserstoff- und Hydroxid-Ionen demnach jeweils in einer Stoffmengenkonzentration von 10^{-7} mol · l^{-1} vor.

Zum Mitdenken

Warum ist gewöhnliches Wasser leicht sauer, auch wenn keine Mineralien darin gelöst sind? – Formulieren Sie dazu eine Reaktionsgleichung.

In Abhängigkeit der im Wasser gelösten Stoffe kann der Konzentrationswert für H^+ oder OH^- erheblich von 10^{-7} mol · l^{-1} abweichen (um Größenordnungen). Um umständliche Angaben wie z. B. $[H^+] = 3{,}62 \cdot 10^{-4}$ mol · l^{-1} zu vermeiden, logarithmiert man diese Größe und benennt sie dann pH- bzw. pOH-Wert:

$$pH = -lg\frac{[H^+]}{mol \cdot l^{-1}} \quad \text{und} \quad pOH = -lg\frac{[OH^-]}{mol \cdot l^{-1}}$$

Dazu ist die entsprechende Stoffmengenkonzentration in mol · l^{-1} einzusetzen und anschließend durch die Einheit zu teilen, denn wir können eine Einheit nicht logarithmieren.

Für $[H^+] = 3{,}62 \cdot 10^{-4}$ mol · l^{-1} ergäbe sich:

$$pH = -lg\frac{3{,}62 \cdot 10^{-4}\, mol \cdot l^{-1}}{mol \cdot l^{-1}} = 3{,}441$$

In der Regel werden bei diesen pH- bzw. pOH-Wert-Berechnungen „gewöhnliche" Stoffmengenkonzentrationen (keine Konzentrationen im Gleichgewicht) eingesetzt, weil der Wasserstoff- bzw. Hydroxid-Ionen-Gehalt in einer wässrigen Lösung mit mehreren gelösten Stoffen nicht nur vom Autoprotolyse-Gleichgewicht des Wassers, sondern auch von anderen Faktoren abhängt. Sie dürfen deshalb auch schreiben:

$$pH = -lg\frac{c(H^+)}{mol \cdot l^{-1}} \quad \text{und} \quad pOH = -lg\frac{c(OH^-)}{mol \cdot l^{-1}}$$

Die Angaben $c(H^+) = 3{,}62 \cdot 10^{-4}$ mol · l^{-1} und pH 3,441 sind gleichwertig.

Ebenso können wir aus einem gegebenen pH-Wert die entsprechende Wasserstoff-Ionen-Konzentration berechnen, und zwar mit der Umkehrfunktion zum dekadischen Logarithmus (vgl. ▸ Kap. 1.4). Das gilt natürlich auch für den pOH-Wert und die Hydroxid-Ionen-Konzentration.

$$c(H^+) = 10^{-pH} \cdot mol \cdot l^{-1} \quad \text{und} \quad c(OH^-) = 10^{-pOH} \cdot mol \cdot l^{-1}$$

Für das obige Beispiel kann man nun berechnen:

$$c(H^+) = 10^{-3{,}441} \cdot mol \cdot l^{-1} = 3{,}62 \cdot 10^{-4}\ mol \cdot l^{-1}$$

Die einfachen Berechnungen gelten nur für **verdünnte Lösungen** [$c(H^+) \leq 1\ mol \cdot l^{-1}$]. Bei höheren Konzentrationen sind die Sachverhalte etwas komplizierter. Die dann stärkere gegenseitige Wechselwirkung der Ionen muss berücksichtigt werden (Stichwort: Aktivitätskoeffizienten). Im Rahmen dieses Buches über die Grundlagen wollen wir uns damit nicht beschäftigen; es sei wiederum auf die Lehrbücher der Chemie verwiesen.

Für Berechnungen sei abschließend hier noch dargestellt, dass bei steigender Wasserstoff-Ionen-Konzentration die Hydroxid-Ionen-Konzentration sinkt und umgekehrt, denn das Produkt aus beiden bleibt immer gleich ($10^{-14}\ mol^2 \cdot l^{-2}$ bei 25 °C). Deshalb gibt man für wässrige Lösungen in der Regel nur den pH-Wert an, der pOH-Wert ergibt sich dementsprechend.

Wir kennen schon: $10^{-14}\ mol^2 \cdot l^{-2} = [H^+] \cdot [OH^-]$

Daraus folgt nach den Logarithmengesetzen: $14 = pH + pOH$ mit $pOH = 14 - pH$

7.4 Säure- und Basekonstanten

Säure- und Basekonstanten beschreiben das Gleichgewicht, das sich bei einer bestimmten Temperatur einstellt, wenn eine Säure bzw. Base mit den Wassermolekülen reagiert. Die Definition beider Konstanten ist so gewählt, dass die Konstanten verschiedener Säuren bzw. Basen miteinander verglichen werden können (→ gleiche Einheit).

Aus der Konstante kann man ablesen, ob es sich um eine starke, mittelstarke oder schwache Säure bzw. Base handelt.

■ **ACHTUNG In vielen Lehrbüchern werden statt der Wasserstoff-Ionen Hydronium-Ionen ($H_3O^+ \triangleq H_2O \cdot H^+$) verwendet. Das entspricht eher der Realität, denn das sehr kleine Wasserstoff-Ion (ein Proton) sucht sich ein Wassermolekül, an das es sich binden kann. Wir werden bei den Säure- und Basekonstanten Hydronium-Ionen in den Gleichungen verwenden. Bitte beachten Sie aber, dass das Wasserstoff-Ion selbst (H^+) das bei der Reaktion aktive Teilchen ist.**
Es gilt: $c(H_3O^+) = c(H^+)$

Säurekonstanten

Eine Säure HA reagiert mit den Wassermolekülen in folgender Weise:

$$HA + H_2O \rightleftharpoons H_3O^+ + A^-$$

Daraus lässt sich das MWG ableiten:

$$K = \frac{[H_3O^+] \cdot [A^-]}{[HA] \cdot [H_2O]}$$

Die Konzentration des Lösungsmittels (Wasser) ist gegenüber den anderen Konzentrationen sehr groß und damit praktisch konstant, sodass wir sie auf die Seite von K nehmen und dieses Produkt als die **Säurekonstante K_S** der Säure HA definieren:

$$K_S = K \cdot [H_2O] = \frac{[H_3O^+] \cdot [A^-]}{[HA]}$$

Wenn das Gleichgewicht auf der rechten Seite liegt (= vollständige oder nahezu vollständige Dissoziation der Säure), dann ist K_S sehr groß, und wir sprechen von einer **starken Säure**. Demgegenüber haben **schwache Säuren** einen kleinen K_S-Wert und sind wenig dissoziiert. Dazwischen liegen die mittelstarken Säuren.

> **Zum Mitdenken**
> Warum ist K_S bei starken Säuren sehr groß und bei schwachen Säuren sehr klein?

Der Unterschied der K_S-Werte von starken und schwachen Säuren umfasst mehrere Zehnerpotenzen. Deshalb wird auch hier wie bei den Wasserstoff-Ionen-Konzentrationen logarithmiert, um eine bessere Handhabbarkeit zu erreichen:

$$-\lg \frac{K_S}{\text{mol} \cdot l^{-1}} = pK_S$$

Das ist so einfach möglich, weil alle K_S-Werte die gleiche Einheit haben ($\text{mol} \cdot l^{-1}$) und somit direkt vergleichbar sind. Ein K_S-Wert steht für die Abgabe *eines* Protons. Säuren, die mehr als ein Proton abgeben können, haben auch eine entsprechende Zahl an K_S-Werten (die Ortho-Phosphorsäure H_3PO_4 zum Beispiel hat drei K_S-Werte).

Basekonstanten

Eine Base B reagiert mit den Wassermolekülen in folgender Weise:

$$B + H_2O \rightleftharpoons BH^+ + OH^-$$

Daraus lässt sich das MWG ableiten:

$$K = \frac{[BH^+] \cdot [OH^-]}{[B] \cdot [H_2O]}$$

Die **Basekonstante K_B** der Base B definieren wir auf die gleiche Weise wie die Säurekonstante:

$$K_B = K \cdot [H_2O] = \frac{[BH^+] \cdot [OH^-]}{[B]}$$

Analog zu den Säuren gilt auch für Basen: **Starke Basen** haben große K_B-Werte (Gleichgewicht volls}tändig oder nahezu vollständig rechts) und **schwache Basen** kleine K_B-Werte (Gleichgewicht nahezu vollständig links). Auch wird die Größe aus denselben Gründen wie K_S logarithmiert:

$$-\lg \frac{K_B}{\text{mol} \cdot l^{-1}} = pK_B$$

Korrespondierende Säure-Base-Paare

Wir sehen uns noch einmal das Gleichgewicht für die Definition der Säurekonstanten an:

$$HA + H_2O \rightleftharpoons H_3O^+ + A^-$$

Oder kürzer: $$HA \rightleftharpoons H^+ + A^-$$

Sie bemerken bestimmt, dass durch die Dissoziation der Säure Hydronium-Ionen und eine Base (A^-) entstehen. Diese Base kann wiederum mit Wasser analog der Definition der Basekonstante zu einer Säure und Hydroxid-Ionen reagieren. Das Reaktionsprodukt einer Säure nach Reaktion mit Wasser ist also eine Base, das Reaktionsprodukt einer Base mit Wasser eine Säure. Ein solches Paar aus Säure und zugehöriger Base (HA/A^-) bezeichnen wir als **korrespondierendes Säure-Base-Paar**.

Beispielsweise bilden HCl/Cl^- ein korrespondierendes Säure-Base-Paar:

$$HCl \rightleftharpoons H^+ + Cl^-$$

Konstante der Säure HCl: $HCl + H_2O \rightleftharpoons H_3O^+ + Cl^-$ mit $K_S = \frac{[H_3O^+] \cdot [Cl^-]}{[HCl]}$

Konstante der Base Cl^-: $Cl^- + H_2O \rightleftharpoons HCl + OH^-$ mit $K_B = \frac{[HCl] \cdot [OH^-]}{[Cl^-]}$

Wenn wir nun beide Konstanten miteinander multiplizieren, dann werden Sie sehen, dass wir das Ionenprodukt des Wassers K_W erhalten:

$$K_S \cdot K_B = \frac{[H_3O^+] \cdot [Cl^-]}{[HCl]} \cdot \frac{[HCl] \cdot [OH^-]}{[Cl^-]} = [H_3O^+] \cdot [OH^-] = K_W$$

Somit gilt für alle korrespondierenden Säure-Base-Paare in wässriger Lösung:

$$K_S \cdot K_B = K_W = 10^{-14}\ mol^2 \cdot l^{-2} \qquad \text{oder} \qquad pK_S + pK_B = pK_W = 14$$

Zum Mitdenken

Beide Gleichungen unterscheiden sich nur durch die Anwendung von Logarithmengesetzen und sind gleichwertig.

Überprüfen Sie das bitte für sich selbst noch einmal (vgl. hierzu die Logarithmengesetze in Müller u. Schwarzbach: Formelfuchs, S. 14 f., oder in einer anderen Zahlentafel).

K_W wird hier genauso logarithmiert wie die Säure- und Basekonstanten:

$$pK_W = -\lg \frac{K_W}{mol^2 \cdot l^{-2}} = -\lg \frac{10^{-14}\ mol^2 \cdot l^{-2}}{mol^2 \cdot l^{-2}} = 14$$

Analog zu den pH-Werten genügt es, von Säuren und auch von Basen den pK_S-Wert für eine bestimmte Temperatur (in der Regel 25 °C) zu tabellieren (pK_B der Base: $pK_B = 14 - pK_S$). Sie finden diese Werte als sogenannte protochemische Spannungsreihe in Lehrbüchern der Chemie oder in Tabellenwerken (z. B. im Küster/Thiel).

pH-Wert-Berechnungen von Säuren und Basen

Wir sehen uns zunächst den allgemeinen (= ausführlichen) Rechenweg an einem Beispiel an und sprechen dann über vereinfachte Rechenwege für starke sowie schwache Säuren und Basen.

Beispiel 7.2

Berechnung des pH-Werts einer 0,1-molaren Eisen(III)-salz-Lösung

Sie wissen vielleicht, dass ein in Wasser gelöstes Eisen(III)-salz sauer reagiert. Das hydratisierte Eisen(III)-Ion spaltet aus seiner Wasserhülle ein Proton ab; es fungiert als mittelstarke Säure.

$$[Fe(H_2O)_6]^{3+} \rightleftharpoons [Fe(H_2O)_5(OH)]^{2+} + H^+ \qquad K_S = 3{,}467 \cdot 10^{-3}\ mol \cdot l^{-1}$$

Es sei der pH-Wert einer 0,1-molaren Eisen(III)-chlorid-Lösung zu bestimmen.
$[c_0(FeCl_3) = 0{,}1\ mol \cdot l^{-1}]$

Zur Berechnung starten wir mit der Definitionsgleichung des K_S-Werts und berechnen daraus die Konzentration der Wasserstoff-Ionen und damit den pH-Wert.

$$K_S = \frac{\left[[Fe(H_2O)_5(OH)]^{2+}\right] \cdot [H^+]}{\left[[Fe(H_2O)_6]^{3+}\right]}$$

Es gilt: $[[Fe(H_2O)_5(OH)]^{2+}] = [H^+]$

Die Reaktionsgleichung sagt: Ein Hexaaqua-eisen(III)-Ion setzt je ein $[Fe(H_2O)_5(OH)]^{2+}$ und $[H^+]$ frei.

Daraus folgt: $K_S = \frac{[H^+]^2}{\left[[Fe(H_2O)_6]^{3+}\right]}$

Es gilt: $[[Fe(H_2O)_6]^{3+}] = c_0([Fe(H_2O)_6]^{3+}) - [H^+]$

Die Reaktionsgleichung sagt: Es „verschwinden" nur so viele Hexaaqua-eisen(III)-Ionen wie Wasserstoff-Ionen entstehen (vgl. auch ▸Kap. 7.2).

Die Gleichgewichtskonzentration an Hexaaqua-eisen(III)-Ionen ist deren verbliebener Rest.

Daraus folgt: $K_S = \frac{[H^+]^2}{c_0\left([Fe(H_2O)_6]^{3+}\right) - [H^+]}$

$$K_S \cdot \left[c_0\left([Fe(H_2O)_6]^{3+}\right) - [H^+]\right] = [H^+]^2$$

$$K_S \cdot c_0\left([Fe(H_2O)_6]^{3+}\right) - K_S \cdot [H^+] = [H^+]^2$$

Substitution: $[H^+] = x$

Daraus folgt: $K_S \cdot c_0\left([Fe(H_2O)_6]^{3+}\right) - K_S \cdot x = x^2$

Sie sehen, dass wir eine quadratische Gleichung erhalten (▸Kap. 1.2.2), die wir auf die Normalform bringen und lösen.

Normalform: $0 = x^2 + K_S \cdot x - K_S \cdot c_0\left([Fe(H_2O)_6]^{3+}\right)$

Mit eingesetzten Größen:

$$0 = x^2 + 3{,}467 \cdot 10^{-3}\ mol \cdot l^{-1} \cdot x - 3{,}467 \cdot 10^{-3} mol \cdot l^{-1} \cdot 0{,}1 mol \cdot l^{-1}$$

Diese Gleichung wurde schon in ▸Kap. 1, Übungsaufgabe 1.7 f, gelöst. Dort finden Sie auch den Rechenweg. – Wir erhielten die Lösungen:

$$x_1 = -0{,}020\ mol \cdot l^{-1};\ x_2 = 0{,}017\ mol \cdot l^{-1}$$

Davon ist nur die Lösung x_2 sinnvoll:

$$x_2 = 0{,}017\ mol \cdot l^{-1} \triangleq pH\ 1{,}77$$

Fazit: Eine 0,1-molare Eisen(III)-chlorid-Lösung hat einen pH-Wert von 1,77.

7

Berechnung für Basen: Nach dem eben dargestellten Schema wird bei gegebenem K_B-Wert die Konzentration der Hydroxid-Ionen und daraus der pOH-Wert berechnet, danach kann der pH-Wert durch Subtraktion des pOH-Werts von 14 (vgl. weiter oben in diesem Kapitel: pH = 14 – pOH) ermittelt werden.

Für starke und schwache Säuren und Basen gibt es Vereinfachungen dieses Rechenweges, für mittelstarke Säuren und Basen nicht.

Starke Säuren und Basen

Starke Säuren und Basen dissoziieren vollständig, das Gleichgewicht liegt auf der rechten Seite. (Das wird hier durch einen einfachen Reaktionspfeil angedeutet, der den Gleichgewichts-Doppelpfeil ersetzt.)

$$HA + H_2O \rightarrow H_3O^+ + A^- \quad \text{(Gleichgewicht rechts)}$$

und $$B + H_2O \rightarrow BH^+ + OH^- \quad \text{(Gleichgewicht rechts)}$$

Somit ist bei der Säure die Konzentration der Wasserstoff-Ionen praktisch gleich der Ausgangskonzentration der Säure; bei der Base ist die Konzentration der Hydroxid-Ionen gleich der Ausgangskonzentration der Base:

$$[H_3O^+] = [H^+] = c(H^+) = c_0(HA) \quad \text{und} \quad [OH^-] = c(OH^-) = c_0(B)$$

Aus der Hydroxid-Ionen-Konzentration der Base werden, so wie Sie es schon kennen, die Wasserstoff-Ionen-Konzentration und der pH-Wert berechnet.

Die Übungsaufgabe 7.3 am Ende von ▸ Kap. 7 gibt Ihnen ein Beispiel, mit dem Sie die pH-Werte einer starken Base bzw. einer starken Säure nach der allgemeinen (langen) Version und mithilfe der Vereinfachung berechnen. Sie werden feststellen, dass sich die Ergebnisse kaum voneinander unterscheiden.

Schwache Säuren und Basen

Schwache Säuren und Basen dissoziieren kaum, das Gleichgewicht liegt auf der linken Seite. (Das wird auch hier durch einen einfachen Reaktionspfeil angedeutet, der den Gleichgewichts-Doppelpfeil ersetzt.)

$$HA + H_2O \leftarrow H_3O^+ + A^- \quad \text{(Gleichgewicht links)}$$

und $$B + H_2O \leftarrow BH^+ + OH^- \quad \text{(Gleichgewicht links)}$$

Beispiel 7.3

Berechnung des pH-Werts einer 0,1-molaren Ammoniak-Lösung

(Schwache Base; $K_B = 1{,}75 \cdot 10^{-5}\,mol \cdot l^{-1}$)

Die Ammoniak-Moleküle liegen in wässriger Lösung als Ammoniak-Hydrate vor, die zu einem geringen Teil Hydroxid-Ionen abspalten:

$$NH_3 \cdot H_2O \rightleftharpoons NH_4^+ + OH^-$$

Wir beginnen in bekannter Weise:

$$K_B = \frac{[NN_4^+] \cdot [OH^-]}{[NH_3]}$$

Auch hier sagt die Reaktionsgleichung, dass ein Ammoniak-Molekül je ein Ammonium- und ein Hydroxid-Ion freisetzt, unabhängig davon, welche Menge an Reaktionsprodukten entsteht.

Es gilt also: $[NH_4^+] = [OH^-]$

$$K_B = \frac{[OH^-]^2}{[NH_3]}$$

Analog zum Beispiel mit dem Hexaaqua-eisen(III)-Komplex ist hier die Konzentration des Ammoniaks im Gleichgewicht gleich der Differenz aus der Ausgangskonzentration des Ammoniaks und der Gleichgewichtskonzentration der Hydroxid-Ionen:

$$[NH_3] = c_0(NH_3) - [OH^-]$$

$$K_B = \frac{[OH^-]^2}{c_0(NH_3) - [OH^-]}$$

Nun kann die folgende Vereinfachung vorgenommen werden:

Weil das Ammoniak-Hydrat in wässriger Lösung kaum dissoziiert, wird die Differenz $[NH_3] = c_0(NH_3) - [OH^-]$ mit der Ausgangskonzentration des Ammoniaks gleichgesetzt, denn $c_0(NH_3)$ ist sehr viel größer als $[OH^-]$: $c_0(NH_3) \gg [OH^-]$

$$K_B = \frac{[OH^-]^2}{c_0(NH_3)}$$

Jetzt kann die Gleichung nach $[OH^-]$ aufgelöst und anschließend der pH-Wert berechnet werden:

$$K_B \cdot c_0(NH_3) = [OH^-]^2$$

$$[OH^-] = \sqrt{K_B \cdot c_0(NH_3)}$$

$$pOH = -\lg \frac{[OH^-]}{mol \cdot l^{-1}} \qquad \text{und} \qquad pH = 14 - pOH$$

Alternativ können beide Seiten der Gleichung $[OH^-] = \sqrt{K_B \cdot c_0(NH_3)}$ auch gleich negativ logarithmiert werden:

$$[OH^-] = \sqrt{K_B \cdot c_0(NH_3)}$$

$$[OH^-] = [K_B \cdot c_0(NH_3)]^{\frac{1}{2}} \qquad \mid -\lg \text{ auf beiden Seiten}$$

Anwendung von Logarithmengesetzen (siehe z. B. Müller u. Schwarzbach 2017: Formelfuchs, S. 14):

$$pOH = -\lg\left[K_B \cdot c_0(NH_3)\right]^{\frac{1}{2}} = \frac{1}{2} \cdot -\lg\left[K_B \cdot c_0(NH_3)\right]$$

$$pOH = \frac{1}{2} \cdot \left[-\lg\frac{K_B}{mol \cdot l^{-1}} - \lg\frac{c_0(NH_3)}{mol \cdot l^{-1}}\right]$$

$$pOH = \frac{1}{2} \cdot \left[pK_B - \lg\frac{c_0(NH_3)}{mol \cdot l^{-1}}\right]$$

Für das Beispiel:

$$[OH^-] = \sqrt{1{,}75 \cdot 10^{-5}\,mol \cdot l^{-1} \cdot 0{,}1\,mol \cdot l^{-1}} = 1{,}323 \cdot 10^{-3}\,mol \cdot l^{-1}$$

$$pOH = -\lg\frac{1{,}323 \cdot 10^{-3}\,mol \cdot l^{-1}}{mol \cdot l^{-1}} = 2{,}8784$$

$$pH = 14 - 2{,}8784 = 11{,}1216$$

$$pH \approx 11{,}12$$

Oder:

$$pOH = \frac{1}{2} \cdot \left[pK_B - \lg\frac{c_0(NH_3)}{mol \cdot l^{-1}}\right] = \frac{1}{2} \cdot \left[4{,}757 - \lg\frac{0{,}1\,mol \cdot l^{-1}}{mol \cdot l^{-1}}\right]$$

$$pOH = 2{,}8785$$

$$pH = 14 - 2{,}8785 = 11{,}1215$$

$$pH \approx 11{,}12$$

Wenn Sie dieses Beispiel mit der allgemeinen Version rechnen, dann werden Sie hier gleichfalls ein Ergebnis erhalten, das von dem soeben berechneten kaum abweicht. Am Ende von ▸ Kap. 7 können Sie das in Übungsaufgabe 7.4 ausprobieren.

◘ Tab. 7.2 fasst das Wesentliche zur pH-Wert-Berechnung wässriger Säure- und Base-Lösungen noch einmal zusammen. Wenn Sie sich nicht sicher sind, ob Sie eine Vereinfachung anwenden können oder nicht, dann rechnen Sie immer mit der allgemeinen Version. Säure- und Basekonstanten finden Sie in vielen Tabellenwerken.

7.5 Löslichkeitskonstanten, Löslichkeit

Die **Löslichkeitskonstante** (auch **Löslichkeitsprodukt**) K_L beschreibt das chemische Gleichgewicht in einer gesättigten Lösung (= Lösung über einem Bodensatz). In einer solchen Lösung steht also die ungelöste Form eines Salzes mit den in der Lösung befindlichen Ionen dieses Salzes im Gleichgewicht, was durch die folgende Reaktionsgleichung ausgedrückt wird:

$A_aB_b\downarrow \rightleftharpoons a\,A + b\,B$ (Die Ionenladungen wurden hier zur besseren Übersicht weggelassen)

Die Verbindung A_aB_b dissoziiert in ihre Ionen A und B; a und b sind die Stöchiometriezahlen.

Aus dieser Reaktionsgleichung kann wie gewöhnlich die Gleichung des MWG abgeleitet werden:

Tab. 7.2 pH-Wert-Berechnung für wässrige Säure-Basen-Lösungen

Art der Säure bzw. Base	Vereinfachung		
Starke Säure	Ja	$[H^+] = c_0(\text{Säure})$	$pH = -\lg \frac{[H^+]}{mol \cdot l^{-1}}$
Starke Base	Ja	$[OH^-] = c_0(\text{Base})$ $pH = 14 - pOH$	$pOH = -\lg \frac{[OH^-]}{mol \cdot l^{-1}}$
Mittelstarke Säure/Base	Nein	Mit der allgemeinen Version rechnen.	
Schwache Säure	Ja	$[H^+] = \sqrt{K_S \cdot c_0(\text{Säure})}$ Logarithmierte Form: $pH = \frac{1}{2} \cdot \left[pK_S - \lg \frac{c_0(\text{Säure})}{mol \cdot l^{-1}}\right]$	$pH = -\lg \frac{[H^+]}{mol \cdot l^{-1}}$
Schwache Base	Ja	$[OH^-] = \sqrt{K_B \cdot c_0(\text{Base})}$ $pH = 14 - pOH$ Logarithmierte Form: $pOH = \frac{1}{2} \cdot \left[pK_B - \lg \frac{c_0(\text{Base})}{mol \cdot l^{-1}}\right]$ bzw. $pH = 14 - \frac{1}{2} \cdot \left[pK_B - \lg \frac{c_0(\text{Base})}{mol \cdot l^{-1}}\right]$	$pOH = -\lg \frac{[OH^-]}{mol \cdot l^{-1}}$

$$K = \frac{[A]^a \cdot [B]^b}{[A_a B_b]}$$

Daraus ergibt sich die Löslichkeitskonstante K_L:

$$K_L = K \cdot [A_a B_b] = [A]^a \cdot [B]^b$$

K_L kann unterschiedliche Einheiten haben (Potenzen von $mol \cdot l^{-1}$). Das hängt von den Stöchiometriezahlen a und b ab. Man beachte auch hier, dass nur K_L-Werte mit **gleichen Einheiten** miteinander verglichen werden können. Die K_L-Werte vieler Verbindungen sind in Tabellenwerken aufgeführt.

Die K_L-Werte schwer löslicher oder mäßig schwer löslicher Verbindungen sind in der Praxis häufig relevant. Beispielsweise kann durch eine Fällungsreaktion (▸ Kap. 6.4.4) ein bestimmtes Ion praktisch vollständig aus einer Lösung entfernt werden. Damit beseitigt man entweder den störenden Einfluss dieses Ions oder man kann durch eine sogenannte

Gruppenfällung mehrere Ionen aus einer Lösung entfernen und diese separat (getrennt von der Lösung) weiterbehandeln. Im sogenannten Trennungsgang der Kationen und Anionen finden Sie dazu viele Beispiele (vgl. Lehr- und Arbeitsbücher der anorganischen Chemie). Dazu ein Beispiel.

Beispiel 7.4

Für Strontium- und Bariumsulfat gelten die folgenden Löslichkeitsgleichgewichte mit den Konstanten

$$BaSO_4\downarrow \rightleftharpoons Ba^{2+} + SO_4^{2-} \quad \text{mit} \quad K_L(BaSO_4) = 1{,}0 \cdot 10^{-10}\,\text{mol}^2 \cdot \text{l}^{-2}$$

und

$$SrSO_4\downarrow \rightleftharpoons Sr^{2+} + SO_4^{2-} \quad \text{mit} \quad K_L(SrSO_4) = 3{,}4 \cdot 10^{-7}\,\text{mol}^2 \cdot \text{l}^{-2}$$

Für beide Verbindungen gilt: Es entstehen immer gleich viele Kationen und Anionen, was aus den Reaktionsgleichungen ersichtlich ist. Wir schreiben deshalb:

$$K_L(BaSO_4) = [SO_4^{2-}]^2$$

mit

$$[SO_4^{2-}] = \sqrt{K_L(BaSO_4)} = \sqrt{1{,}0 \cdot 10^{-10}\,\text{mol}^2 \cdot \text{l}^{-2}} = 1 \cdot 10^{-5}\,\text{mol} \cdot \text{l}^{-1}$$

und

$$K_L(SrSO_4) = [SO_4^{2-}]^2$$

mit

$$[SO_4^{2-}] = \sqrt{K_L(SrSO_4)} = \sqrt{3{,}4 \cdot 10^{-7}\,\text{mol}^2 \cdot \text{l}^{-2}} = 5{,}8 \cdot 10^{-4}\,\text{mol} \cdot \text{l}^{-1}$$

In einer gesättigten Strontiumsulfat-Lösung ist die Konzentration der Sulfat-Ionen also höher als die einer gesättigten Bariumsulfat-Lösung. Wenn nun eine gesättigte Strontiumsulfat-Lösung zu einer anderen, unbekannten sauren Lösung gegeben wird und ein weißer Niederschlag ausfällt bzw. eine weiße Trübung auftritt, dann muss diese unbekannte Lösung Barium-Ionen enthalten. Bei einer Sulfat-Ionen-Konzentration von $5{,}8 \cdot 10^{-4}\,\text{mol} \cdot \text{l}^{-1}$ wird so viel Bariumsulfat ausgefällt, bis die Konzentration $10^{-5}\,\text{mol} \cdot \text{l}^{-1}$ erreicht ist.
(Zahlenangaben aus Küster/Thiel)

Solche Löslichkeitsgleichgewichte können selbstverständlich nach Le Chatelier und Braun (▸ Kap. 7.1) beeinflusst werden: Eine Erhöhung der Barium-Ionen-Konzentration beispielsweise drückt die Konzentration der Sulfat-Ionen noch unter den Wert von $10^{-5}\,\text{mol} \cdot \text{l}^{-1}$. Man spricht hier allgemein von **gleichionigen Zusätzen**. Gleichionige Zusätze drängen das Löslichkeitsgleichgewicht auf die Seite der undissoziierten Verbindung (Bodensatz).

Demgegenüber schieben **fremdionige Zusätze** (z. B. Bariumsulfat in einer Magnesiumchlorid-Lösung) das Gleichgewicht auf die Seite der gelösten Ionen. Dies hängt mit den Aktivitäten der beteiligten Ionen und der sogenannten Ionenstärke der Elektrolytlösung zusammen. Die Erklärung dieses Phänomens würde an dieser Stelle zu weit führen; es sei auf die Lehrbücher der anorganischen Chemie verwiesen.

Die Kenntnis der Löslichkeitskonstanten von schwer löslichen Stoffen sind Grundlage für Fällungstitrationen und gravimetrische Analysen (vgl. die entsprechenden Abschnitte in ▸ Kap. 6).

Im Gegensatz zur Löslichkeitskonstanten spricht man bei der **Löslichkeit** L entweder von der Masse des Stoffes X, die 100 g Lösungsmittel (im Allgemeinen Wasser) lösen können,

$$L = \frac{m(X)}{100\,g\ H_2O}$$

oder von der Stoffmenge des Stoffes X in 1 kg (Gesamt-)Lösung:

$$L = \frac{n(X)}{1\,kg\ Lösung}$$

Für Bariumsulfat gilt bei 20 °C:

$$L(BaSO_4) = \frac{2{,}4 \cdot 10^{-4}\,g}{100\,g\ H_2O} = \frac{2{,}4 \cdot 10^{-3}\,g}{kg\ Lösung} = \frac{1{,}0 \cdot 10^{-5}\,mol}{kg\ Lösung}$$

L und K_L sind zwei unterschiedliche physikalische Größen, die miteinander zusammenhängen. Bitte vergegenwärtigen Sie sich den Zusammenhang beider Größen, gerne mithilfe des folgenden Kastens.

Zum Mitdenken

Im Küster/Thiel, S. 221 ff. (108. Auflage) sind zwei Rechenbeispiele für die Berechnung von K_L aus L und umgekehrt angegeben, und zwar für K_L mit unterschiedlichen Einheiten. Arbeiten Sie diese Beispiele durch und rechnen Sie selbst mit den Werten für Bariumsulfat bei 25 °C.

$K_L(BaSO_4) = 1{,}0 \cdot 10^{-10}\,mol^2 \cdot l^{-2}$

$L(BaSO_4) = 2{,}334 \cdot 10^{-4}$ g je 100 g Wasser

7.6 Puffersysteme

Für viele chemische Prozesse und in vielen lebenden Organismen ist es wichtig, in wässrigen Lösungen einen bestimmten pH-Wert bzw. pH-Bereich einzuhalten. Dies wird durch ein **Puffersystem** (kurz: **Puffer**) gewährleistet, d. h., wenn zu einer Lösung, die einen Puffer enthält, eine Säure oder eine Base gegeben wird, dann ändert sich der pH-Wert nicht oder nur sehr wenig.

Puffersysteme bestehen in der Regel aus vergleichbaren Konzentrationen beider Bestandteile eines korrespondierenden Säure-Base-Paares (▸ Kap. 7.4). Wir vergegenwärtigen uns die Wirkungsweise am Beispiel des Essigsäure-Acetat-Puffers. Dieser wird durch die folgenden Reaktionsgleichungen beschrieben:

$$CH_3COOH + H_2O \rightleftharpoons H_3O^+ + CH_3COO^- \qquad \text{(Gleichgewicht links)}$$

$$CH_3COONa \rightleftharpoons H_3O^+ + CH_3COO^- \qquad \text{(Gleichgewicht weitestgehend rechts)}$$

$$\text{mit } K_S(CH_3COOH) = \frac{[H_3O^+] \cdot [CH_3COO^-]}{[CH_3COOH]} = 1{,}8 \cdot 10^{-5}\,mol \cdot l^{-1}$$

Die Essigsäure ist eine schwache (= wenig dissoziierte) Säure, d. h., die Gleichgewichtskonzentration der Acetat-Ionen ist gering. Mit dem anderen Bestandteil erhöhen wir die Konzentration der Acetat-Ionen, was die schon geringe Dissoziation der Essigsäure noch weiter zurückdrängt (das nennt man auch: Abstumpfen der Acidität der Essigsäure).

7

Nun können wir uns überlegen, wie das System auf eine pH-Wert-Änderung reagiert.

- *Was geschieht bei Zugabe einer Säure oder beim Entstehen von Wasserstoff-Ionen?*
  Die im Überschuss vorhandenen Acetat-Ionen reagieren mit den Wasserstoff-Ionen zur Essigsäure, denn diese bevorzugt die undissoziierte Form (vgl. K_S-Wert):
  $CH_3COO^- + H^+ \rightarrow CH_3COOH$
- *Was geschieht bei Zugabe einer Lauge oder beim Entstehen von Hydroxid-Ionen?*
  Das Essigsäure-Gleichgewicht wird nach rechts verschoben, weil diesem die Wasserstoff-Ionen entzogen werden (Reagieren auf einen äußeren Zwang nach Le Chatelier und Braun):
  $CH_3COOH \rightarrow H^+ + CH_3COO^-$
  $H^+ + OH^- \rightarrow H_2O$ bei OH^- Überschuss

Wenn das MWG der Dissoziation der Essigsäure

$$K_S(CH_3COOH) = \frac{[H_3O^+] \cdot [CH_3COO^-]}{[CH_3COOH]}$$

nach $[H_3O^+]$ umgestellt wird, dann ergibt sich:

$$[H_3O^+] = K_S(CH_3COOH) \cdot \frac{[CH_3COOH]}{[CH_3COO^-]}$$

Um mit den besser handhabbaren pH- und pK_S-Werten arbeiten zu können, wird diese Gleichung mithilfe des negativen dekadischen Logarithmus logarithmiert:

$$-\lg \frac{[H_3O^+]}{mol \cdot l^{-1}} = -\lg \frac{K_S(CH_3COOH)}{mol \cdot l^{-1}} - \lg \frac{[CH_3COOH]}{[CH_3COO^-]}$$

Und somit: $$pH = pK_S(CH_3COOH) - \lg \frac{[CH_3COOH]}{[CH_3COO^-]}$$

Üblicher ist: $$pH = pK_S(CH_3COOH) + \lg \frac{[CH_3COO^-]}{[CH_3COOH]}$$

Diese Gleichung bezeichnen wir in ihrer allgemeinen Form als die **Henderson-Hasselbalch-Gleichung**:

MERKE Henderson-Hasselbalch-Gleichung:

$$pH = pK_S + \lg \frac{[Base]}{[Säure]} \approx pK_S + \lg \frac{c(Base)}{c(Säure)}$$

Wenn die Konzentration beider Pufferbestandteile gleich groß ist (Pufferschwerpunkt), dann gilt:

$pH = pK_S$

Zum Mitdenken

Begründen Sie diese Aussage.

Sie können sich jetzt sicherlich vorstellen, dass die sogenannte Pufferkapazität von den Konzentrationen der Pufferbestandteile abhängt: Wenn z. B. die gesamte Pufferbase nach Zugabe einer Säure verbraucht wurde, dann beginnt der pH-Wert bei weiterer Säurezugabe zu sinken. Man sagt dann umgangssprachlich: Der Puffer kippt um. In der Praxis geht man davon aus, dass der Puffer dann „umkippt", wenn der pH-Wert den Bereich $pH = pK_S \pm 1$ über- bzw. unterschreitet.

Zum Mitdenken

Welches Verhältnis c(Base) : c(Säure) liegt vor, wenn der pH-Wert bei $pH = pK_S - 1$ und bei $pH = pK_S + 1$ liegt?

Wir haben uns das Prinzip am Beispiel einer schwachen Säure und ihrer korrespondierenden Base angesehen. Es gilt selbstverständlich auch für ein Puffersystem aus schwacher Base und deren korrespondierender Säure.

Zum Mitdenken

Zeigen Sie am Beispiel des Ammoniak-Ammoniumchlorid-Puffers, dass hier auch die allgemeine, auf den K_S-Wert bezogene Henderson-Hasselbalch-Gleichung gilt.
Sie starten zunächst mit der Hydroxid-Ionen-Konzentration und dem K_B-Wert und finden als Ergebnis:

$$pH = pK_S(NH_3) + \lg\frac{[NH_3]}{[NH_4^+]}$$

Sie finden Puffergemische über den gesamten pH-Bereich in Tabellenwerken.

Das haben Sie gelernt: Chemische Gleichgewichte

In ▸Kap. 7 haben Sie chemische Gleichgewichte, eine spezielle Art von chemischen Reaktionen, kennengelernt. Das Massenwirkungsgesetz ist ein Hilfsmittel, um chemische Gleichgewichte mathematisch erfassen zu können. Gleichgewichte können in ihrer Lage durch Einwirkung äußerer Faktoren beeinflusst werden (Prinzipien nach Le Chatelier und Braun).

Folgende Anwendungen von chemischen Gleichgewichten wurden besprochen:

- Autoprotolyse des Wassers,
- pH- und pOH-Wert-Berechnungen (Vereinfachungen für starke und schwache Säuren und Basen),
- Säure- und Basekonstanten,
- Löslichkeitskonstanten, Löslichkeit,
- Puffersysteme.

Übungsaufgaben zu Kapitel 7: Chemische Gleichgewichte

Aufgabe 7.1

Wasserstoff, Iod und Iodwasserstoff stehen in folgendem Gleichgewicht:

$H_2 + I_2 \rightleftharpoons 2\ HI$ mit $K = 60$ für 350 °C

a) Stellen Sie das zugehörige MWG auf.
b) Begründen Sie kurz, weshalb K hier die Einheit 1 hat.
c) Liegt ein Gleichgewichtszustand vor, wenn bei einer Probenahme die folgenden Konzentrationen gemessen werden?
   H_2: $0{,}2\ mol \cdot l^{-1}$; I_2: $0{,}1\ mol \cdot l^{-1}$; HI: $0{,}1\ mol \cdot l^{-1}$
d) Berechnen Sie alle Konzentrationen in dem Gleichgewicht, das sich einstellt, wenn von den Edukten Wasserstoff $0{,}5\ mol \cdot l^{-1}$ und Iod $0{,}3\ mol \cdot l^{-1}$ als Ausgangskonzentration eingesetzt werden.
e) Berechnen Sie alle Konzentrationen in dem Gleichgewicht, das sich einstellt, wenn man die Reaktion mit $0{,}6\ mol \cdot l^{-1}$ Iodwasserstoff startet.

Aufgabe 7.2

Vervollständigen Sie die folgende Tabelle.

$c(H^+)$ in $mol \cdot l^{-1}$	$4{,}35 \cdot 10^{-2}$	$7{,}83 \cdot 10^{-11}$	$4{,}91 \cdot 10^{-4}$			
pH				3,83	10,51	7,27

Aufgabe 7.3

Berechnen Sie den pH-Wert von 0,1-molarer Natronlauge (starke Base) jeweils nach der vereinfachten und der ausführlichen Version.

Unterscheiden sich die Endergebnisse?

$K_B(NaOH) = 3{,}6308\ mol \cdot l^{-1}$

Aufgabe 7.4

In ▶Kap. 7.4 erhielten wir für eine 0,1-molare Ammoniak-Lösung einen pH-Wert von 11,12 nach der vereinfachten Version für schwache Basen.

Wenden Sie auf dieses Beispiel noch einmal die ausführliche Version an und vergleichen Sie beide Ergebnisse.

$K_B(NH_3) = 1{,}75 \cdot 10^{-5}\ mol \cdot l^{-1}$

Aufgabe 7.5

Ein Puffergemisch bestehe aus 0,6 mol Natriumhydrogenphosphat und 0,3 mol tertiärem Natriumphosphat in einem Liter Lösung.

a) Schreiben Sie die Reaktionsgleichung des Puffergleichgewichts auf und berechnen Sie den pH-Wert der Lösung.
   $K_S(HPO_4^{2-}) = 2{,}2 \cdot 10^{-13}\ mol \cdot l^{-1}$
b) Wie wirken sich die Zugabe einer Säure oder einer Base auf das Gleichgewicht aus?
c) Berechnen Sie den pH-Wert, der sich einstellt, wenn der Lösung 50 ml 1-molare Natronlauge zugesetzt werden.
   (**Achtung:** Das Volumen der Gesamtlösung beträgt nun 1,05 l.)

8 Fehlerbetrachtung bei quantitativen Analysen

8.1 Messgenauigkeit bei der Maßanalyse

Jedes Messverfahren und jeder Messvorgang ist fehlerbehaftet. Je genauer man messen möchte, desto größer wird der Aufwand dafür, d. h. desto teurer wird das Verfahren. Man muss sich also überlegen:

- Wie genau muss das Ergebnis sein?
- Was ist ökonomisch vertretbar?

In der Chemie kennt man umfangreiche Rechenverfahren, um systematische und zufällige Fehler einschätzen und rechnerisch erfassen zu können. Diese wollen und können wir in diesem Buch nicht besprechen; hierzu sei auf die entsprechende Fachliteratur (z. B. Doerffel 1990) verwiesen. Wir werden uns hier ein relativ einfaches Verfahren ansehen (▸ Kap. 8.2), mit dem Sie beim maßanalytischen Arbeiten gut zurechtkommen werden.

Wie eben schon angesprochen, werden zwei Arten von Fehlern unterschieden.

Da gibt es zunächst den **systematischen Fehler** der Messgeräte (z. B. Waagen). Dieser wird vom Hersteller i. Allg. angegeben. Beim Wägen kann man diesen Fehler klein halten, indem man (natürlich mit ein und derselben Waage!) eine Differenzwägung durchführt und möglichst große Massen abwiegt. Weiterhin haben auch die Glasgeräte für die Volumetrie systematische Fehler. Diese finden Sie ebenfalls auf den Glasgeräten (für Büretten z. B. 0,1 bis 0,3 %). Sie können minimiert werden, indem möglichst große Volumina abgemessen werden (z. B. ergibt das Abmessen von 2 ml aus einer 50-ml-Bürette einen großen Fehler!). Andere systematische Fehlerquellen sind beispielsweise unkorrektes Ablesen der Volumina, Konzentrationsänderungen der Maßlösungen (z. B. Zersetzung), ungenaue Endpunktbestimmung und Störungen durch Verunreinigungen der Hilfsreagenzien. Sie können also durch eine saubere und korrekte Arbeitsweise und die vorgeschriebene Prüfung aller zur Analyse verwendeten Substanzen Ihr Analysenergebnis entscheidend beeinflussen!

Des Weiteren gibt es noch sogenannte **zufällige Fehler**, die Aussagen über die Reproduzierbarkeit der Analysenergebnisse zulassen. Das sind beispielsweise Ablesefehler oder Tropfenfehler. Der zufällige Fehler ist verantwortlich für die Streuung der Messwerte, also für die Reproduzierbarkeit des Analyseverfahrens.

Das Auftreten (großer) zufälliger Fehler macht das Analysenverfahren ungenau (große Messwertstreuung); ein systematischer Fehler macht es falsch.

An einem Beispiel soll der Sachverhalt noch einmal verdeutlicht werden. Im ▸ Kap. 6.6.2 bestimmten wir den Faktor einer Salzsäure mit Kaliumhydrogencarbonat als Urtiter. Wir hatten dort 150,5 mg vorgelegt. Wenn die Stoffmengenkonzentration der Salzsäure genau 0,1 mol · l^{-1} beträgt, dann werden von dieser 15,03 ml verbraucht.

Für unser Gedankenexperiment machen wir folgende Annahmen: Student Paul Penibel arbeite sorgfältig und genau, Student Fritz Firlefanz sei der Meinung, das mit dem sorgfältigen Arbeiten beim Titrieren wäre alles nicht so wichtig, man müsse nicht alles übertreiben. Weiterhin seien in Analyse A 3-mal 150,5 mg $KHCO_3$ genau eingewogen; in Analyse B seien infolge eines Defekts an der Waage 3-mal 140,5 mg $KHCO_3$ eingewogen, in der Annahme, man habe 150,5 mg eingewogen.

Die beiden Studenten haben die folgenden Volumenwerte beim Titrieren verbraucht:

	Messwerte Analyse A			**Messwerte Analyse B**		
Paul Penibel	15,00 ml	15,05 ml	15,00 ml	14,05 ml	14,00 ml	14,05 ml
Fritz Firlefanz	14,95 ml	15,05 ml	15,10 ml	14,10 ml	14,10 ml	13,95 ml

Die Fehler kann man sich nun in der folgenden Übersicht anschauen (Berechnung in ▸ Kap. 8.2):

	Reproduzierbarkeit/Präzision (zufälliger Fehler)		**Analyse richtig/falsch (systematischer Fehler)**	
	Paul Penibel	**Fritz Firlefanz**	**Paul Penibel**	**Fritz Firlefanz**
Analyse A	Gut (kleine Streuung)	Schlecht (große Streuung)	Richtig	Richtig/falsch
Analyse B	Gut (kleine Streuung)	Schlecht (große Streuung)	Falsch	Falsch

Beim Arbeiten im Labor ist die Wägung mit einer Feinwaage genauer als die Volumenmessung mit Bürette und Vollpipette. Die Anwendung der Volumenmessung (Titrationen) ist jedoch weniger aufwendig als das Wägen (Gravimetrie). Deshalb wird der Volumenmessung in der Regel der Vorzug gegeben; die Genauigkeit dieser Messverfahren ist im Allgemeinen ausreichend. Dieser Sachverhalt wird in der entsprechenden Fachliteratur genauer erörtert.

Hierbei sind noch spezielle Angaben zur Genauigkeit in den Vorschriften zu beachten, denn Sie müssen wissen, wann Sie für eine Wägung eine normale Laborwaage verwenden dürfen und wann Sie eine Feinwaage verwenden müssen. Gleiches gilt für die Volumenmessung (Messzylinder oder Vollpipette).

Im Labor werden zwei Typen von Waagen verwendet, die sich in ihrer Messgenauigkeit unterscheiden (◘ Tab. 8.1). Es gibt **Grobwaagen** zur Einwaage von Hilfsstoffen in Chemie und Pharmazie sowie allgemein zur Einwaage von Ausgangsstoffen für eine chemische Reaktion; **Feinwaagen** werden beispielsweise zur Wägung bei Analysen oder zur Einwaage von Arzneistoffen in galenische Zubereitungen verwendet.

Tab. 8.1 Wägen im Labor

Messgerät	Anzeige	Messgenauigkeit	Beispiele
Grobwaage (Laborwaage)	0,0 g	Ganze Gramm	■ Abgelesener Wert: 23,4 g ■ Abgesicherter Wert: 23 g ■ Angabe im Protokoll: 23,4 g[a]
	0,00 g	Zehntelgramm	■ Abgelesener Wert: 4,58 g ■ Abgesicherter Wert: 4,6 g ■ Angabe im Protokoll: 4,58 g[a]
Feinwaage (Analysenwaage)	0,0000 g	Ganze Milligramm	■ Abgelesener Wert: 0,9437 g ■ Abgesicherter Wert: 0,944 g ■ Angabe im Protokoll: 0,9437 g[a]

[a] Die erste unsichere Stelle wird im Protokoll angegeben.

Tab. 8.2 Volumenmessung im Labor

Messgerät	Genauigkeitsanspruch	Verwendung (Beispiele)
Messzylinder Messpipette	Weniger hoch	Zugabe von 50 ml Wasser *R* zu einer galenischen Rezeptur Zugabe von 3 ml Indikatorlösung zu einer Titration
Vollpipette[a] Messkolben[a] Bürette[a]	Hoch	Abmessen eines 20-ml-Aliquoten aus einem 100-ml-Messkolben zur Titration (20-ml-Vollpipette) Herstellung einer Maßlösung aus einem Urtiter (1000-ml-Messkolben, Feinwaage)

[a] Vgl. ▸Kap. 6.6.1

Auch zur Bestimmung von Volumina gibt es Messgeräte, die unterschiedlich genau messen (vgl. ◻Tab. 8.2). Eine genauere Volumenmessung ist in der Regel aufwendiger als eine weniger genaue. Somit steht auch hier die ökonomische Arbeitsweise im Vordergrund.

Die erste unsichere Stelle beim Ablesen von Volumenmessgeräten (wird gleichfalls im Protokoll angegeben) muss häufig geschätzt werden, weil der Meniskus der Flüssigkeit zwischen zwei Teilstrichen des Messgeräts steht. ○Abb. 8.1 zeigt ein Beispiel.

Beim Arbeiten im Labor müssen Sie nun entscheiden, welches Messgerät Sie verwenden. Sollten Sie in einem pharmazeutischen Labor arbeiten, dann erleichtert Ihnen die Ph. Eur. Ihre Entscheidungsfindung:

Massenbestimmung:	Angabe 2 g	Laborwaage genügt
	Angabe 2,000 g	Feinwaage erforderlich
Volumenbestimmung:	Angabe 10 ml	Messzylinder oder Messpipette genügt (z. B. Pufferlösung für Titrationen)
	Angabe 10,0 (10,00) ml	Vollpipette, Messkolben oder Bürette erforderlich (z. B. für Maßlösungen)

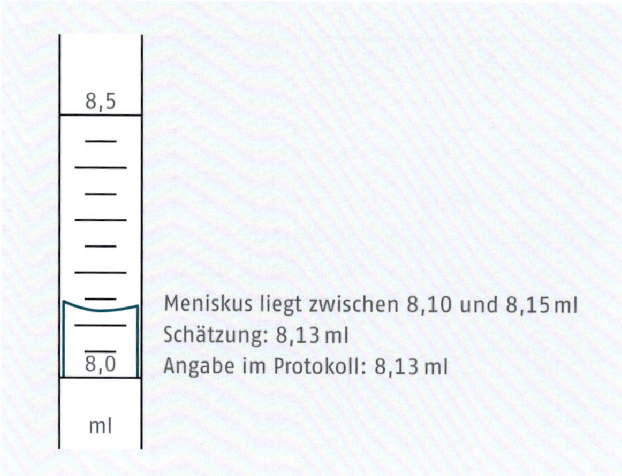

o Abb. 8.1 Ablesen eines Volumenmessgeräts (z. B. Bürette ohne Schellbachstreifen)

Auf diese Weise arbeiten wir auch in diesem Buch.

In der Praxis sind nicht in jeder Vorschrift derart exakte Angaben vorzufinden. Manche Vorschriften verwenden auch die Angabe „etwa 1,5 g genau abgewogen", wenn eine Feinwaage benutzt werden soll. So schreibt beispielsweise das USP bei der Bestimmung von Zinkoxid (vgl. ▸Kap. 6.8.2): „Dissolve about 1,5 g of … Zinc Oxide, accurately weighed, …".

Sie müssen also in der Lage sein, eine Vorschrift richtig (!) zu interpretieren. Anfänger machen hier häufig Fehler.

Zum Mitdenken

Im Rahmen dieses einführenden Lehrbuchs über das chemische Rechnen ist es nicht möglich, genauer auf das Arbeiten mit Waagen und Volumenmessgeräten in naturwissenschaftlichen Labors einzugehen.

Bitte informieren Sie sich daher eingehend in einem entsprechenden Lehrbuch (z. B. Jander/Jahr 2017) über diese Thematik, **bevor** Sie mit diesen Messgeräten arbeiten, denn vor allem Feinwaagen und genaue Volumenmessgeräte sind teuer!

8.2 Berechnung des Fehlers bei Ergebnissen maßanalytischer Verfahren

Um die Güte eines Messverfahrens zu beurteilen, benötigt man ein Maß für die Streuung der Messwerte. Ein solches ist die Standardabweichung s:

$$s = \sqrt{\frac{\Sigma(X_i - \overline{X})^2}{n-1}}$$

X_i: Messwerte
$\overline{X}$: Mittelwert (arithmetisches Mittel) aller X_i
n: Zahl der Messungen
n – 1: Zahl der Freiheitsgrade (= Zahl der Kontrollmessungen)

Die Standardabweichung kann heute mit vielen wissenschaftlichen Taschenrechnern oder Computern einfach und schnell berechnet werden. Diese muss noch mit einem Fak-

Tab. 8.3 Integralgrenzen der *t*-Verteilung (nach Doerffel 1990)

Zahl der Freiheitsgrade	X_0 für P = 95 %	X_0 für P = 99 %
1	12,71	63,66
2	4,30	9,92
3	3,18	5,84
4	2,78	4,60
5	2,57	4,03
6	2,45	3,71
7	2,37	3,50
8	2,31	3,36
9	2,26	3,25
10	2,23	3,17

tor X_0 multipliziert werden, der sich aus der Gauß-Funktion ergibt (sogenannte Gauß-Glockenkurve, Einzelheiten siehe Literatur, z. B. Doerffel 1990) und von der Zahl der Freiheitsgrade (d. h. der Anzahl der Messwerte) abhängt. Dieser Faktor (Integralgrenzen der *t*-Verteilung) ist tabelliert (für die Vertrauensintervalle P = 95 % und P = 99 %) und nähert sich der Zahl 1 mit steigender Anzahl an Messwerten.
Somit ergibt sich für das Analysenergebnis X:

$$X = \bar{X} \pm s \cdot X_0$$

Die Integralgrenzen der *t*-Verteilung aus Doerffel 1990 seien hier angeführt (Tab. 8.3).

Die so zu berechnende Streuung zeigt uns die Qualität der Arbeitsweise der beiden Studenten, die in unserem Beispiel aus ▸ Kap. 8.1 titriert haben:

	Analyse A	Analyse B
Paul Penibel	s = 0,023 ml	s = 0,023 ml
	X = (15,0 ± 0,1) ml (P = 95 %)	X = (14,0 ± 0,1) ml (P = 95 %)
	X = (15,0 ± 0,2) ml (P = 99 %)	X = (14,0 ± 0,2) ml (P = 99 %)
Fritz Firlefanz	s = 0,062 ml	s = 0,071 ml
	X = (15,0 ± 0,3) ml (P = 95 %)	X = (14,0 ± 0,3) ml (P = 95 %)
	X = (15,0 ± 0,6) ml (P = 99 %)	X = (14,0 ± 0,7) ml (P = 99 %)

Sie sehen, dass die Messwerte von Fritz Firlefanz stärker streuen. Sein Analysenergebnis ist also weniger vertrauenswürdig.

Zum Mitdenken

Überprüfen Sie in Ihrer Arbeitsgruppe Ihre Arbeitsweise, indem Sie alle ein etwas aufwendigeres Titrationsverfahren (mindestens eine Rücktitration, z. B. Zinkoxid nach USP ▸Kap. 6.8.2) abarbeiten. Es muss mehr als einmal genau gemessen werden, sodass hier derjenige, der sorgfältig arbeitet, besonders im Vorteil ist.
Stellen Sie fest, bei wem die Streuung am geringsten ist.

Die Praxis zeigt auch, dass gerade bei Anfängern (verständlicherweise) viele und auch unerwartete Fehler auftreten, deren Feststellung im Nachhinein auch durch das Lehrpersonal schwierig ist. Als Anfänger können Sie die Zahl und den Umfang Ihrer Fehler minimieren, indem Sie einige wichtige Dinge beherzigen:

- Studieren Sie vorher genau die theoretischen Grundlagen des Analysenverfahrens.
- Überprüfen Sie Ihre Substanzen, bevor Sie mit der eigentlichen Titration beginnen. (Viele Vorschriften lassen eine sogenannte Blindtitration durchführen. Informieren Sie sich über diesen Begriff.)
- Ordnung und Sauberkeit am Arbeitsplatz sowie Konzentration beim Arbeiten sind oberstes Gebot.
- Auch ein richtiger Rechenweg und die korrekte Angabe des Ergebnisses (Was soll überhaupt berechnet werden?) gehört zu einer korrekt bearbeiteten Analyse.
- Führen Sie ein aussagekräftiges und nachvollziehbares Protokoll. Alle Messwerte müssen darin erscheinen. Wenn Sie ein Labortagebuch führen, dann informieren Sie sich bitte über die entsprechenden Richtlinien. Ein gut geführtes Protokoll wird Ihnen helfen, eventuelle Fehler aufzuspüren und ein schnelles Einarbeiten in das Analysenverfahren zu ermöglichen, sollten Sie es nach langer Zeit wieder benötigen.

Im Anhang (▸Kap. 9.2) finden Sie Beispielprotokolle.

Das haben Sie gelernt: Fehlerbetrachtung bei quantitativen Analysen

- Das ▸Kap. 8 erläuterte zunächst die Begriffe „systematischer Fehler" und „zufälliger Fehler":
  - Ein zufälliger Fehler liefert ungenaue Messwerte.
  - Ein systematischer Fehler liefert falsche Messwerte.
- Über die verschiedenen Arten von Waagen und Volumenmessgeräten sowie deren Verwendung wurden Sie kurz informiert.
- Der letzte Abschnitt führte vereinfacht in die Fehlerrechnung ein:
  - Aus allen Messwerten werden zunächst das arithmetische Mittel (vgl. ▸Kap. 1.6) und die Standardabweichung berechnet.
  - Letztere multipliziert man anschließend mit dem entsprechenden Wert aus der Tabelle der Integralgrenzen der *t*-Verteilung (abhängig von der Zahl der Messwerte).
  - Das Abschlussergebnis ergibt sich wie folgt: $X = \bar{X} \pm s \cdot X_0$

Übungsaufgabe zu Kapitel 8: Fehlerbetrachtung bei quantitativen Analysen

Aufgabe 1

Unsere beiden Studenten Paul Penibel und Fritz Firlefanz haben die Aufgabe, Kupfer iodometrisch zu bestimmen(▶Kap. 6.8.1). Hierbei soll jedoch nicht der Feststoff $CuSO_4 \cdot 5\ H_2O$ wie in der Ph. Eur. beschrieben titriert werden, sondern die Studenten erhalten 100,0 ml einer Lösung, die Kupfer(II)-ionen enthält. Der Kupfergehalt ist als $m(CuSO_4 \cdot 5\ H_2O)$ anzugeben.

Folgende Parameter sind vorgegeben: Aus dem Messkolben werden 20-ml-Aliquote gezogen und entsprechend der Vorschrift mit 0,1-molarer Natriumthiosulfat-Lösung titriert.

	Vorgegebener Messwert	1. Messwert		2. Messwert	
		$V(Na_2S_2O_3)$	$m(CuSO_4 \cdot 5\ H_2O)$	$V(Na_2S_2O_3)$	$m(CuSO_4 \cdot 5\ H_2O)$
	in mg	in ml	in mg	in ml	in mg
Paul Penibel	1 872,7	Übertitriert/verworfen		15,05	1 879,0
Fritz Firlefanz	2 122,4	17,70	2 209,8	16,60	2 072,5

	Vorgegebener Messwert	3. Messwert		4. Messwert	
		$V(Na_2S_2O_3)$	$m(CuSO_4 \cdot 5\ H_2O)$	$V(Na_2S_2O_3)$	$m(CuSO_4 \cdot 5\ H_2O)$
	in mg	in ml	in mg	in ml	in mg
Paul Penibel	1 872,7	15,00	1 872,7	15,05	1 879,0
Fritz Firlefanz	2 122,4	17,80	2 222,3	Nicht ausgeführt	

Bewerten Sie die Richtigkeit und Vertrauenswürdigkeit beider Analysen.

Die gemessenen Werte sollen maximal 0,5 % vom vorgegebenen Wert abweichen.

8

9 Anhang

9.1 Elementtabelle

Tab. 9.1 Chemische Elemente (ergänzt durch Informationen der IUPAC[a]

Elementname			Symbol	OZ	Relative Atommasse A_r
Deutsch	Latein	Englisch			
Actinium	actinium	actinium	Ac	89	(227)
Aluminium	aluminium	aluminium (*brit.*) aluminum (*US*)	Al	13	26,98
Americium	americium	americium	Am	95	(243)
Antimon	stibium, antimonium	antimony	Sb	51	121,76
Argon	argon	argon	Ar	18	39,95
Arsen	arsenicum	arsenic	As	33	74,92
Astat	astatine	astatine	At	85	(210)
Barium	barium	barium	Ba	56	137,33
Berkelium	berkelium	berkelium	Bk	97	(247)
Beryllium	beryllium	beryllium	Be	4	9,01
Bismut	bismut(h)um	bismuth	Bi	83	208,98
Blei	plumbum	lead	Pb	82	207,20
Bohrium	bohrium	bohrium	Bh	107	(264)
Bor	borum	boron	B	5	10,81
Brom	bromum	bromine	Br	35	79,90

■ **Tab. 9.1** Chemische Elemente (ergänzt durch Informationen der IUPAC[a] (Fortsetzung)

Elementname			**Symbol**	**OZ**	**Relative Atommasse A_r**
Deutsch	**Latein**	**Englisch**			
Cadmium	cadmium	cadmium	Cd	48	112,41
Caesium	caesium	caesium cesium	Cs	55	132,91
Calcium	calcium	calcium	Ca	20	40,08
Californium	californium	californium	Cf	98	(251)
Cer	cerium	cerium	Ce	58	140,12
Chlor	chlorum	chlorine	Cl	17	35,45
Chrom	chromium	chromium chrome	Cr	24	52,00
Cobalt	cobaltum	cobalt	Co	27	58,93
Copernicium	copernicium	copernicium	Cn	112	(277)
Curium	curium	curium	Cm	96	(247)
Darmstadtium	darmstadtium	darmstadtium	Ds	110	(281)
Dubnium	dubnium	dubnium	Db	105	(262)
Dysprosium	dysprosium	dysprosium	Dy	66	162,50
Einsteinium	einsteinium	einsteinium	Es	99	(252)
Eisen	ferrum	iron	Fe	26	55,85
Erbium	erbium	erbium	Er	68	167,3
Europium	europium	europium	Eu	63	152,0
Fermium	fermium	fermium	Fm	100	(257)
Flerovium	flerovium	flerovium	Fl	114	(289)
Fluor	fluorum	fluorine	F	9	19,00
Francium	francium	francium	Fr	87	(223)
Gadolinium	gadolinium	gadolinium	Gd	64	157,3
Gallium	gallium	gallium	Ga	31	69,72
Germanium	germanium	germanium	Ge	32	72,63
Gold	aurum	gold	Au	79	197,0
Hafnium	hafnium	hafnium	Hf	72	178,5

Tab. 9.1 Chemische Elemente (ergänzt durch Informationen der IUPAC[a] (Fortsetzung)

Elementname			Symbol	OZ	Relative Atommasse A_r
Deutsch	Latein	Englisch			
Hassium	hassium	hassium	Hs	108	
Helium	helium	helium	He	2	4,00
Holmium	holmium	holmium	Ho	67	164,9
Indium	indium	indium	In	49	114,8
Iod	iodum	iodine	I	53	126,9
Iridium	iridium	iridium	Ir	77	192,2
Kalium	kalium	potassium	K	19	39,10
Kohlenstoff	carboneum	carbon	C	6	12,01
Krypton	krypton	krypton	Kr	36	83,80
Kupfer	cuprum	copper	Cu	29	63,55
Lanthan	lanthanium	lanthanum	La	57	138,91
Lawrencium	lawrencium	lawrencium	Lr	103	(262)
Lithium	lithium	lithium	Li	3	6,94
Livermorium	livermorium	livermorium	Lv	116	
Lutetium	lutetium	lutetium	Lu	71	175,0
Magnesium	magnesium	magnesium	Mg	12	24,31
Mangan	manganium	manganese	Mn	25	54,94
Meitnerium	meitnerium	meitnerium	Mt	109	(268)
Mendelevium	mendelevium	mendelevium	Md	101	(258)
Molybdän	molybdaenum	molybdenum	Mo	42	95,96
Moscovium	moscovium	moscovium	Mc	115	(288)
Natrium	natrium	sodium	Na	11	22,99
Neodym	neodymium	neodymium	Nd	60	144,2
Neon	neon	neon	Ne	10	20,18
Neptunium	neptunium	neptunium	Np	93	(237)
Nickel	niccolum	nickel	Ni	28	58,69
Nihonium	nihonium	nihonium	Nh	113	(287)

Tab. 9.1 Chemische Elemente (ergänzt durch Informationen der IUPAC[a] (Fortsetzung)

Elementname			Symbol	OZ	Relative Atommasse A_r
Deutsch	Latein	Englisch			
Niob	niobium	niobium	Nb	41	92,91
Nobelium	nobelium	nobelium	No	102	(259)
Oganesson	oganesson	oganesson	Og	118	(294)
Osmium	osmium	osmium	Os	76	190,2
Palladium	palladium	palladium	Pd	46	106,4
Phosphor	phosphorus	phosphorus	P	15	30,97
Platin	platinum	platinum	Pt	78	195,1
Plutonium	plutonium	plutonium	Pu	94	(244)
Polonium	polonium	polonium	Po	84	(210)
Praseo-dym(ium)	praseodymium	praseodymium	Pr	59	140,9
Promethium	promethium	promethium	Pm	61	(147)
Protactinium	protactinium	protactinium	Pa	91	231,0
Quecksilber	hydrargyrum, mercurium	mercury	Hg	80	200,6
Radium	radium	radium	Ra	88	(226)
Radon	radon	radon	Rn	86	(222)
Rhenium	rhenium	rhenium	Re	75	186,2
Rhodium	rhodium	rhodium	Rh	45	102,9
Roentgenium	roentgenium	roentgenium	Rg	111	(280)
Rubidium	rubidium	rubidium	Rb	37	85,47
Ruthenium	ruthenium	ruthenium	Ru	44	101,1
Rutherfordium	rutherfordium	rutherfordium	Rf	104	(261)
Samarium	samarium	samarium	Sm	62	150,4
Sauerstoff	oxygenium	oxygen	O	8	16,00
Scandium	scandium	scandium	Sc	21	44,96
Schwefel	sulfur, sulpur	sulphur, sulfur	S	16	32,07
Seaborgium	seaborgium	seaborgium	Sg	106	(263)

Tab. 9.1 Chemische Elemente (ergänzt durch Informationen der IUPAC[a] (Fortsetzung)

Elementname			Symbol	OZ	Relative Atommasse A_r
Deutsch	Latein	Englisch			
Selen	selenium	selenium	Se	34	78,96
Silber	argentum	silver	Ag	47	107,9
Silicium	silicium	silicon	Si	14	28,09
Stickstoff	nitrogenium	nitrogen	N	7	14,01
Strontium	strontium	strontium	Sr	38	87,62
Tantal	tantalum	tantalum	Ta	73	180,9
Technetium	technetium	technetium	Tc	43	(99)
Tellur	tellurium	tellurium	Te	52	127,6
Tennessine (Tenness)	tennessine	tennessine	Ts	117	(292)
Terbium	terbium	terbium	Tb	65	158,9
Thallium	thallium	thallium	Tl	81	204,4
Thorium	thorium	thorium	Th	90	232,0
Thulium	thulium	thulium	Tm	69	168,9
Titan	titanium	titanium	Ti	22	47,87
Uran	uranium	uranium	U	92	238,0
Vanadium (Vanadin)	vanadium	vanadium	V	23	50,94
Wasserstoff	hydrogenium	hydrogen	H	1	1,01
Wolfram	wolframium	tungsten	W	74	183,8
Xenon	xenon	xenon	Xe	54	131,3
Ytterbium	ytterbium	ytterbium	Yb	70	173,1
Yttrium	yttrium	yttrium	Y	39	88,91
Zink	zincum	zinc	Zn	30	65,38
Zinn	stannum	tin	Sn	50	118,7
Zirconium	zirconium	zirconium	Zr	40	91,22

Die relativen Atommassen entstammen der Internetseite der IUPAC (www.iupac.org) und sind auf zwei Stellen nach dem Komma gerundet. Bei einem fehlenden Wert gibt die IUPAC noch keinen bestätigten Wert an. Werte in Klammern sind unbestätigt.

9.2 Musterprotokolle

Im Folgenden finden Sie zwei Musterprotokolle. Das erste Protokoll (▸ Kap. 9.2.1) ist für ein chemisches Grundpraktikum gedacht (Studenten im Fach Chemie, 1. oder 2. Semester; Ausbildung Chemielaboranten/CTA), das zweite (▸ Kap. 9.2.2) für eine pharmazeutische Grundausbildung (Pharmaziestudenten/PTA).

9.2.1 Musterprotokoll für ein chemisches Grundpraktikum

Protokoll

Analyse Nr.: 0815 02.05.2018

Aufgabe
Bestimmung des Antimon(III)-Gehalts einer Lösung mit $\frac{1}{60}$-molarer Kaliumbromat-Lösung und Herstellung der Maßlösung

Literatur
Jander/Jahr 2017, 19. Aufl., S. 196 f.

Reaktionsgleichungen
$6\ H^+ + KBrO_3 + 5\ Br^- \rightarrow 3\ Br_2 + 3\ H_2O + K^+$
$3\ Sb^{3+} + 3\ Br_2 \rightarrow 3\ Sb^{5+} + 6\ Br^-$
Zusammengefasst (vgl. hierzu ▸ Kap. 5.4, letzter Teil):
$6\ H^+ + KBrO_3 + 3\ Sb^{3+} \rightarrow 3\ Sb^{5+} + 3\ H_2O + KBr$

Geräte und Chemikalien
- Titrierbecher, Bechergläser
- 10-ml-Bürette
- 20-ml-Vollpipette
- Messkolben (1000 ml, 100 ml)
- Feinwaage
- Trockenschrank, Heizplatte
- pH-Papier
- Kaliumbromat $KBrO_3$ (p. a.)
- Verdünnte Salzsäure HCl
- Methylorange-Indikatorlösung
- Destilliertes oder entionisiertes Wasser

Herstellung der Maßlösung
- $KBrO_3$ als Analysensubstanz bei 180 °C trocknen.
- Nach dem Erkalten 2,7833 g $KBrO_3$ einwiegen, in destilliertem Wasser auflösen und im Messkolben mit destilliertem Wasser auf 1 l auffüllen.
- Einwaage: 2,7942 g $KBrO_3$

$$\text{Faktor } f = \frac{m_{real}}{m_{th}} = \frac{2{,}7942\ g}{2{,}7833\ g} = 1{,}0039$$

(Vgl. hierzu ▸ Kap. 6.6.2, darin ◘ Tab. 6.3)

9

Durchführung der Analyse

- Probe in einen 100-ml-Messkolben überführen und mit verdünnter Salzsäure auf 100,0 ml auffüllen.
- Mit einer 20-ml-Vollpipette Aliquote ziehen und in Titrierbecher überführen, ggf. noch etwas verdünnte Salzsäure zusetzen, um das Probenvolumen zu erhöhen.
- Lösung muss sauer sein (pH-Papier rot).
- Lösung im Titrierbecher auf 50–60 °C erhitzen und mit Methylorange-Indikatorlösung versetzen.
- Bei dieser Temperatur mit der Maßlösung bis zur Entfärbung der Lösung titrieren (kurz vor dem Äquivalenzpunkt noch einmal Indikatorlösung zusetzen und Maßlösung langsam zutropfen).

Messwerte und Rechenweg

$f(KBrO_3) = 1{,}0039$

$M(Sb^{3+}) = M(Sb) = 121{,}76\,g \cdot mol^{-1}$

Aus der Summenreaktionsgleichung folgt:

$$\frac{n(Sb^{3+})}{n(KBrO_3)} = \frac{3}{1}$$

$$n(Sb^{3+}) = 3\,n(KBrO_3)$$

$$\frac{m(Sb^{3+})}{M(Sb^{3+})} = 3 \cdot c(KBrO_3) \cdot V(KBrO_3) \cdot f(KBrO_3)$$

$$m(Sb^{3+}) = 3 \cdot c(KBrO_3) \cdot V(KBrO_3) \cdot f(KBrO_3) \cdot M(Sb^{3+}) \cdot 5$$

(Faktor 5: Probe war vorher gefünftelt worden.)

	Aliquot	V(KBrO3)	$m(Sb^{3+})$ berechnet
1	20 ml	7,29 ml	222,76 mg
2	20 ml	7,28 ml	222,46 mg
3	20 ml	7,27 ml	222,15 mg

$\bar{X} = 222{,}46\,mg$

$s = 0{,}3050\,mg$

$X_0\ (P = 95\,\%) = 4{,}30$

$X = \bar{X} \pm s \cdot X_0$

$X = 222{,}46\,mg \pm 0{,}3050\,mg \cdot 4{,}30$

$X = 222{,}46\,mg \pm 1{,}3115\,mg$

$X = (222{,}5 \pm 1{,}3)\,mg$

(Vgl. hierzu ▸Kap. 8.2)

Ergebnis

Die Probe enthält (222,5 ± 1,3) mg Antimon(III) (P = 95 %).

Gefahrstoffe

- Für Antimon(III)-Ionen stellvertretend $SbCl_3$:
  - Piktogramme: GHS 05, GHS 09
  - Signalwort: Gefahr
  - H-Sätze:
    H 314 Verursacht schwere Verätzungen der Haut und schwere Augenschäden.
    H 411 Giftig für Wasserorganismen, mit langfristiger Wirkung.
  - P-Sätze:
    P 273 Freisetzung in die Umwelt vermeiden.
    P 301 + 330 + 331 bei Verschlucken: Mund ausspülen. KEIN Erbrechen herbeiführen.
    P 305 + 351 + 338 bei Berührung mit den Augen: Einige Minuten lang behutsam mit Wasser spülen. Vorhandene Kontaktlinsen nach Möglichkeit entfernen. Weiter spülen.
    P 308 + 310 Bei Exposition oder falls betroffen: Sofort Giftinformationszentrum oder Arzt anrufen.

- Kaliumbromat:
  - Piktogramme: GHS 03, GHS 06, GHS 08
  - Signalwort: Gefahr
  - H-Sätze:
    H 271 Kann Brand oder Explosion verursachen; starkes Oxidationsmittel.
    H 350 Kann Krebs erzeugen.
    H 301 Giftig bei Verschlucken.
  - P-Sätze:
    P 201 Vor Gebrauch besondere Anweisungen einholen.
    P 210 Von Hitze/Funken/offener Flamme/heißen Oberflächen fernhalten. Nicht rauchen.
    P 221a Mischen mit brennbaren Stoffen unbedingt verhindern.
    P281 Vorgeschriebene persönliche Schutzausrüstung verwenden.
    P 308 + 313 bei Exposition oder falls betroffen: Ärztlichen Rat einholen/ärztliche Hilfe hinzuziehen.
    P405 Unter Verschluss aufbewahren.

- Verdünnte Salzsäure:
  - Piktogramm: GHS 05
  - Signalwort: Achtung
  - H-Satz:
    H 290 Kann gegenüber Metallen korrosiv sein.
  - P-Sätze:
    P 234 Nur im Originalbehälter aufbewahren.
    P 390 Verschüttete Mengen aufnehmen, um Materialschäden zu vermeiden.

Entsorgung

- Antimonhaltige Lösungen und Reste in die Abfallflasche für Schwermetalle (nach Beendigung aller Arbeiten pH-Wert in dieser Flasche prüfen → muss sauer sein!).
- Reste von $KBrO_3$ mit geeignetem ungiftigem Reduktionsmittel (verwendetes angeben) vollständig reduzieren und in großer Verdünnung in den Ausguss geben.
- Verdünnte Salzsäure in den Ausguss.

9.2.2 Musterprotokoll einer Gehaltsbestimmung als Bestandteil einer Arzneibuch-Monografie

Grundstoffe für das pharmazeutische Arbeiten müssen bestimmten Anforderungen genügen. Dazu haben die Arzneibücher (Ph. Eur., DAB, USP, JP usw.) Monografien erstellt, nach denen zunächst die Identität des Stoffes festzustellen, danach die Grenze bestimmter (natürlich vorkommender oder durch den Herstellungsprozess bedingter) Verunreinigungen zu prüfen und schließlich sein Gehalt zu bestimmen ist. Die Gehaltsbestimmung ist meist eine Titration, bei der der Massenprozentgehalt der betreffenden Charge ermittelt wird. Die Arzneibücher geben dafür die Grenzen vor [z. B. 98,5 bis 100,5 % (m/m)].

Jeder, der Stoffe für den pharmazeutischen Gebrauch in Verkehr bringt, muss ein Zertifikat beifügen (Beispiel ⚬ Abb. 9.1), das alle durch die Monografie vorgegebenen Untersuchungen (Identität, Reinheit, Gehalt) bestätigt. Alle Messergebnisse müssen innerhalb der vom Arzneibuch vorgegebenen Toleranzen liegen. Diese Übersicht ist auch vom Apothekenpersonal vor Gebrauch noch einmal mit dem Arzneibuch abzugleichen. Des Weiteren wird häufig noch eine Identitätsbestimmung (z. B. Schmelzpunkt) ausgeführt, um Verwechslungen auszuschließen.

Mithilfe bestimmter Formulare (z. B. Deutscher Apotheker Verlag, Vordruck 121 400 200/2012), in die alle Bestimmungen, die eine Arzneibuch-Monografie fordert, eingetragen werden, können in der Apotheke selbst auch Stoffe geprüft und freigegeben werden. Diesem Formular werden alle Einzelprotokolle als Anlage beigefügt.

Als Beispiel ist hier die Gehaltsbestimmung von Borsäure als ein Bestandteil der Monografie angegeben. Diese wird hier zu Ausbildungszwecken sehr ausführlich dargestellt; in der Praxis ist sie viel kürzer.

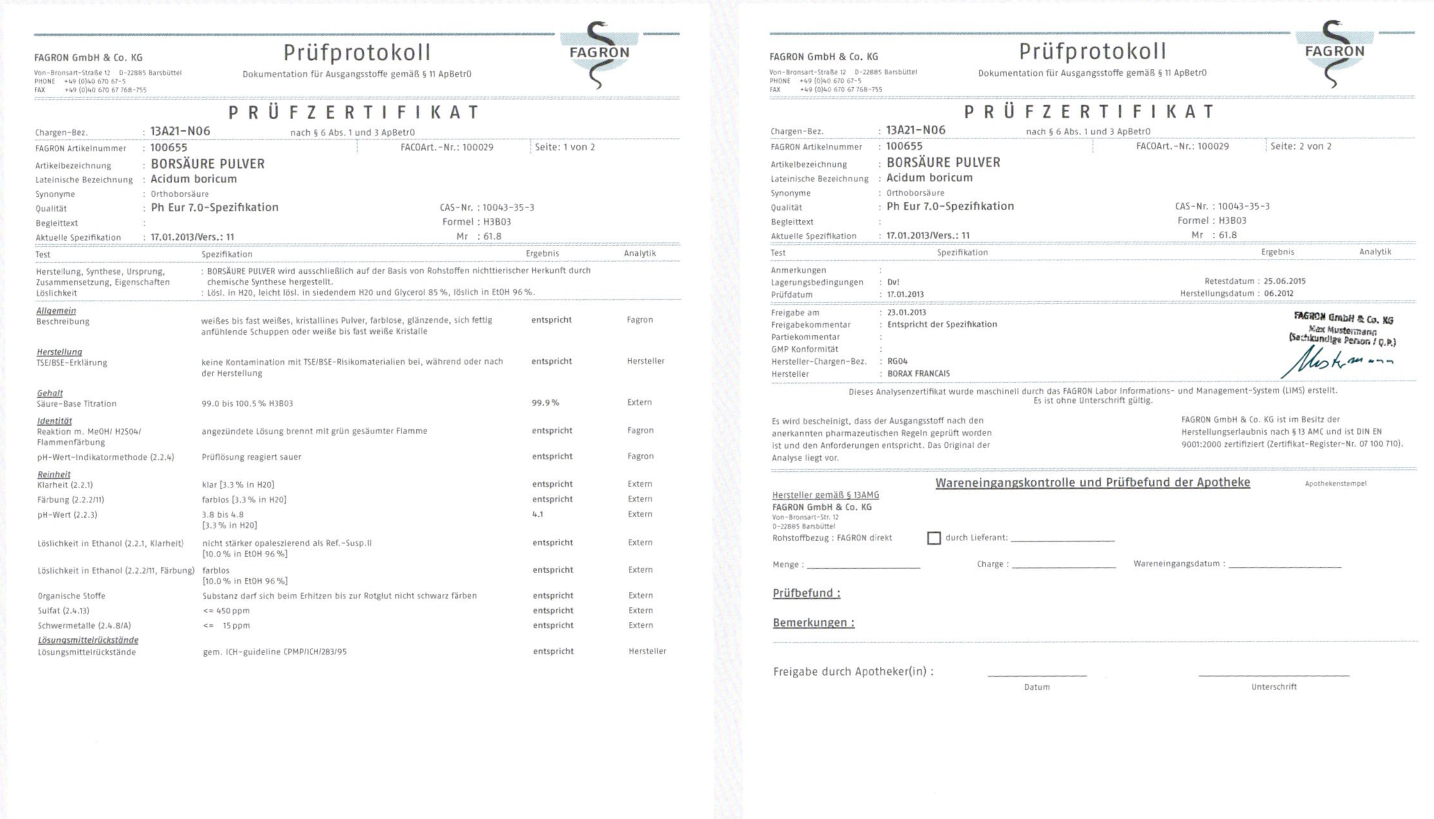

FAGRON GmbH & Co. KG
Von-Bronsart-Straße 12 D-22885 Barsbüttel
PHONE +49 (0)40 670 67-5
FAX +49 (0)40 670 67 768-755

Prüfprotokoll
Dokumentation für Ausgangsstoffe gemäß § 11 ApBetrO

PRÜFZERTIFIKAT
nach § 6 Abs. 1 und 3 ApBetrO

Chargen-Bez. : 13A21-N06
FAGRON Artikelnummer : 100655 — FACOArt.-Nr.: 100029 — Seite: 1 von 2
Artikelbezeichnung : BORSÄURE PULVER
Lateinische Bezeichnung : Acidum boricum
Synonyme : Orthoborsäure
Qualität : Ph Eur 7.0-Spezifikation — CAS-Nr. : 10043-35-3
Begleittext : — Formel : H3BO3
Aktuelle Spezifikation : 17.01.2013/Vers.: 11 — Mr : 61.8

Herstellung, Synthese, Ursprung, Zusammensetzung, Eigenschaften : BORSÄURE PULVER wird ausschließlich auf der Basis von Rohstoffen nichttierischer Herkunft durch chemische Synthese hergestellt.
Löslichkeit : Lösl. in H2O, leicht lösl. in siedendem H2O und Glycerol 85 %, löslich in EtOH 96 %.

Test	Spezifikation	Ergebnis	Analytik
Allgemein			
Beschreibung	weißes bis fast weißes, kristallines Pulver, farblose, glänzende, sich fettig anfühlende Schuppen oder weiße bis fast weiße Kristalle	entspricht	Fagron
Herstellung			
TSE/BSE-Erklärung	keine Kontamination mit TSE/BSE-Risikomaterialien bei, während oder nach der Herstellung	entspricht	Hersteller
Gehalt			
Säure-Base Titration	99.0 bis 100.5 % H3BO3	99.9 %	Extern
Identität			
Reaktion m. MeOH/ H2SO4/ Flammenfärbung	angezündete Lösung brennt mit grün gesäumter Flamme	entspricht	Fagron
pH-Wert-Indikatormethode (2.2.4)	Prüflösung reagiert sauer	entspricht	Fagron
Reinheit			
Klarheit (2.2.1)	klar [3.3 % in H2O]	entspricht	Extern
Färbung (2.2.2/II)	farblos [3.3 % in H2O]	entspricht	Extern
pH-Wert (2.2.3)	3.8 bis 4.8 [3.3 % in H2O]	4.1	Extern
Löslichkeit in Ethanol (2.2.1, Klarheit)	nicht stärker opaleszierend als Ref.-Susp.II [10.0 % in EtOH 96 %]	entspricht	Extern
Löslichkeit in Ethanol (2.2.2/II, Färbung)	farblos [10.0 % in EtOH 96 %]	entspricht	Extern
Organische Stoffe	Substanz darf sich beim Erhitzen bis zur Rotglut nicht schwarz färben	entspricht	Extern
Sulfat (2.4.13)	<= 450 ppm	entspricht	Extern
Schwermetalle (2.4.8/A)	<= 15 ppm	entspricht	Extern
Lösungsmittelrückstände			
Lösungsmittelrückstände	gem. ICH-guideline CPMP/ICH/283/95	entspricht	Hersteller

FAGRON GmbH & Co. KG
Von-Bronsart-Straße 12 D-22885 Barsbüttel
PHONE +49 (0)40 670 67-5
FAX +49 (0)40 670 67 768-755

Prüfprotokoll
Dokumentation für Ausgangsstoffe gemäß § 11 ApBetrO

PRÜFZERTIFIKAT
nach § 6 Abs. 1 und 3 ApBetrO

Chargen-Bez. : 13A21-N06
FAGRON Artikelnummer : 100655 — FACOArt.-Nr.: 100029 — Seite: 2 von 2
Artikelbezeichnung : BORSÄURE PULVER
Lateinische Bezeichnung : Acidum boricum
Synonyme : Orthoborsäure
Qualität : Ph Eur 7.0-Spezifikation — CAS-Nr. : 10043-35-3
Begleittext : — Formel : H3BO3
Aktuelle Spezifikation : 17.01.2013/Vers.: 11 — Mr : 61.8

Test — Spezifikation — Ergebnis — Analytik

Anmerkungen :
Lagerungsbedingungen : Dv! — Retestdatum : 25.06.2015
Prüfdatum : 17.01.2013 — Herstellungsdatum : 06.2012

Freigabe am : 23.01.2013
Freigabekommentar : Entspricht der Spezifikation
Partiekommentar :
GMP Konformität :
Hersteller-Chargen-Bez. : RG04
Hersteller : BORAX FRANCAIS

FAGRON GmbH & Co. KG
Max Mustermann
(Sachkundige Person / Q.P.)

Dieses Analysenzertifikat wurde maschinell durch das FAGRON Labor Informations- und Management-System (LIMS) erstellt. Es ist ohne Unterschrift gültig.

Es wird bescheinigt, dass der Ausgangsstoff nach den anerkannten pharmazeutischen Regeln geprüft worden ist und den Anforderungen entspricht. Das Original der Analyse liegt vor.

FAGRON GmbH & Co. KG ist im Besitz der Herstellungserlaubnis nach § 13 AMG und ist DIN EN 9001:2000 zertifiziert (Zertifikat-Register-Nr. 07 100 710).

Wareneingangskontrolle und Prüfbefund der Apotheke — Apothekenstempel

Hersteller gemäß § 13AMG
FAGRON GmbH & Co. KG
Von-Bronsart-Str. 12
D-22885 Barsbüttel
Rohstoffbezug : FAGRON direkt ☐ durch Lieferant: ____________

Menge : ____________ Charge : ____________ Wareneingangsdatum : ____________

Prüfbefund :

Bemerkungen :

Freigabe durch Apotheker(in) : ____________ Datum ____________ Unterschrift

○ **Abb. 9.1** Beispiel für ein Analysenzertifikat (Borsäure, Fa. Fagron®)

9

Protokoll

Bestimmung des Gehalts von Borsäure (Charge XYZ)

Literatur Ph. Eur. 9.0/0001

Reaktionsgleichungen

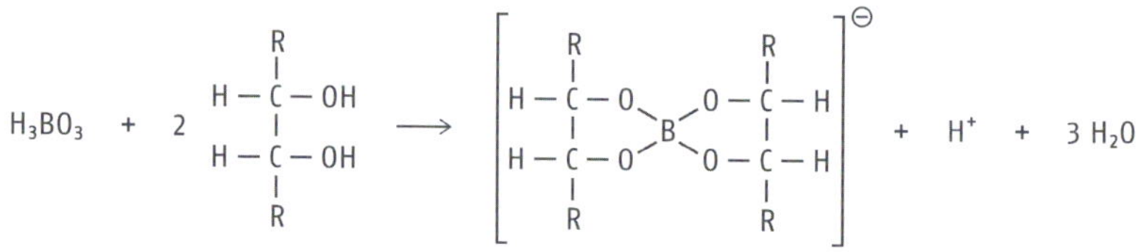

Mannitol Mannito-borsäure

$NaOH + H^+ \rightarrow H_2O + Na^+$

Geräte und Chemikalien

- Titrierbecher, Bechergläser
- 25-ml-Bürette
- Feinwaage, Laborwaage, Wägeschiffchen
- Mannitol *R*
- Natriumhydroxid-Lösung ($1\,mol \cdot l^{-1}$), f = 0,985

Durchführung

- 1,000 g Borsäure abwiegen, in ein Gemisch aus 15 g Mannitol *R* und 100 ml Wasser *R* geben, und Borsäure unter Erwärmen lösen.
- Einige Tropfen Phenolphthalein-Lösung *R* zusetzen.
- Mit der Natriumhydroxid-Maßlösung von farblos nach schwach violett titrieren.

Messwerte und Rechnung

$f(NaOH) = 0{,}985$

$M(H_3BO_3) = 61{,}84\,g \cdot mol^{-1}$

aus den Reaktionsgleichungen folgt:

$$\frac{n(H_3BO_3)}{n(NaOH)} = \frac{1}{1}$$

$$n(H_3BO_3) = n(NaOH)$$

$$\frac{m(H_3BO_3)}{M(H_3BO_3)} = c(NaOH) \cdot V(NaOH) \cdot f(NaOH)$$

$$m(H_3BO_3) = c(NaOH) \cdot V(NaOH) \cdot f(NaOH) \cdot M(H_3BO_3)$$

Nr.	Einwaage Borsäure in g	Verbrauchtes Volumen NaOH in ml	Berechnete Menge Borsäure in g	Gehalt Borsäure in % (m/m)
1	1,0034	16,0	0,9730	96,970
2	1,0113	16,1	0,9811	97,014
3	0,9755	15,5	0,9460	96,976

Mittelwert: 96,987 % (m/m)

Ergebnis

Die Probe enthält zu 97,0 % (m/m) Borsäure.
Damit entspricht sie nicht den Anforderungen der Ph. Eur.

Gefahrstoffe

- Borsäure:
  - Piktogramm: GHS 08
  - Signalwort: Gefahr
  - H-Satz:
    H 360FD Kann die Fruchtbarkeit beeinträchtigen. Kann das Kind im Mutterleib schädigen.
  - P-Sätze:
    P 201 Vor Gebrauch besondere Anweisungen einholen.
    P 281 Vorgeschriebene persönliche Schutzausrüstung verwenden.
    P 308 + 310 Bei Exposition oder falls betroffen: Sofort Giftinformationszentrum oder Arzt anrufen.
    P 405 Unter Verschluss aufbewahren.
- Natriumhydroxid-Lösung ($1\ mol \cdot l^{-1}$):
  - Piktogramm: GHS 05
  - Signalwort: Gefahr
  - H-Satz:
    H 314 Verursacht schwere Verätzungen der Haut und schwere Augenschäden.
  - P-Sätze:
    P 280 Schutzhandschuhe/Schutzkleidung/Augenschutz/Gesichtsschutz tragen.
    P 301 + 330 + 331 bei Verschlucken: Mund ausspülen. KEIN Erbrechen herbeiführen.
    P 307 + 310 bei Exposition: Sofort Giftinformationszentrum oder Arzt anrufen.
    P 305 + 351 + 338 bei Berührung mit den Augen: Einige Minuten lang behutsam mit Wasser spülen. Vorhandene Kontaktlinsen nach Möglichkeit entfernen. Weiter spülen.

Entsorgung

Neutralisierte Lösungen können in den Ausguss gegeben werden, ebenso Borsäure und Natronlauge selbst in großer Verdünnung.

9.3 Lösungen zu den Übungsaufgaben

In diesem Kapitel sind nur die Lösungen zu den einzelnen Übungsaufgaben aufgeführt. In ▸ Kap. 9.4 sind die Lösungswege und Rechenwege der meisten Aufgaben noch ausführlicher dargestellt. Schlagen Sie dort bitte erst nach, wenn Ihre eigenen Lösungsversuche nicht zum Ziel führen. Mitunter sind auch andere Lösungswege als die in ▸ Kap. 9.4 angegebenen möglich.

Lösungen zu Kapitel 1: Mathematische Grundlagen

Aufgabe 1.1

$\frac{4}{20}; \quad \frac{69}{45}; \quad \frac{91}{84}; \quad \frac{48}{80}; \quad \frac{63}{27}$

Aufgabe 1.2

$\frac{4}{3}; \quad \frac{7}{5}; \quad \frac{12}{11}; \quad \frac{3}{8}; \quad \frac{15}{16}$

Aufgabe 1.3

$\frac{7}{60}; \quad -\frac{54}{17}; \quad \frac{54}{5}$

Aufgabe 1.4

$1; \quad 14; \quad -\frac{3}{70}$

Aufgabe 1.5

a) $m = \rho \cdot V$ und $V = \frac{m}{\rho}$

b) $d = \sqrt{\frac{4 \cdot V}{\pi \cdot h}}$

c) $m(Al^{3+}) = [c(Na_2H_2Y, \text{gesamt}) \cdot V(Na_2H_2Y, \text{gesamt})$

$- c(ZnSO_4) \cdot V(ZnSO_4)] \cdot M(Al^{3+})]$

und

$$V(ZnSO_4) = \frac{1}{c(ZnSO_4)}\left[(c(Na_2H_2Y, \text{gesamt}) \cdot V(Na_2H_2Y, \text{gesamt}) - \frac{m(Al^{3+})}{M(Al^{3+})}\right]$$

Aufgabe 1.6

a) $x = 3$

b) $x = 2{,}5$

c) $x = -\frac{1}{3}$

d) $x = -16\frac{1}{3}$

e) $x = 4$

Aufgabe 1.7

a) $x_1 = -13; x_2 = -3$
b) $x_1 = 20; x_2 = -6$
c) Keine Lösung
d) $x = 8$ (eine Lösung)
e) $x_1 = 0{,}4648; x_2 = 2{,}8685$
f) $x_1 = -0{,}020\,\text{mol} \cdot l^{-1}; \; x_2 = 0{,}017\,\text{mol} \cdot l^{-1}$

Aufgabe 1.8

In ▸ Kap. 6.9.2 finden Sie die Lösung:

$$x = \frac{c(AgNO_3) \cdot V(AgNO_3) \cdot M(AgCl) \cdot M(AgBr) - m \cdot M(AgCl)}{M(AgBr) - M(AgCl)}$$

$y = m - x$
Dort wird auch mit einem Zahlenbeispiel für die gegebenen Größen gerechnet.

Aufgabe 1.9

2 187; 1; nicht lösbar; 40 997,2; 0; $1{,}07 \cdot 10^9$; 1; $4{,}82 \cdot 10^{-5}$; 31 622,8; 183,9; $1{,}92 \cdot 10^{-5}$; 2,19; 3,66

Aufgabe 1.10

3,505; 2,505; 1,505; 0,505; −0,495 (= 0,505−1); −1,495; −2,495; −3,495
Bei Verminderung um eine Zehnerpotenz verringert sich der entsprechende dekadische Logarithmus um 1.

Aufgabe 1.11

Zahl	1000	100	10	1	0,1	0,01	0,001
Zahl als Zehnerpotenz	10^3	10^2	10^1	10^0	10^{-1}	10^{-2}	10^{-3}
Dekadischer Logarithmus dieser Zahl	3	2	1	0	−1	−2	−3

Aufgabe 1.12

	Aufgabe a)	Aufgabe b)	Winkel im Kreisdiagramm
Partei A	25,5 %	28,4 %	102,2°
Partei B	21,1 %	23,4 %	84,3°
Partei C	16,1 %	17,9 %	64,4°
Partei D	27,2 %	30,3 %	109,1°
Ungültig/ Nichtwähler	10,1 %	Für Aufgabe b) ergibt sich ein neuer Grundwert: 40 475 000 gültige Stimmen	

9

Aufgabe 1.13

20,00 €. (Achtung: Zwei verschiedene Grundwerte sind zu berücksichtigen!)

Aufgabe 1.14

Etwa 9 % (m/m).

Aufgabe 1.15

Nettoverkaufspreis: 18,60 €; Honorar: 1,49 €.
Ansatz für die Berechnung:

$$107\,\% \triangleq 19{,}90\,€$$
$$100\,\% \triangleq 18{,}60\,€$$
$$8\,\% \triangleq 1{,}49\,€$$

Aufgabe 1.16

0,5 ‰ (V/V); Grenzwert zum Führen eines Fahrzeugs.

Lösungen zu Kapitel 3: Konzentrationen in Chemie und Pharmazie

Aufgabe 3.1

$\beta = 55{,}55\,g \cdot l^{-1}$

Aufgabe 3.2

$V = 176\,l$

Aufgabe 3.3

$c = 2{,}28\,mol \cdot l^{-1}$

Aufgabe 3.4

$m = 209{,}4\,g$

Aufgabe 3.5

H_2SO_4: $c_{eq} = 2\,mol \cdot l^{-1}$ (w = 2)
KOH: $c_{eq} = 3{,}5\,mol \cdot l^{-1}$ (w = 1)
$KMnO_4$: $c_{eq} = 0{,}1\,mol \cdot l^{-1}$ (w = 5)

Aufgabe 3.6

$b = 3{,}19\,mol \cdot kg^{-1}$

Aufgabe 3.7

c[% (m/m)] = 13,24 % (m/m)

Aufgabe 3.8

c[‰ (V/V)] = 1,5 ‰ (V/V). Der Fahrer darf nicht mehr fahren!

Aufgabe 3.9

$\beta = 50\,g \cdot l^{-1}$; $V = 3{,}2\,l$

Aufgabe 3.10

857,14 g 70 %iger (m/m) Isopropanol und 1142,86 g Wasser

Lösungen zu Kapitel 4: Dichte, Rechnen mit Konzentrationen

Aufgabe 4.1

	Dichte der Lösung (20 °C) in g · cm^{-3}	Relative Molekülmasse des gelösten Stoffes	c in mol · l^{-1}	β in g · l^{-1}	Massenprozentgehalt
Natronlauge	1,080	40,00	2	80	7,41
Soda-Lösung	1,135	105,99	**1,392**	147,56	**13**
Kalilauge	1,236	**56,11**	**5,5**	309	25
Schwefelsäure	1,300	**98,09**	5,259	**515,9**	**39,68**
Salzsäure	1,125	**36,46**	**7,781**	283,7	**25,22**
Ammoniak-Lösung	0,880	**17,04**	**17,74**	**302,3**	34,35

Aufgabe 4.2

V = 108,62 ml

Aufgabe 4.3

m = 179,08 g

Aufgabe 4.4

Dichte der Lösung in kg · m^{-3} (20 °C)	Massenprozentgehalt	Volumenprozentgehalt
815,18	**91,01**	94,0
994,37	**2,06**	2,6
985,31	**7,61**	9,5
932,28	41,40	**48,9**
956,70	28,21	**34,2**
847,32	78,20	**84,0**

Aufgabe 4.5

m(Eisessig) = 102,04 g

Aufgabe 4.6

c(ppm) = 500 ppm

Aufgabe 4.7

Zu einem Liter 1,14-molarer Salzsäure müssen 140 ml Wasser zugegeben werden. Man erhält dann 1,14 l 1-molare Salzsäure, denn es gilt:

$$c = \frac{n}{V} = \frac{1{,}14\,\text{mol}}{1{,}14\,\text{l}} = 1\,\text{mol} \cdot \text{l}^{-1}$$

9

Aufgabe 4.8

186,63 g 70 %iger (V/V) Isopropanol und 793,17 g Wasser ergeben 979,8 g 15 %igen (V/V) Isopropanol.

Aufgabe 4.9

c[% (m/m)] = 42,8 % (m/m)

Aufgabe 4.10

$m(H_2O) = 64{,}22\,g$

Lösungen zu Kapitel 5: Chemische Reaktionsgleichungen

Aufgabe 5.1

Bei allen Beispielen: H: +1, O: –2

H_2S: S: –2

$H_2PO_4^-$: P: +5

SO_4^{2-}: S: +6

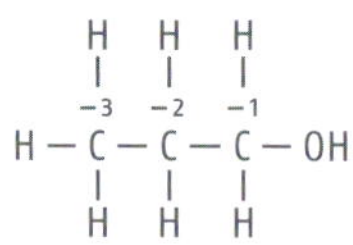

Propan-1-ol

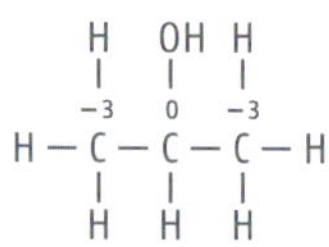

Propan-2-ol

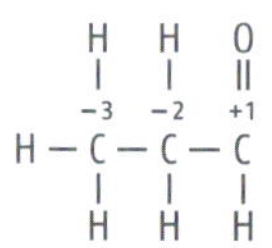

Propionaldehyd

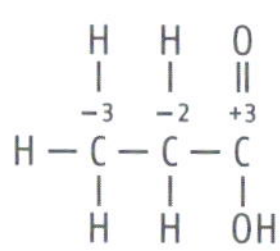

Propionsäure

Aufgabe 5.2

A

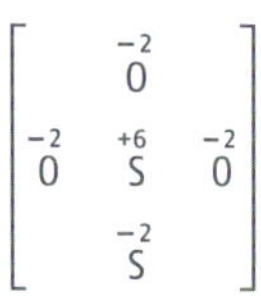

Struktur 1

Vorteil: Thiosulfat zeigt Analogie zu Sulfat.
Nachteile: Bindung S–S scheint gleichartig wie Bindung S–O; S ist genauso negativ wie O.

B

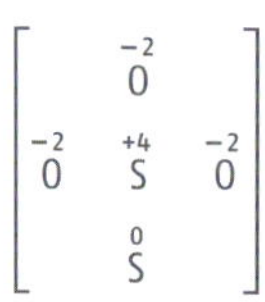

Struktur 2

Vorteile: Ladungsverteilung näher an der Wirklichkeit; Struktur folgt streng den Regeln zum Auffinden von Oxidationszahlen (vgl. ▸Kap. 5.2).
Nachteile: Analogie zum Sulfat wird weniger deutlich; Ladung des äußeren S in Wirklichkeit kleiner als Null.

C

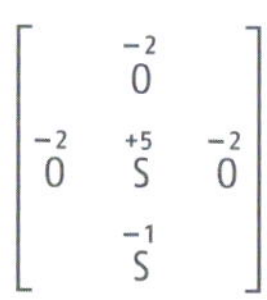

Struktur 3

Nach neueren Erkenntnissen ist dies die Struktur, die der Wirklichkeit am nächsten kommt: Zwischen beiden S besteht eine Einfachbindung (Diplomarbeit J. Kaiser, Univ. Bremen 1998).

Aufgabe 5.3

$(NH_4)_2Ce(NO_3)_6 + FeSO_4 \cdot 7\,H_2O \rightarrow Ce^{3+} + Fe^{3+} + 2\,NH_4^+ + 6\,NO_3^- + SO_4^{2-} + 7\,H_2O$
$KMnO_4 + 5\,FeSO_4 \cdot 7\,H_2O + 8\,H^+ \rightarrow Mn^{2+} + 5\,Fe^{3+} + K^+ + 5\,SO_4^{2-} + 39\,H_2O$

Aufgabe 5.4

a) $Cr_2O_7^{2-} + 6\,Cl^- + 14\,H^+ \rightarrow 2\,Cr^{3+} + Cl_2\uparrow + 7\,H_2O$
$6\,Fe^{2+} + IO_3^- + 6\,H^+ \rightarrow 6\,Fe^{3+} + I^- + 3\,H_2O$
b) $3\,(CN)_2 + H_2O + 2\,CrO_4^{2-} \rightarrow 6\,NCO^- + 2\,H^+ + 2\,Cr(OH)_3$
$4\,I^- + O_2 + 2\,H_2O \rightarrow 2\,I_2 + 4\,OH^-$
c) $2\,MnO_4^- + 3\,Mn^{2+} + 4\,OH^- \rightarrow 5\,MnO_2\downarrow + 2\,H_2O$
$[Sn(OH)_4]^{2-} + 2\,OH^- + [HgY]^{2-} \rightarrow [Sn(OH)_6]^{2-} + Hg\downarrow + Y^{4-}$
d) Ox1: $As_2S_3 + 8\,H_2O \rightarrow 2\,H_3AsO_4 + 4\,e^- + 3\,S^{2-} + 10\,H^+$
Ox2: $As_2S_3 + 12\,H_2O \rightarrow 3\,H_2SO_4 + 24\,e^- + 2\,As^{3+} + 18\,H^+$
Gesamt-Ox: $As_2S_3 + 20\,H_2O \rightarrow 2\,H_3AsO_4 + 3\,H_2SO_4 + 28\,e^- + 28\,H^+$
Red: $HNO_3 + 3\,e^- + 3\,H^+ \rightarrow NO + 2\,H_2O$
Gesamt: $3\,As_2S_3 + 4\,H_2O + 28\,HNO_3 \rightarrow 6\,H_3AsO_4 + 9\,H_3SO_4 + 28\,NO$

Aufgabe 5.5

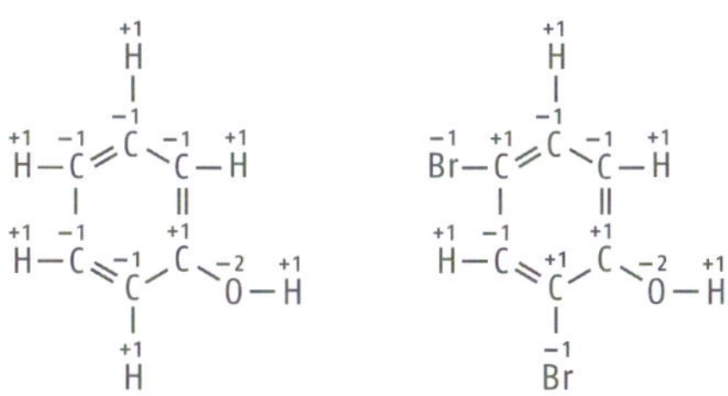

Die Kohlenstoffatome, die das Brom tragen, werden von –1 zu +1 oxidiert.
$C_6H_5OH + 2\,Br_2 \rightarrow C_6H_3Br_2OH + 2\,HBr$

Lösungen zu Kapitel 6: Stöchiometrische Berechnungen

Aufgabe 6.1

a) $H_8O_4N_2Cr \triangleq (NH_4)_2CrO_4$
b) $H_8O_7N_2Cr_2 \triangleq (NH_4)_2Cr_2O_7$

Aufgabe 6.2

76,56 % (m/m) C; 6,44 % (m/m) H; 17,00 % (m/m) O

Aufgabe 6.3

Die Stoffmengenverhältnisse sind von folgender Gleichung aufzustellen:
$MnO_2 + 4\,HCl \rightarrow MnCl_2 + Cl_2 + 2\,H_2O$

Aufgabe 6.4

a) 36,2 g $MnCl_2$
b) 30,8 g $MnCl_2$
c) 7,15 m^3 Cl_2; 40,17 kg MnO_2
d) 507,4 g 90 %iger (m/m) Braunstein; 2 015,8 g 38 %ige (m/m) Salzsäure.

Aufgabe 6.5

a) f(K) = 0,1091
b) $n(K_2SO_4) = \frac{1}{2} \cdot n\,(\text{Borat})$
100 mg Borat $\triangleq 2{,}7906 \cdot 10^{-4}$ mol
$n(K_2SO_4) = \frac{1}{2} \cdot 2{,}7906 \cdot 10^{-4}\ \text{mol} = 1{,}395 \cdot 10^{-4}\ \text{mol}$
$1{,}395 \cdot 10^{-4}$ mol $K_2SO_4 \triangleq 24{,}31$ mg $K_2SO_4 \rightarrow 100$ mg Borat $\triangleq 24{,}31$ mg K_2SO_4

Aufgabe 6.6
f(NaOH) = 0,974

Aufgabe 6.7
V_{th}(NaOH) = 10,45 ml

Aufgabe 6.8
100 mg bis 140 mg $(COOH)_2 \cdot 2\ H_2O$ sind geeignet.

Aufgabe 6.9
m(HCl) = 232,7 mg; c(HCl) = 0,064 mol $\cdot$ l^{-1}

Aufgabe 6.10
$1\ \text{mol} \cdot l^{-1} \cdot 0{,}001\ l \cdot 61{,}84\ \text{g} \cdot \text{mol}^{-1} = 0{,}06184\ \text{g} = 61{,}84\ \text{mg} \approx 61{,}8\ \text{mg}$

Aufgabe 6.11
Volumenbereich 8,1 ml bis 8,3 ml
99,0 % (m/m): 203,3 mg $\triangleq$ 8,1 ml
101,0 % (m/m): 207,5 mg $\triangleq$ 8,3 ml

Aufgabe 6.12
$m(FeSO_4 \cdot 7\ H_2O)$ = 547,8 mg, das sind 97,8 % (m/m) von 560 mg; entspricht nicht der Ph. Eur.

Aufgabe 6.13
$m(Na_2H_2Y \cdot 2\ H_2O)$ = 38,1546 g

Aufgabe 6.14
V_{th}(EDTA) = 18,4 ml

Aufgabe 6.15
100 ml Lösung enthalten 79,3 mg Aluminium; das sind 793 ppm (m/V).

Aufgabe 6.16
V(NaOH) = 13,1 ml

Aufgabe 6.17
n(EDTA) = n(Ca) + n(Zn)
(Zwischenschritte)
m(Ca) = M(Ca) · [c(EDTA) · V(EDTA) – c(Zn) · V(Zn)]
m(Ca) = 93 mg

Aufgabe 6.18
b) $m(Na_2CO_3) = 289{,}3$ mg; $m(NaHCO_3) = 63{,}0$ mg
c) Na_2CO_3: 82,1 % (m/m); $NaHCO_3$: 17,9 % (m/m)

Aufgabe 6.19
Hier zeigt sich der Vorteil von Äquivalentstoffmengenkonzentrationen.
Eine $\frac{1}{60}$-molare $KBrO_3$ ist 0,1 normal (w = 6, weil 6 Elektronen ausgetauscht werden). Eine entsprechende 0,1-normale Lösung von Sb^{3+} wäre 0,05-molar (2 Elektronen werden ausgetauscht).
Fazit: Die einander entsprechenden Volumina einer $\frac{1}{60}$-molaren Kaliumbromat- und einer 0,05-molaren Antimon(III)-Lösung sind gleich: so verbrauchen z. B. 20 ml 0,05-molare Sb^{3+}-Lösung auch 20 ml $\frac{1}{60}$-molare $KBrO_3$-Lösung.

Aufgabe 6.20
- Normalität bezogen auf die Wasserstoff-Ionen: 2-normal (1 mol H_2SO_4 gibt 2 mol H^+ ab).
- Normalität bezogen auf die Sulfat-Ionen: 1-normal (1 mol H_2SO_4 gibt 1 mol SO_4^{2-} ab.)

In den allermeisten Fällen wird die Schwefelsäure als Maßlösung bei Säure-Base-Titrationen eingesetzt. Man könnte mit ihr aber auch eine Fällungstitration (vgl. ▸ Kap. 6.4.4) mit Barium-Ionen in wässriger Lösung durchführen (konduktometrische Endpunkterkennung). Dann wären die Sulfat-Ionen die für diese Titration aktiven Teilchen.
Fazit: Äquivalentstoffmengenkonzentrationen sind kein absoluter Wert wie die Stoffmengenkonzentrationen. Sie hängen immer vom entsprechenden Reaktionssystem ab. Aufgrund dieses Nachteils werden die Normalkonzentrationen heute kaum noch verwendet.

Lösungen zu Kapitel 7: Chemische Gleichgewichte

Aufgabe 7.1

a) $$K = \frac{[HI]^2}{[H_2] \cdot [I_2]} = 60$$

b) Im Quotienten des MWG stehen im Zähler und Nenner gleiche Potenzen von $mol \cdot l^{-1}$.

c) Nein: $K = 0{,}5 \neq 60$

d) Ansatz: $$60 = \frac{(2x)^2}{(0{,}5 - x) \cdot (0{,}3 - x)}$$ (Einheiten weggelassen)

Die quadratische Gleichung ergibt: $x_1 = 0{,}58009\ mol \cdot l^{-1}$; $x_2 = 0{,}27705\ mol \cdot l^{-1}$

x_1 fällt weg, da die berechnete Konzentration nicht größer sein kann als die eines Edukts.
$[H_2] = 0{,}22295\,mol \cdot l^{-1} \approx 0{,}223\,mol \cdot l^{-1}$
$[I_2] = 0{,}02295\,mol \cdot l^{-1} \approx 0{,}023\,mol \cdot l^{-1}$
$[HI] = 0{,}55410\,mol \cdot l^{-1} \approx 0{,}554\,mol \cdot l^{-1}$

Probe: $$\frac{(0{,}554\,mol \cdot l^{-1})^2}{0{,}223\,mol \cdot l^{-1} \cdot 0{,}023\,mol \cdot l^{-1}} \approx 60$$

e) Ansatz: $60 = \frac{(0{,}6 - x)^2}{x^2}$ (Einheiten weggelassen)

Die quadratische Gleichung ergibt: $x_1 < 0$; $x_2 = 0{,}0686\,mol \cdot l^{-1}$
$[H_2] = [I_2] = 0{,}0686\,mol \cdot l^{-1}$
$[HI] = 0{,}5314\,mol \cdot l^{-1}$

Probe: $$\frac{(0{,}5314\,mol \cdot l^{-1})^2}{(0{,}0686\,mol \cdot l^{-1})^2} \approx 60$$

Aufgabe 7.2

$c(H^+)$ in $mol \cdot l^{-1}$	$4{,}35 \cdot 10^{-2}$	$7{,}83 \cdot 10^{-11}$	$4{,}91 \cdot 10^{-4}$	$1{,}48 \cdot 10^{-4}$	$3{,}09 \cdot 10^{-11}$	$5{,}37 \cdot 10^{-8}$
pH	1,36	10,11	3,31	3,83	10,51	7,27

Aufgabe 7.3

Vereinfachte Version: $[OH^-] = c_0(NaOH) = 0{,}1\,mol \cdot l^{-1}$, das ist ein pOH-Wert von 1 und ein pH-Wert von 13.
Ausführliche Version: $K_B = \frac{[Na^+] \cdot [OH^-]}{[NaOH]} = 3{,}6308\,mol \cdot l^{-1}$

Daraus ergibt sich die quadratische Gleichung: $0 = x^2 + K_B \cdot x - K_B \cdot c_0(NaOH)$ mit den Lösungen $x_1 = 9{,}74 \cdot 10^{-2}\,mol \cdot l^{-1}$ und $x_2 < 0$.
Ergebnis: $[OH^-] = 9{,}74 \cdot 10^{-2}\,mol \cdot l^{-1}$, das ist ein pOH-Wert von 1,011 und ein pH-Wert von 12,99.
Fazit: $12{,}99 \approx 13$

Aufgabe 7.4

$$K_B = \frac{[NH_4^+] \cdot [OH^-]}{[NH_3]}$$

Daraus ergibt sich die quadratische Gleichung: $0 = x_2 + K_B \cdot x - K_B \cdot c_0(NH_3)$ mit den Lösungen $x_1 = 1{,}33 \cdot 10^{-3}\,mol \cdot l^{-1}$ und $x_2 < 0$.
Ergebnis: $[OH^-] = 1{,}33 \cdot 10^{-3}\,mol \cdot l^{-1}$, das ist ein pOH-Wert von 2,88 und ein pH-Wert von 11,12.
Fazit: $11{,}12 = 11{,}12$

Aufgabe 7.5

a) $HPO_4^{2-} \rightleftharpoons H^+ + PO_4^{3-}$; $pK_S = 12{,}66$

$$pH = pK_S + \lg\frac{c(\text{Base})}{c(\text{Säure})} = 12{,}66 + \lg\frac{0{,}3\ \text{mol}\cdot l^{-1}}{0{,}6\ \text{mol}\cdot l^{-1}} = 12{,}36$$

b) Basenzugabe: GG verschiebt sich nach rechts, da H^+ entzogen wird; $pH > 12{,}36$.
Säurezugabe: GG verschiebt sich nach links, H^+ wird verbraucht; $pH < 12{,}36$.

c) Es gilt:
- $n(HPO_4^{2-}) = n(PO_4^{3-}) = n(OH^-)$ (folgt aus den Reaktionsgleichungen).
- 50 ml 1-molare Natronlauge enthalten 0,05 mol NaOH.

Vor der Zugabe:
- $c(PO_4^{3-}) = 0{,}3\ \text{mol}\cdot l^{-1}$; $c(HPO_4^{2-}) = 0{,}6\ \text{mol}\cdot l^{-1}$

Nach der Zugabe:
- 0,3 mol + 0,05 mol PO_4^{3-} in 1,05 l Lösung → $c(PO_4^{3-}) = 0{,}333\ \text{mol}\cdot l^{-1}$
- 0,6 mol – 0,05 mol HPO_4^{2-} in 1,05 l Lösung → $c(HPO_4^{2-}) = 0{,}524\ \text{mol}\cdot l^{-1}$

$$pH = 12{,}66 + \lg\frac{0{,}333\ \text{mol}\cdot l^{-1}}{0{,}524\ \text{mol}\cdot l^{-1}} = 12{,}46$$

Fazit: Der pH-Wert steigt um etwa ein Zehntel.

Lösungen zu Kapitel 8: Fehlerbetrachtung bei quantitativen Analysen

Aufgabe 8.1

1. **Paul Penibel:**
   Mittelwert: $\overline{m} = 1876{,}9$ mg
   Abweichung des Mittelwerts vom vorgegebenen Wert: 0,2 %
   $s = 2{,}970$ mg; $X_0(P = 99\,\%) = 9{,}92$
   Ergebnis: $m(CuSO_4 \cdot 5\ H_2O) = (1876{,}9 \pm 29{,}5)$ mg
   Fazit: Vertrauenswürdigkeit gut (geringe Streuung), Messwert innerhalb der vorgegebenen Toleranz (0,5 %)
2. **Fritz Firlefanz:**
   Mittelwert: $\overline{m} = 2\,168{,}2$ mg
   Abweichung des Mittelwerts vom vorgegebenen Wert: 2,2 %
   $s = 67{,}862$ mg; $X_0(P = 99\,\%) = 9{,}92$
   Ergebnis: $m(CuSO_4 \cdot 5\ H_2O) = (2\,168{,}2 \pm 673{,}2)$ mg
   Fazit: ausgeführte Analyse nicht vertrauenswürdig (große Streuung), Endergebnis falsch (zu große Abweichung vom vorgegebenen Wert), obwohl der vorgegebene Wert innerhalb der Messwertschwankung liegt.
   (Solche Analysen werden tatsächlich zur Bewertung abgegeben!)

9.4 Weitere Hinweise und Lösungswege zu einigen Übungsaufgaben

Kapitel 3: Konzentrationen in Chemie und Pharmazie

Zu Aufgabe 3.1

Lösung mit der Definitionsgleichung für die Massenkonzentration (vgl. ▸Kap. 3.1).

Zu Aufgabe 3.2

Lösung mit der Definitionsgleichung für die Massenkonzentration (vgl. ▸Kap. 3.1), nach dem gesuchten Volumen umstellen.

Zu Aufgabe 3.3

1. Umrechnen der Masse in die entsprechende Stoffmenge mit Hilfe der 1. Grundgleichung.
2. Berechnung der Stoffmengenkonzentration mit der Definitionsgleichung (vgl. ▸Kap. 3.1).

Zu Aufgabe 3.4

1. Umrechnen der Stoffmenge in die entsprechende Masse mit Hilfe der 1. Grundgleichung.
2. Berechnung der Masse des 80 %igen (m/m) Eisenpulvers, die die der Stoffmenge 3 mol entsprechenden Masse reinen Eisens enthält. Dazu genügt ein einfacher Dreisatz.

Zu Aufgabe 3.5

Lösung mit der Definitionsgleichung für die Äquivalentstoffmengenkonzentration (vgl. ▸Kap. 3.1). Die wirksamen Wertigkeiten der Substanzen sind in Klammern angegeben; bei Schwefelsäure werden 2 Wasserstoff-Ionen und bei Kaliumhydroxid ein Hydroxid-Ion abgegeben, bei Kaliumpermanganat werden in saurer Lösung 5 Elektronen aufgenommen.

Zu Aufgabe 3.6

Lösung mit der Definitionsgleichung für die Molalität (vgl. ▸Kap. 3.1).

Zu Aufgabe 3.7

1. Die Gesamtlösung wiegt 335 g und ist 8,5 %ig (m/m). Der Natriumchlorid-Gehalt wird über einen Dreisatz bestimmt.
2. Diese Masse Natriumchlorid war vorher in 215 g Lösung enthalten. Der Massenprozentgehalt kann nun über einen weiteren Dreisatz bestimmt werden.

Zu Aufgabe 3.8

Einheitliche Volumeneinheit wählen (Milliliter empfohlen).

Ansatz:

$$\begin{aligned} 2\,\text{ml Blut} &\triangleq 1000\,‰\ (V/V) \\ 0{,}003\,\text{ml} &\triangleq x \\ x &= 1{,}5\,‰\ (V/V) \end{aligned}$$

Zu Aufgabe 3.9

Dreisatz:

$$5\,\text{g Glucose} \triangleq 100\,\text{ml Lösung}$$
$$50\,\text{g Glucose} \triangleq 1000\,\text{ml Lösung} \rightarrow \beta = 50\,\text{g} \cdot \text{l}^{-1}$$
$$160\,\text{g Glucose} \triangleq 3\,200\,\text{ml Lösung} = 3{,}2\,\text{l}$$

Zu Aufgabe 3.10

1. Möglichkeit:

2 kg 30 % ige (m/m) Lösung enthalten 600 g reinen Isopropanol.

Ansatz:

$$30\,\text{g Isopropanol} \triangleq 100\,\text{g Lösung}$$
$$600\,\text{g Isopropanol} \triangleq 2\,000\,\text{g Lösung}$$

600 g Isopropanol sind in 857,14 g 70 %iger Isopropanol-Lösung enthalten.

Ansatz:

$$70\,\text{g Isopropanol} \triangleq 100\,\text{g Lösung}$$
$$600\,\text{g Isopropanol} \triangleq 857{,}14\,\text{g Lösung}$$

Die Differenz ist Wasser: 2 000 g – 857,14 g = 1 142,86 g

2. Möglichkeit:

Mit dem Mischungskreuz (vgl. ▸ Kap. 4):

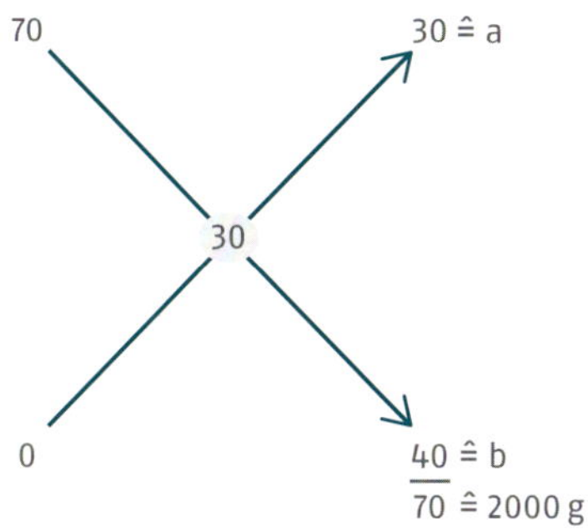

$$a = \frac{30 \cdot 2000\,\text{g}}{70} = 857{,}14\,\text{g}$$

$$b = \frac{40 \cdot 2000\,\text{g}}{70} = 1142{,}86\,\text{g}$$

Kapitel 4: Dichte, Rechnen mit Konzentrationen

Zu Aufgabe 4.1

1. Die relativen Molekülmassen (bzw. molaren Massen) werden aus den entsprechenden Größen der enthaltenen Elemente berechnet; z. B. Na_2CO_3:
   $M_r = 2 \cdot A_r(\text{Na}) + Ar(\text{C}) + 3 \cdot A_r(\text{O}) = 2 \cdot 22{,}99 + 12{,}01 + 3 \cdot 16{,}00 = 105{,}99$
2. c und β sind beide auf Volumen bezogen, der Massenprozentgehalt jedoch auf Masse. Zur Umrechnung des Letzteren auf die beiden anderen wird die Dichte benötigt.

Anhand zweier Zeilen der Tabelle wird der Lösungsweg beschrieben; die anderen Zeilen werden analog berechnet.

1. Zeile:

Die Lösung enthält 2 mol NaOH in einem Liter Lösung. Die Stoffmenge kann mit Hilfe der 1. Grundgleichung in die entsprechende Masse umgerechnet werden:

$m = n \cdot M = 2\,\text{mol} \cdot 40{,}00\,\text{g} \cdot \text{mol}^{-1} = 80\,\text{g}$

Die Definitionsgleichung für die Massenkonzentration gibt die Lösung an:

$$\beta = \frac{m}{V} = \frac{80\,g}{1\,l} = 80\,g \cdot l^{-1}$$

Wenn 80 g NaOH in einem Liter Lösung enthalten sind, dann enthalten auch 1080 g dieser Lösung 80 g NaOH, denn ein Liter Lösung wiegt 1080 g:
$m = \rho \cdot V = 1{,}080\,g \cdot ml^{-1} \cdot 1000\,ml = 1080\,g$
Dies wird auf 100 g Lösung bezogen:
80 g NaOH ≙ 1080 g Lösung
7,41 g NaOH ≙ 100 g Lösung
Die Lösung ist demnach 7,41 %ig (m/m).

3. Zeile:
Die Lösung enthält 25 g KOH in 100 g Lösung oder 25 g KOH in 80,91 ml, denn 100 g Lösung nehmen einen Raum von 80,91 ml ein:

$$V = \frac{m}{\rho} = \frac{100\,g}{1{,}236\,g \cdot ml^{-1}} = 80{,}91\,ml$$

Die Massenkonzentration wird mit Hilfe ihrer Definitionsgleichung berechnet:

$$\beta = \frac{m}{V} = \frac{25\,g}{0{,}08091\,l} = 309\,g \cdot l^{-1}$$

Wenn die Lösung 309 g KOH je Liter enthält, dann enthält sie auch 5,5 mol KOH je Liter, denn es gilt (1. Grundgleichung):

$$n = \frac{m}{M} = \frac{309\,g}{56{,}11\,g \cdot mol^{-1}} = 5{,}5\,mol$$

Die Lösung ist demnach 5,5-molar.

Zu Aufgabe 4.2
Lösung über die Gleichung für die Dichte (siehe ▸ Kap. 4.1):

$$V = \frac{m}{\rho} = \frac{150\,g}{1{,}3810\,g \cdot ml^{-1}} = 108{,}62\,ml$$

Zu Aufgabe 4.3

1. Umrechnung der relativen in die absolute Dichte (▸ Kap. 4.1):

$$\rho_{20} = d_{20}^{20} \cdot \rho_{20}(\text{Wasser}) = 0{,}897 \cdot 0{,}9982\,g \cdot ml^{-1} = 0{,}8954\,g \cdot ml^{-1}$$

2. Analog Übungsaufgabe 4.2:
$m = \rho \cdot V = 0{,}8954\,g \cdot ml^{-1} \cdot 200\,ml = 179{,}08\,g$

Zu Aufgabe 4.4
In ▸ Kap. 4.2 ist je ein Beispiel für die Umrechnung von % (m/m) in (V/V) (Schwefelsäure; Beispiel 4.6) und von % (V/V) in % (m/m) (Ethanol-Lösung; Beispiel 4.5) angegeben. Das Lösungsschema ist dort ausführlich dargestellt.

Zu Aufgabe 4.5

1. In 500 ml Essigsäure der Massenkonzentration 200 g/l sind 100 g reine Essigsäure enthalten:
   200 g CH_3COOH ≙ 1000 ml Lösung
   100 g CH_3COOH ≙ 500 ml Lösung
2. Diese 100 g reine Essigsäure sind in 102,04 g 98 %iger (m/m) Essigsäure enthalten:
   98 g CH_3COOH ≙ 100 g Eisessig
   100 g CH_3COOH ≙ 102,04 g Eisessig

Zu Aufgabe 4.6

1 ppm: 1 g in 1 000 000 g (= 10^6 g) (vgl. ▸ Kap. 3.2)
0,05 %ige Lösung: 0,05 g in 100 g, d. h. 500 g in 1 000 000 g (Faktor 10 000)
→ Die Lösung hat einen Gehalt von 500 ppm Essigsäure.

Zu Aufgabe 4.8

1. Wenn bei alkoholischen Lösungen Volumenprozente gegeben sind, dann müssen (!) die entsprechenden Massenprozente aus Tabellenwerken herausgesucht werden. Die zugehörigen Massenprozente und Dichtewerte sind hier schon aus dem DAC herausgesucht worden.
2. Wenn relative Dichten angegeben sind, dann müssen daraus die absoluten Werte ermittelt werden (vgl. Lösungshilfe zu Aufgabe 4.3).
   70 % (V/V) Isopropanol:

   $$\rho_{20} = d_{20}^{20} \cdot \rho_{20}(\text{Wasser}) = 0{,}876 \cdot 0{,}9982\,\text{g} \cdot \text{ml}^{-1} = 0{,}8752\,\text{g} \cdot \text{ml}^{-1}$$

   15 % (V/V) Isopropanol:

   $$\rho_{20} = d_{20}^{20} \cdot \rho_{20}(\text{Wasser}) = 0{,}9816 \cdot 0{,}9982\,\text{g} \cdot \text{ml}^{-1} = 0{,}9798\,\text{g} \cdot \text{ml}^{-1}$$

3. Umrechnung des gesuchten Volumens in seine Masse über die Dichte:
   $m = \rho \cdot V = 0{,}9798\,\text{g} \cdot \text{ml}^{-1} \cdot 1000\,\text{ml} = 979{,}8\,\text{g}$
4. In das Mischungskreuz oder die Mischungsgleichung sind hier unbedingt die Massenprozente (!) einzusetzen:

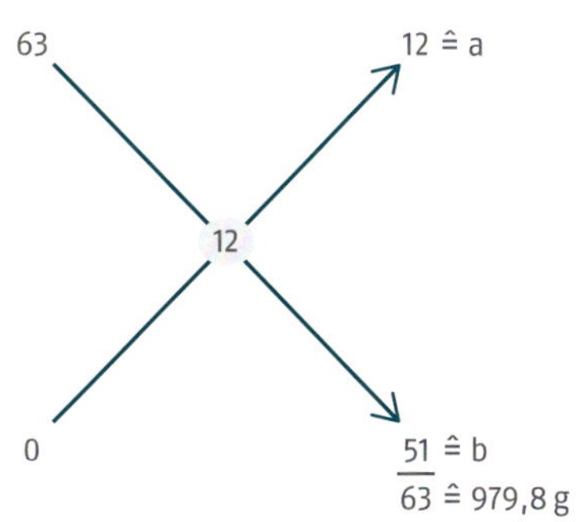

$$a = \frac{12 \cdot 979{,}8\,\text{g}}{63} = 186{,}63\,\text{g}$$

$$b = \frac{52 \cdot 979{,}8\,\text{g}}{63} = 793{,}17\,\text{g}$$

Wenn die Mischungsgleichung verwendet werden soll, dann empfiehlt sich die vereinfachte Gleichung für Wasserzusatz (▸Kap. 4.3.1):

$$c_E = \frac{c_1 \cdot m_1}{m_1 + m_{Wasser}}$$

$$12\,\%(m/m) = \frac{63\,\%(m/m) \cdot m_1}{979{,}8\,g}$$

Die Gleichung wird nach m_1 umgestellt:

$$m_1 = \frac{979{,}8\,g \cdot 12\,\%(m/m)}{63\,\%(m/m)} = 186{,}63\ g$$

Die Differenz zu 979,8 g Mischlösung ist Wasser: 979,8 g – 186,63 g = 793,17 g

Zu Aufgabe 4.9

Das Mischungskreuz kann hier nicht angewendet werden, weil eine Konzentration fehlt. Die Mischungsgleichung für 2 Komponenten (▸Kap. 4.3.1)

$$c_E = \frac{m_1 \cdot c_1 + m_2 \cdot c_2}{m_1 + m_2}$$

wird nach c_1 umgestellt, denn alle anderen Größen sind gegeben:

$$c_1 = \frac{c_E \cdot (m_1 + m_2) - m_2 \cdot c_2}{m_1}$$

$$c_1 = \frac{40\,\%(m/m) \cdot 950\ g - 25\,\%(m/m) \cdot 150\ g}{800\ g}$$

$c_1 = 42{,}8\,\%\ (m/m)$

Zu Aufgabe 4.10

Die Größen werden in die Dichtemischformel (▸Kap. 4.3.2) eingesetzt. (Zusatzflüssigkeit ist Wasser)

Kapitel 6: Stöchiometrische Berechnungen

Zu Aufgabe 6.1

100 g Substanz enthalten 5,31 g Wasserstoff, 42,08 g Sauerstoff, 18,42 g Stickstoff und 34,19 g Chrom. Das Verhältnis n(H) : n(O) : n(N) : n(Cr) ist wie in ▸Kap. 6.2 beschrieben zu formulieren. Die Stoffmengen werden dann durch die 1. Grundgleichung ersetzt.

Zu Aufgabe 6.2

1 mol Phenol (Summenformel: C_6H_6O) hat eine Masse von 94,12 g (vgl. molare Masse des Phenols). Darin enthalten sind 6 mol Kohlenstoff (72,06 g), 6 mol Wasserstoff (6,06 g) und 1 mol Sauerstoff (16,00 g).

Die Gesamtmasse des Phenols wird 100 % gesetzt; die Massen der enthaltenen Elemente sind die Anteile vom Hundert.

Zu Aufgabe 6.4

Relevante Reaktionsgleichung: $MnO_2 + 4\,HCl \rightarrow MnCl_2 + Cl_2 + 2\,H_2O$

Zunächst müssen die folgenden Größen beschafft werden:

$M(MnO_2) = 86{,}94\,g \cdot mol^{-1}$; $M(MnCl_2) = 125{,}84\,g \cdot mol^{-1}$; $M(HCl) = 36{,}46\,g \cdot mol^{-1}$; $V_m = 22{,}4\,l \cdot mol^{-1}$

a) Relevantes Stoffmengenverhältnis:

$$\frac{n(MnO_2)}{n(MnCl_2)} = \frac{1}{1}$$

$n(MnCl_2) = n(MnO_2) \rightarrow$ Ersetzen durch die 1. Grundgleichung:

$$\frac{m(MnCl_2)}{M(MnCl_2)} = \frac{m(MnO_2)}{M(MnO_2)}$$

$$m(MnCl_2) = \frac{m(MnO_2) \cdot M(MnCl_2)}{M(MnO_2)}$$

$$m(MnCl_2) = \frac{25\,g \cdot 125{,}84\,g \cdot mol^{-1}}{86{,}94\,g \cdot mol^{-1}} = 36{,}2\,g\,MnCl_2$$

b) Es stehen nur 21,25 g reines MnO_2 zur Verfügung, denn der Braunstein ist verunreinigt:

25 g ≙ 100 %
x ≙ 85 %
x = 21,25 g MnO_2

Ansatz aus Aufgabe 6.4 a):

$$m(MnCl_2) = \frac{m(MnO_2) \cdot M(MnCl_2)}{M(MnO_2)}$$

$$m(MnCl_2) = \frac{21{,}25\,g \cdot 125{,}84\,g \cdot mol^{-1}}{86{,}94\,g \cdot mol^{-1}} = 30{,}8\,g\,MnCl_2$$

Alternativ können vom Endprodukt aus Aufgabe 6.4 a) 85 % berechnet werden:

$36{,}2\,g \cdot 0{,}85 = 30{,}8\,g$

c) 1. Für $MnCl_2$ Ansatz aus Aufgabe 6.4 a):

$$m(MnCl_2) = \frac{m(MnO_2) \cdot M(MnCl_2)}{M(MnO_2)}$$

$$m(MnCl_2) = \frac{37\,kg \cdot 125{,}84\,g \cdot mol^{-1}}{86{,}94\,g \cdot mol^{-1}} = 53{,}56\,kg\,MnCl_2$$

2. Relevantes Stoffmengenverhältnis für Cl_2:

$$\frac{n(MnO_2)}{n(Cl_2)} = \frac{1}{1}$$

$n(Cl_2) = n(MnO_2) \rightarrow$ Ersetzen durch die 1. und 3. Grundgleichung:

9

$$\frac{V(Cl_2)}{V_m} = \frac{m(MnO_2)}{M(MnO_2)}$$

$$V(Cl_2) = \frac{m(MnO_2) \cdot V_m}{M(MnO_2)}$$

$$V(Cl_2) = \frac{37\,000\,g \cdot 22{,}4\,l \cdot mol^{-1}}{86{,}94\,g \cdot mol^{-1}} = 9\,533{,}0 \text{ Liter } Cl_2$$

3. Die berechneten Werte wären richtig, wenn die Reaktionsausbeute 100 % betrüge. Es entstehen aber nur 75 % davon:
   $53{,}56\,kg \cdot 0{,}75 = 40{,}17\,kg\ MnCl_2$ und
   $9\,533{,}0\,l \cdot 0{,}75 = 7\,149{,}8\,l \approx 7{,}15\,m^3\ Cl_2$

d) 1. Die Ausbeute beträgt 85 %, d. h., es müssen die Edukte für 117,65 l Cl_2 berechnet werden, denn 100 l sind 85 % von 117,65 l.
   100 l ≙ 85 %
   x ≙ 100 %
   x = 17,65 l Cl_2

2. Berechnung der Edukte mit:

$$\frac{n(MnO_2)}{n(Cl_2)} = \frac{1}{1} \quad \text{und} \quad \frac{n(HCl)}{n(Cl_2)} = \frac{4}{1}$$

$$\frac{m(MnO_2)}{M(MnO_2)} = \frac{V(Cl_2)}{V_m}$$

$$m(MnO_2) = \frac{V(Cl_2) \cdot M(MnO_2)}{V_m}$$

$$m(MnO_2) = \frac{117{,}65\,l \cdot 86{,}94\,g{\cdot}mol^{-1}}{22{,}4\,l \cdot mol^{-1}} = 456{,}63\,g\ MnO_2$$

$$\frac{m(HCl)}{M(HCl)} = \frac{4 \cdot V(Cl_2)}{V_m}$$

$$m(HCl) = \frac{4 \cdot 117{,}65\,l \cdot 36{,}46\,g \cdot mol^{-1}}{22{,}4\,l \cdot mol^{-1}} = 766{,}0\,g\ HCl$$

3. Die Eduktsubstanzen sind nicht rein, sodass entsprechend mehr vorgelegt werden muss:

90 %iger (m/m) Braunstein:	456,63 g ≙	90 %
	x ≙	100 %
	x =	507,4 g Braunstein
38 %ige (m/m) Salzsäure:	766,0 g ≙	38 %
	x ≙	100 %
	x =	2 015,8 g Salzsäure

Zu Aufgabe 6.5

a) 1. Die molaren Massen von Kalium und dem Borat sind zu beschaffen; $K[(C_6H_5)_4B] = C_{24}H_{20}BK$:

$M(K) = 39{,}10\,g \cdot mol^{-1}$; $M(C_{24}H_{20}BK) = 358{,}35\,g \cdot mol^{-1}$

2. Prinzipgleichung $K^+ + [(C_6H_5)_4B]^- \rightarrow K[(C_6H_5)_4B]$

$$f = \frac{M(K)}{M(C_{24}H_{20}BK)};\quad \text{(die Stöchiometriezahlen sind alle 1)}$$

$$f = \frac{39{,}10\,g \cdot mol^{-1}}{358{,}35\,g \cdot mol^{-1}} = 0{,}1091$$

b) Siehe Lösung zur Aufgabe 6.5 (▸ Kap. 9.3)

Zu Aufgabe 6.6

Relevantes Stoffmengenverhältnis: $\frac{n(HCl)}{n(NaOH)} = \frac{1}{1}$

Wenn der Faktor gesucht ist, dann wird eigentlich nach der (tatsächlichen) Stoffmengenkonzentration gefragt. Von der Salzsäure kennen wir Stoffmengenkonzentration und Volumen. Somit werden beide Stoffmengen durch die 2. Grundgleichung ersetzt:

$n(NaOH) = n(HCl)$

$f(NaOH) \cdot c_{th}(NaOH) \cdot V(NaOH) = c_{th}(HCl) \cdot V(HCl) \cdot f(HCl)$

mit $c_{real} = c_{th} \cdot f$

$$f(NaOH) = \frac{c_{th}(HCl) \cdot V(HCl) \cdot f(HCl)}{c_{th}(NaOH) \cdot V(NaOH)}$$

$$f(NaOH) = \frac{0{,}1\,mol \cdot l^{-1} \cdot 10{,}0\,ml \cdot 0{,}989}{0{,}1\,mol \cdot l^{-1} \cdot 10{,}15\,ml} = 0{,}974$$

Alternativ ergibt sich das Volumen für genau 0,1-molare Natronlauge (= V_{th}) nach:

$c(NaOH) \cdot V(NaOH) = c_{th}(HCl) \cdot V(HCl) \cdot f(HCl)$

$$V(NaOH) = \frac{c_{th}(HCl) \cdot V(HCl) \cdot f(HCl)}{c(NaOH)}$$

$$V(NaOH) = \frac{0{,}1\,mol \cdot l^{-1} \cdot 10{,}0\,ml \cdot 0{,}989}{0{,}1\,mol \cdot l^{-1}} = 9{,}89\,ml$$

Das ist das theoretische Volumen von Natronlauge, das mit dem tatsächlich verbrauchten Volumen den Faktor ergibt (vgl. ▸ Kap. 6.6.2, Faktorbestimmung mit Hilfe der Volumina).

$$f(NaOH) = \frac{V_{th}(NaOH)}{V_{real}(NaOH)} = \frac{9{,}89\,ml}{10{,}15\,ml} = 0{,}974$$

Zu Aufgabe 6.7
Hier ist das theoretische Volumen gesucht (das Volumen für $c = 0{,}1\ \text{mol} \cdot \text{l}^{-1}$, $f = 1$), Ansatz aus vorstehender Aufgabe:

$$c(\text{NaOH}) \cdot V(\text{NaOH}) = c_{th}(\text{HCl}) \cdot V(\text{HCl}) \cdot f(\text{HCl})$$

$$V(\text{NaOH}) = \frac{c_{th}(\text{HCl}) \cdot V(\text{HCl}) \cdot f(\text{HCl})}{c(\text{NaOH})}$$

$$V(\text{NaOH}) = \frac{0{,}1\ \text{mol} \cdot \text{l}^{-1} \cdot 10{,}0\ \text{ml} \cdot 1{,}045}{0{,}1\ \text{mol} \cdot \text{l}^{-1}} = 10{,}45\ \text{ml}$$

Zu Aufgabe 6.8
Relevantes Stoffmengenverhältnis: $\dfrac{n(\text{KMnO}_4)}{n[(\text{COOH})_2 \cdot 2\ \text{H}_2\text{O}]} = \dfrac{2}{5}$

Ansatz: $2\ n[(\text{COOH})_2 \cdot 2\ \text{H}_2\text{O}] = 5\ n(\text{KMnO}_4)$.

Vom Urtiter sollen Massen berechnet werden; von der Maßlösung sind c und V bekannt. Deshalb wird $n[(\text{COOH})_2 \cdot 2\ \text{H}_2\text{O}]$ durch die 1. Grundgleichung und $n(\text{KMnO}_4)$ durch die 2. Grundgleichung ersetzt. Die molare Masse des Urtiters wird beschafft:

$$M[(\text{COOH})_2 \cdot 2\ \text{H}_2\text{O}] = 126{,}08\ \text{g} \cdot \text{mol}^{-1}$$

$$\frac{2 \cdot m[(\text{COOH})_2 \cdot 2\ \text{H}_2\text{O}]}{M[(\text{COOH})_2 \cdot 2\ \text{H}_2\text{O}]} = 5 \cdot c(\text{KMnO}_4) \cdot V(\text{KMnO}_4)$$

$$m[(\text{COOH})_2 \cdot 2\text{H}_2\text{O}] = \frac{5}{2} \cdot c(\text{KMnO}_4) \cdot V(\text{KMnO}_4) \cdot M[(\text{COOH})_2 \cdot 2\text{H}_2\text{O}]$$

Für den Bereich von 16 ml bis 22 ml ergeben sich:

$$m[(\text{COOH})_2 \cdot 2\ \text{H}_2\text{O}] = \frac{5}{2} \cdot 0{,}02\ \text{mol} \cdot \text{l}^{-1} \cdot 0{,}016\,\text{l} \cdot 126{,}08\ \text{g} \cdot \text{mol}^{-1}$$

$$m[(\text{COOH})_2 \cdot 2\ \text{H}_2\text{O}] = 0{,}100\ \text{g} = 100\ \text{mg}$$

und

$$m[(\text{COOH})_2 \cdot 2\ \text{H}_2\text{O}] = \frac{5}{2} \cdot 0{,}02\ \text{mol} \cdot \text{l}^{-1} \cdot 0{,}022\,\text{l} \cdot 126{,}08\ \text{g} \cdot \text{mol}^{-1}$$

$$m[(\text{COOH})_2 \cdot 2\ \text{H}_2\text{O}] = 0{,}1386\ \text{g} \approx 140\ \text{mg}$$

Zu Aufgabe 6.9
Es gilt: $n(\text{HCl}) = n(\text{NaOH})$ (vgl. Aufgabe 6.7), $M(\text{HCl}) = 36{,}46\ \text{g} \cdot \text{mol}^{-1}$.

1. $n(\text{NaOH})$ wird durch die 2. Grundgleichung ersetzt; man kann jetzt $n(\text{HCl})$ berechnen. Diese Stoffmenge ist in 100 ml Lösung enthalten.
   $n(\text{HCl}) = c_{th}(\text{NaOH}) \cdot V(\text{NaOH}) \cdot f(\text{NaOH}) \cdot 4$
   $n(\text{HCl}) = 0{,}1\ \text{mol} \cdot \text{l}^{-1} \cdot 0{,}01537\,\text{l} \cdot 1{,}038 \cdot 4 = 0{,}00638\ \text{mol}$
   Der Faktor 4 wird eingefügt, weil die Probe vorher geviertelt worden war.

c(HCl) kann nun mit Hilfe der 2. Grundgleichung berechnet werden:

$$c(HCl) = \frac{n(HCl)}{V(\text{Lösung})} = \frac{0{,}00638\ \text{mol}}{0{,}1\ \text{l}} \approx 0{,}064\ \text{mol} \cdot \text{l}^{-1}$$

2. m(HCl) wird durch die 1. Grundgleichung berechnet:
   m(HCl) = n(HCl) · M(HCl)
   m(HCl) = 0,00638 mol · 36,46 g · mol^{-1} = 0,2327 g = 232,7 mg

Zu Aufgabe 6.11

Einwaage m($CuSO_4 \cdot 5\ H_2O$) = 0,2054 g = 205,4 mg

1. Berechnung der prozentualen Abweichungen:
   99,0 % (m/m) von 205,4 mg: 203,3 mg;
   101,0 % (m/m) von 205,4 mg: 207,5 mg
2. Relevantes Stoffmengenverhältnis:

$$\frac{n(CuSO_4 \cdot 5\ H_2O)}{n(Na_2S_2O_3)} = \frac{2}{2} = \frac{1}{1}$$

n($CuSO_4 \cdot 5\ H_2O$) wird durch die 1. Grundgleichung (Masse gegeben), n($Na_2S_2O_3$) durch die 2. Grundgleichung (c gegeben, V gesucht) ersetzt.

n($CuSO_4 \cdot 5\ H_2O$) = n($Na_2S_2O_3$)

$$\frac{m(CuSO_4 \cdot 5\ H_2O)}{M(CuSO_4 \cdot 5\ H_2O)} = c(Na_2S_2O_3) \cdot V(Na_2S_2O_3)$$

Für zwei Massenwerte des Kupfer(II)-sulfats sind die entsprechenden Volumina der Natriumthiosulfat-Lösung, die für diese Werte verbraucht werden, zu berechnen. Man formt nach V($Na_2S_2O_3$) um:

$$V(Na_2S_2O_3) = \frac{m(CuSO_4 \cdot 5\ H_2O)}{M(CuSO_4 \cdot 5\ H_2O) \cdot c(Na_2S_2O_3)}$$

für 203,3 mg:

$$V(Na_2S_2O_3) = \frac{0{,}2033\ \text{g}}{249{,}72\ \text{g} \cdot \text{mol}^{-1} \cdot 0{,}1\ \text{mol} \cdot \text{l}^{-1}} = 0{,}0081\ \text{l} = 8{,}1\ \text{ml}$$

für 207,5 mg:

$$V(Na_2S_2O_3) = \frac{0{,}2075\ \text{g}}{249{,}72\ \text{g} \cdot \text{mol}^{-1} \cdot 0{,}1\ \text{mol} \cdot \text{l}^{-1}} = 0{,}0083\ \text{l} = 8{,}3\ \text{ml}$$

Wenn für die angegebene Einwaage zwischen 8,1 ml und 8,3 ml der Natriumthiosulfat-Lösung verbraucht werden, dann erfüllt die untersuchte Charge Kupfer(II)-sulfat-pentahydrat die Anforderungen der Ph. Eur.

Zu Aufgabe 6.12

Relevantes Stoffmengenverhältnis: $\frac{n[\text{Ce(IV)-salz}]}{n(\text{FeSO}_4 \cdot 7\ \text{H}_2\text{O})} = \frac{1}{1}$

n[Ce(IV)-salz] wird durch die 2. Grundgleichung (liegt als Maßlösung vor), $n(FeSO_4 \cdot 7\ H_2O)$ durch die 1. Grundgleichung (Masse gesucht) ersetzt:
$n(FeSO_4 \cdot 7\ H_2O) = n[\text{Ce(IV)-salz}]$

$$\frac{m(\text{FeSO}_4 \cdot 7\ \text{H}_2\text{O})}{M(\text{FeSO}_4 \cdot 7\ \text{H}_2\text{O})} = c[\text{Ce(IV)-salz}] \cdot V[\text{Ce(IV)-salz}]$$

$m(FeSO_4 \cdot 7\ H_2O) = c[\text{Ce(IV)-salz}] \cdot V[\text{Ce(IV)-salz}] \cdot M(FeSO_4 \cdot 7\ H_2O)$
$m(FeSO_4 \cdot 7\ H_2O) = 0{,}1\ \text{mol} \cdot \text{l}^{-1} \cdot 0{,}0197\ \text{l} \cdot 278{,}06\ \text{g} \cdot \text{mol}^{-1} = 0{,}5478\ \text{g} = 547{,}8\ \text{mg}$
Diese 547,8 mg sind in der Einwaage von 560 mg enthalten; es muss der prozentuale Anteil berechnet werden:

$560\ \text{mg} \mathrel{\hat{=}} 100\ \%\ (\text{m/m})$
$547{,}8\ \text{mg} \mathrel{\hat{=}} x$
$x = 97{,}8\ \%\ (\text{m/m})$

97,8 % (m/m) liegt außerhalb des erlaubten Bereichs.

Zu Aufgabe 6.13

Die Maßlösung ist 0,1025-molar, d. h., sie enthält 0,1025 mol EDTA je Liter Lösung:
$c_{real} = c_{th} \cdot f$
$c_{real} = 0{,}1\ \text{mol} \cdot \text{l}^{-1} \cdot 1{,}025 = 0{,}1025\ \text{mol} \cdot \text{l}^{-1}$

Die Masse erhalten wir aus der Stoffmenge mithilfe der 1. Grundgleichung:
$m = M \cdot n$
$m = 372{,}24\ \text{g} \cdot \text{mol}^{-1} \cdot 0{,}1025\ \text{mol} = 38{,}1546\ \text{g}$

Zu Aufgabe 6.14

Relevantes Stoffmengenverhältnis: $\frac{n(\text{Na}_2\text{H}_2\text{Y})}{n(\text{ZnO})} = \frac{1}{1}$

Die EDTA-Lösung ist Maßlösung, von Zinkoxid ist eine Masse gegeben.
$n(Na_2H_2Y)$ wird somit durch die 2. Grundgleichung, n(ZnO) durch die 1. Grundgleichung ersetzt:

$n(Na_2H_2Y) = n(ZnO)$

$$c(\text{Na}_2\text{H}_2\text{Y}) \cdot V(\text{Na}_2\text{H}_2\text{Y}) = \frac{m(\text{ZnO})}{M(\text{ZnO})}$$

$$V(\text{Na}_2\text{H}_2\text{Y}) = \frac{m(\text{ZnO})}{M(\text{ZnO}) \cdot c(\text{Na}_2\text{H}_2\text{Y})}$$

$$V(Na_2H_2Y) = \frac{0{,}150\,g}{81{,}39\,g \cdot mol^{-1} \cdot 0{,}1\,mol \cdot l^{-1}} = 0{,}0184\,l = 18{,}4\,ml$$

Dieser Wert ist wichtig, um zu entscheiden, was für eine Bürette verwendet werden kann. Die meisten Vorschriften lassen dies offen.

Zu Aufgabe 6.15

Hier liegt eine Rücktitration von Aluminium vor. Den ausführlichen Rechenweg finden Sie in ▸ Kap. 6.8.2 (die Zinksulfat-Lösung wird durch die Thoriumnitrat-Lösung ersetzt). Die Stoffmengenverhältnisse sind auch hier alle 1 : 1.
Man erhält also:
$n(Al^{3+}) = n(Na_2H_2Y) - n[Th(NO_3)_4]$
$n(Al^{3+})$ wird durch die 1. Grundgleichung ersetzt (Masse ist gesucht), die beiden anderen Stoffmengen jeweils durch die 2. Grundgleichung (Stoffmengenkonzentrationen und Volumina sind vorgegeben bzw. werden gemessen):

$$\frac{m(Al^{3+})}{M(Al^{3+})} = c(Na_2H_2Y) \cdot V(Na_2H_2Y) - c[Th(NO_3)_4] \cdot V[Th(NO_3)_4]$$

$$m(Al^{3+}) = M(Al^{3+}) \cdot \{c(Na_2H_2Y) \cdot V(Na_2H_2Y) - c[Th(NO_3)_4] \cdot V[Th(NO_3)_4]\}$$

$$m(Al^{3+}) = 26{,}98\,g \cdot mol^{-1} \cdot (0{,}1\,mol \cdot l^{-1} \cdot 0{,}025\,l \cdot 1{,}009 - 0{,}1\,mol \cdot l^{-1} \cdot 0{,}0183\,l \cdot 0{,}977)$$

$$m(Al^{3+}) = 0{,}0198\,g = 19{,}8\,mg$$

(Beachten Sie bitte, dass beide Maßlösungen jeweils einen Faktor haben. Diese müssen zu den theoretischen Konzentrationen multipliziert werden.)
Die Probe war vorher geviertelt worden; die Masse in 100 ml Lösung beträgt also:
$4 \cdot 19{,}8\,mg = 79{,}3\,mg$ (intern mit mehr Stellen gerechnet)
Die Konzentration beträgt somit 79,3 mg Al^{3+} je 100 ml Lösung oder $793\,mg \cdot l^{-1}$.
Den ppm-Gehalt bestimmen wir über einen Dreisatz (vgl. ▸ Kap. 3.2):

$$1\,mg \cdot l^{-1} \triangleq 1\,ppm$$
$$793\,mg \cdot l^{-1} \triangleq 793\,ppm$$

Zu Aufgabe 6.16

Der Rechenweg zu dieser Bestimmung ist ausführlich in ▸ Kap. 6.8.2 dargestellt. Jedoch soll hier nicht die Menge an Zinkoxid, sondern der zu erwartende Verbrauch an Natronlauge bei einer vorgegebenen Masse an Zinkoxid berechnet werden.
Die in ▸ Kap. 6.8.2 gefundene Berechnungsgleichung

$$n(H_2SO_4) = n(ZnO) + \frac{1}{2} \cdot n(NaOH)$$

muss demnach nicht nach n(ZnO), sondern nach n(NaOH) umgestellt werden:

$$\frac{1}{2} \cdot n(NaOH) = n(H_2SO_4) - n(ZnO)$$

$$n(NaOH) = 2 \cdot [n(H_2SO_4) - n(ZnO)]$$

Die Stoffmengen werden wie in ▸ Kap. 6.8.2 angegeben ersetzt:

$$c(NaOH) \cdot V(NaOH) = 2 \cdot \left(c(H_2SO_4) \cdot V(H_2SO_4) - \frac{m(ZnO)}{M(ZnO)} \right)$$

$$V(NaOH) = \frac{2}{c(NaOH)} \cdot \left(c(H_2SO_4) \cdot V(H_2SO_4) - \frac{m(ZnO)}{M(ZnO)} \right)$$

$$V(NaOH) = \frac{2}{1\,mol \cdot l^{-1}} \cdot \left(0{,}5\,mol \cdot l^{-1} \cdot 0{,}05\,l - \frac{1{,}500\,g}{81{,}39\,g \cdot mol^{-1}} \right)$$

$V(NaOH) = 0{,}0131\,l = 13{,}1\,ml$

Sie müssen also mit einer 25-ml-Bürette titrieren.

Zu Aufgabe 6.18

a) (I) $Na_2CO_3 + HCl \rightarrow NaHCO_3 + NaCl$

(II) $NaHCO_3 + HCl \rightarrow NaCl + H_2O + CO_2$
Bei der 2. Gleichung wird auch das Natriumcarbonat erfasst!

b) Relevante Stoffmengenverhältnisse:

(I) $\frac{n(Na_2CO_3)}{n(HCl)} = \frac{1}{1}$; $n(Na_2CO_3) = n(HCl)$

(II) $\frac{n(NaHCO_3)}{n(HCl)} = \frac{1}{1}$; $n(NaHCO_3) = n(HCl)$

Die Stoffmenge der Salzsäure wird durch die 2. Grundgleichung ersetzt:

(I) $n(Na_2CO_3) = c(HCl) \cdot V(HCl)$
$n(Na_2CO_3) = 0{,}1\,mol \cdot l^{-1} \cdot 0{,}0273\,l = 0{,}00273\,mol$

(II) $n(NaHCO_3) = c(HCl) \cdot V(HCl)$
$n(NaHCO_3) = 0{,}1\,mol \cdot l^{-1} \cdot 0{,}0348\,l = 0{,}00348\,mol$

Das Gemisch enthält 0,00348 mol Natriumcarbonat und Natriumhydrogencarbonat zusammen. Die Stoffmenge Natriumhydrogencarbonat ergibt sich demnach aus der Differenz beider Stoffmengen:

$0{,}00348\,mol - 0{,}00273\,mol = 0{,}00075\,mol$
$m(Na_2CO_3) = M(Na_2CO_3) \cdot n(Na_2CO_3)$
$m(Na_2CO_3) = 105{,}99\,g \cdot mol^{-1} \cdot 0{,}00273\,mol = 0{,}2893\,g = 289{,}3\,mg$
$m(NaHCO_3) = M(NaHCO_3) \cdot n(NaHCO_3)$
$m(NaHCO_3) = 84{,}01\,g \cdot mol^{-1} \cdot 0{,}00075\,mol = 0{,}0630\,g = 63{,}0\,mg$

c) Die Gesamtmasse beider Bestandteile beträgt 352,3 mg (= 100 %).
Davon sind:
289,3 mg: 82,1 %
63,0 mg: 17,9 %

Literaturverzeichnis

Zitierte Literatur

DIN-Taschenbuch 22, Einheiten und Begriffe für physikalische Größen, Normen. 9. Aufl., Beuth Verlag Berlin, Wien, Zürich 2009

Doerffel K. Statistik in der analytischen Chemie. Deutscher Verlag für Grundstoffindustrie, Leipzig 1990

Jander G, Jahr KF. Maßanalyse. 19. Aufl., Verlag Walter de Gruyter, Berlin, Boston 2017

Küster FW, Thiel A, Ruland A, Ruland U. Analytik: Daten, Formeln, Übungsaufgaben. 108. Aufl., Verlag Walter de Gruyter, Berlin, Boston 2016

Leitseite der Physikalisch-Technischen Bundesanstalt in Braunschweig, www.ptb.de

Müller B, Schwarzbach R. Formelfuchs Pharmazie. 2. Aufl., Wissenschaftliche Verlagsgesellschaft Stuttgart, 2017

Sommer K, Wünsch KH. Chemie in Übersichten. Volk und Wissen Verlag, Berlin 1998

Warmuth E. Mathematik in Übersichten, Volk und Wissen Verlag, Berlin 2000

Arzneibücher, Rezeptursammlungen, Kommentare (auch zitierte)

Bracher F. (Hrsg.), Heisig P. (Hrsg.), Langguth P. (Hrsg.), Mutschler E. (Hrsg.), Rücker G. (Hrsg.), Schirmeister T. (Hrsg.), Scriba G. (Hrsg.), Stahl-Biskup E. (Hrsg.), Troschütz R. (Hrsg.), Seitz G. (Mitarb.), Böhme H. (Begr.), Hartke K. (Fortf.), Hartke H. (Fortf.), Wichtl M. (Fortf.). Arzneibuch-Kommentar, Wissenschaftliche Erläuterungen zum Europäischen Arzneibuch und zum Deutschen Arzneibuch. 1. Aufl. inkl. 58. Akt.lfg., Govi (Imprint) in der Avoxa, Eschborn, Wissenschaftliche Verlagsgesellschaft Stuttgart, 2018

Deutscher Arzneimittel-Codex® / Neues Rezeptur-Formularium® (DAC/NRF), Ergänzungsbuch zum Arzneibuch. Govi (Imprint) in der Avoxa, Eschborn, Deutscher Apotheker Verlag, Stuttgart 2017

Deutsches Arzneibuch 2017 (DAB 2017). Amtliche Ausgabe. Deutscher Apotheker Verlag, Stuttgart 2017

Japanese Pharmacopoeia (JP), Japanisches Arzneibuch (englischsprachige Ausgabe). Ministry of Health, Labour and Welfare Japan. 17. Aufl. (JP 17), 2016; frei zugänglich unter: www.pmda.go.jp/english/rs-sb-std/standards-development/jp/0019.html

Pharmacopoea Europaea, Europäisches Arzneibuch (Ph. Eur. 9.0–9.1). Amtliche deutsche Ausgabe, Deutscher Apotheker Verlag, Stuttgart 2018

Pharmacopoea Helvetica (Ph. Helv.), Schweizerisches Arzneibuch, Eidgenössisches Departement des Innern Bern, 11. Ausgabe 2012 und Supplemente

The United States Pharmacopeia (USP), Arzneibuch der USA, The United States Pharmacopeial Convention Rockville MD mit entsprechenden Supplementen und Anhang National Formulary NF, USP 40, NF 35, 2017

Weiterführende Literatur

Burmeister HO, Frey OR, Probst W, Immel-Sehr A. Rechnen in der Pharmazie. Govi (Imprint) in der Avoxa, Eschborn 2002

Gebler H, Eckert-Lill C. Wirth, Praxisbezogenes Rechnen in der Apotheke. 9. Aufl., Govi (Imprint) in der Avoxa, Eschborn 2017

Hillebrand U. Stöchiometrie: Eine Einführung in die Grundlagen mit Beispielen und Übungsaufgaben. 2. Aufl., Springer Verlag, Berlin 2009

Hitzel E. Rechnen in Chemie und Analytik. Verlag Handwerk und Technik, Hamburg 2007

Internetseite mit vielen Konstanten: www.chemieonline.de/labor/tabellen.php

Kanz K. Rechnen in der Chemie. Stark Verlagsgesellschaft, Freising 2012

Mayer H, Gruber U, Klein W. Fachrechnen Chemie. Wiley-VCH, Weinheim 2002

Nylén P, Wigren N, Joppien G. Einführung in die Stöchiometrie. Steinkopff Verlag, Darmstadt 1996/1999

Schwarzbach R, Buchheim-Schmidt S. Fachrechnen für PTA. Deutscher Apotheker Verlag, Stuttgart 2013

Stegmüller A, Baumgarten M. Chemisches Rechnen. Diesterweg, Frankfurt/Main 1991

Wawra E, Pischek G, Müllner E. Chemie berechnen. Ein Lehrbuch für Mediziner und Naturwissenschaftler. 4. Aufl., Uni-Taschenbücher GmbH (UTB), Stuttgart 2009

Wittenberger W. Rechnen in der Chemie. Grundoperationen, Stöchiometrie. 15. Aufl., Springer Verlag, Wien 2005

Wurglics M, Lamers C, Merk D. Arbeitsbuch Stöchiometrie, Chemisches Rechnen für Pharmazeuten und Chemiker. Govi (Imprint) in der Avoxa, Eschborn 2016

Sachregister

Der Autor

Dr. Ralf Schwarzbach

Ralf Schwarzbach ist promovierter Chemiker (Diplomstudium in Jena, Promotion in Mainz). Sein Arbeitsgebiet während der Promotion umfasste die metallorganische Chemie. Er war in verschiedenen Bereichen der Industrie tätig und bis 2014 Honorardozent an der PTA-Schule des Internationalen Bundes (IB) in Mainz. Zurzeit arbeitet er als Dozent für die PTA- und CTA-Ausbildung am Naturwissenschaftlichen Technikum Dr. Künkele (NTK) in Landau (Pfalz) an den Standorten Mainz und Landau.